次の化学式が表すイオンは何？

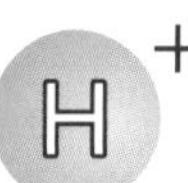

H^{+}

1

次の化学式が表すイオンは何？

Na^{+}

次の化学式が表すイオンは何？

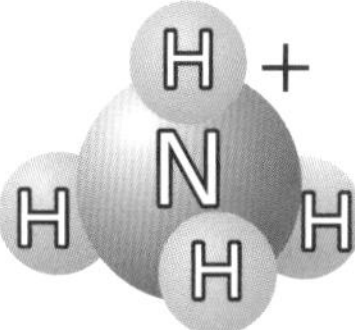

NH_4^{+}

3

次の化学式が表すイオンは何？

Cu^{2+}

4

次の化学式が表すイオンは何？

Zn^{2+}

5

次の化学式が表すイオンは何？

Cl^{-}

6

次の化学式が表すイオンは何？

OH^{-}

7

次の化学式が表すイオンは何？

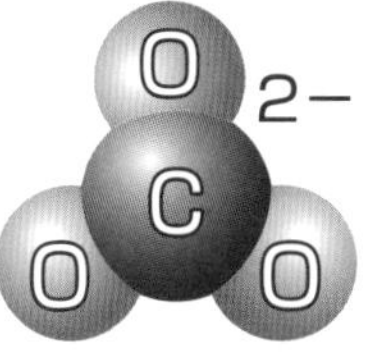

CO_3^{2-}

8

次の化学式が表すイオンは何？

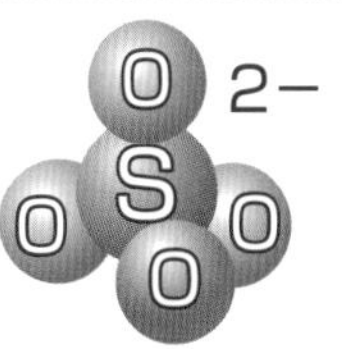

SO_4^{2-}

9

水素イオン

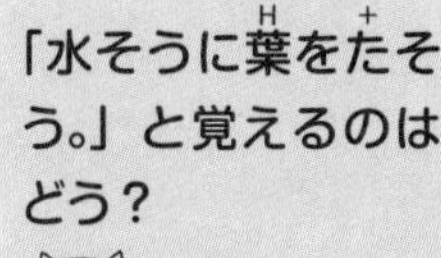

「水そうに葉をたそう。」と覚えるのはどう？

水素イオンの化学式は？

使い方

- ミシン目で切りとり，穴をあけてリングなどを通して使いましょう。
- カードの表面の問題の答えは裏面に，裏面の問題の答えは表面にあります。

アンモニウムイオン

「アンモニアくん，はしりだす。」と覚えるのはどう？

アンモニウムイオンの化学式は？

ナトリウムイオン

ナトリウムの「ナ」をアルファベットでかくと「Na」だね。

ナトリウムイオンの化学式は？

亜鉛イオン

亜鉛原子の記号はZn だよ。「ぜんぜん会えん。(Zn：亜鉛)」と覚えよう。

亜鉛イオンの化学式は？

銅イオン

「親友どうしの2人で助けあう。」と覚えるのはどう？

銅イオンの化学式は？

水酸化物イオン

水酸化物イオンの「水」は水素(H)のこと，「酸」は酸素(O) のことだね。

水酸化物イオンの化学式は？

塩化物イオン

塩素原子の記号はCl だよ。「遠足で苦労…(塩素：Cl)」と覚えよう。

塩化物イオンの化学式は？

硫酸イオン

「リュウさん，掃除できずにマイナス評価」と覚えるのはいかが？

硫酸イオンの化学式は？

炭酸イオン

「炭酸が強くて降参…にマイナス評価」と覚えるのはいかが？

炭酸イオンの化学式は？

次の分裂を何という？

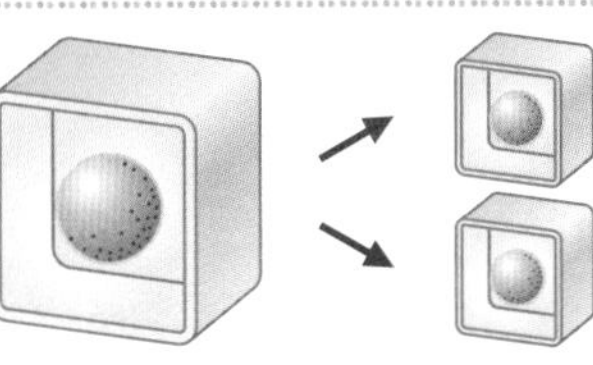

1つの細胞が2つに分かれること

10

次の細胞を何という？

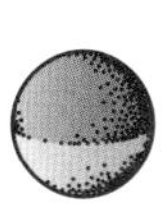

子をつくるための特別な細胞

11

次の細胞を何という？

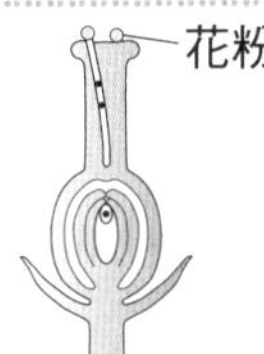

植物の花粉の中にできる生殖細胞

12

次の細胞を何という？

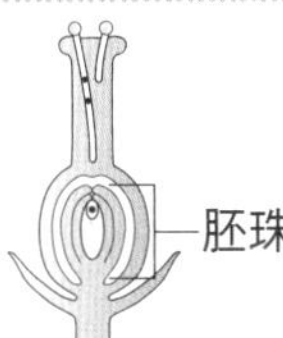

植物の胚珠の中にできる生殖細胞

13

次の細胞を何という？

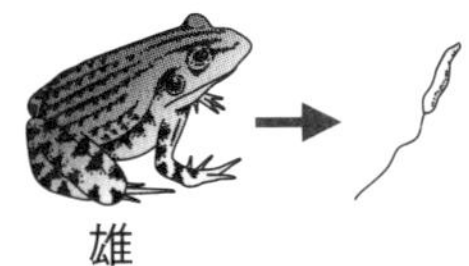

動物の雄の精巣でつくられる生殖細胞

14

次の細胞を何という？

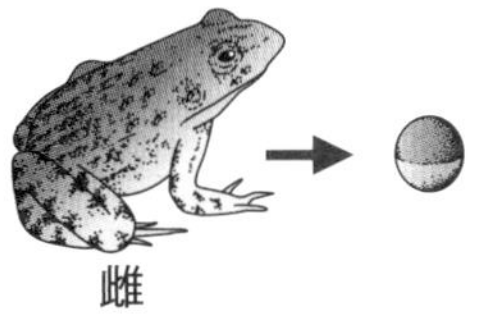

動物の雌の卵巣でつくられる生殖細胞

15

次の細胞を何という？

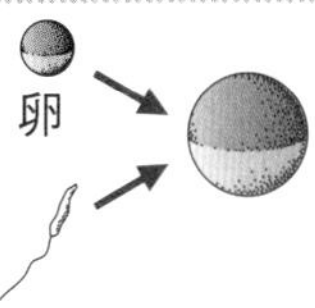

卵と精子（卵細胞と精細胞）が受精してできた細胞

16

次の生物を何という？

植物など，無機物から有機物をつくり出す生物

17

次の生物を何という？

動物など，ほかの生物から栄養分をとり入れている生物

18

次の生物を何という？

生物の死がいやふんなどから栄養分をとり入れている生物

19

生殖細胞

雌の生殖細胞には「卵」，雄の生殖細胞には「精」の文字がつくね。

生殖細胞はどのような細胞？

卵細胞

花粉管は卵細胞を目指してのびていくよ。受粉しても，受精までは長い道のりだね。

卵細胞はどのような細胞？

卵

卵は卵巣でつくられるよ。「巣」には，集まっているところという意味があるんだ。

卵はどのような細胞？

生産者

自分で有機物を生産するから生産者だね。

生産者はどのような生物？

分解者

「最近の文化（細菌類，菌類，分解者）」と覚えるのはどう？

分解者はどのような生物？

細胞分裂

細胞分裂には，体細胞分裂と減数分裂があるよ。

細胞分裂とはどのようなこと？

精細胞

「精」には生命力のもとという意味があるよ。精細胞は新しい生命のもとになる細胞だね。

精細胞はどのような細胞？

精子

植物とはちがって，動物の生殖細胞には「細胞」という言葉がつかないんだね。

精子はどのような細胞？

受精卵

「受精卵，分裂したら胚になる」とリズムよく唱えて覚えよう。

受精卵はどのようにしてできた細胞？

消費者

食物を消費するから消費者だね。食物によってさらに分けられるよ。

消費者はどのような生物？

次の力を何という？

水の重さによって生じる圧力

20

次の力を何という？

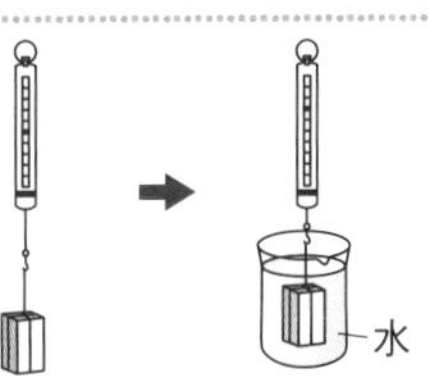

水中の物体にはたらく上向きの力

21

次の法則を何という？

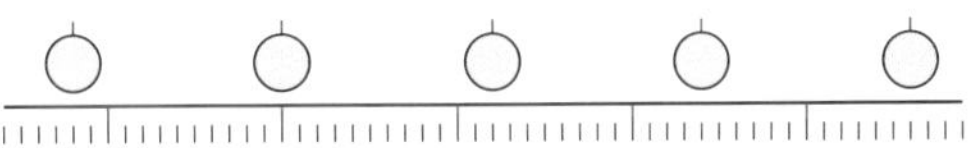

物体にはたらく力がつり合っているとき，
物体は等速直線運動を続ける

22

次の法則を何という？

ある物体に力を加えると，同時に同じ
大きさで逆向きの力を受ける

23

次の法則を何という？

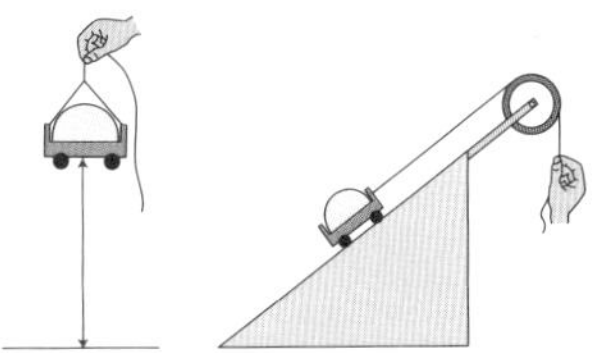

道具を使っても使わなくても，
仕事の大きさは変わらない

24

次の法則を何という？

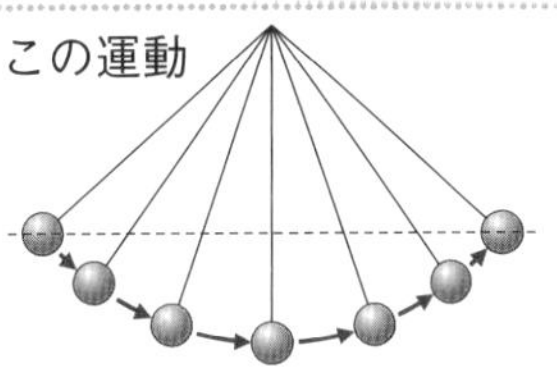

摩擦などがないとき，力学的エネルギーは
一定に保たれる

25

次の法則を何という？

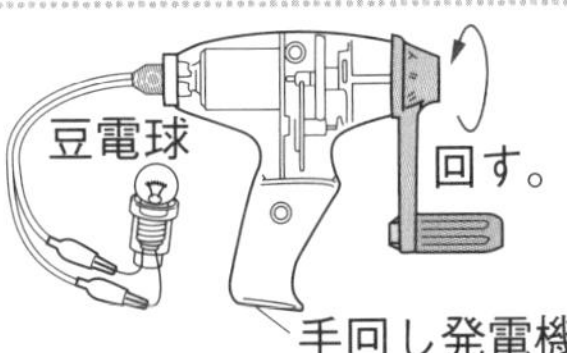

エネルギーは移り変わるが，
その総量は一定に保たれる

26

次のエネルギーを何という？

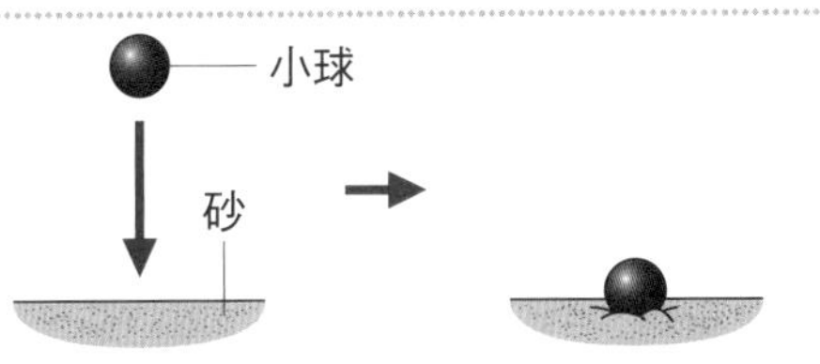

高いところにある物体がもつエネルギー

27

次のエネルギーを何という？

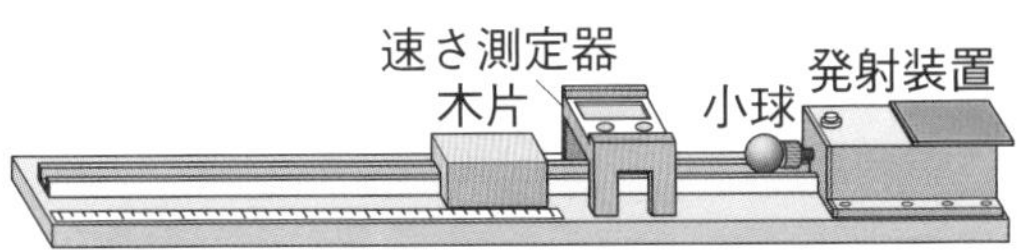

運動している物体がもつエネルギー

28

次のエネルギーを何という？

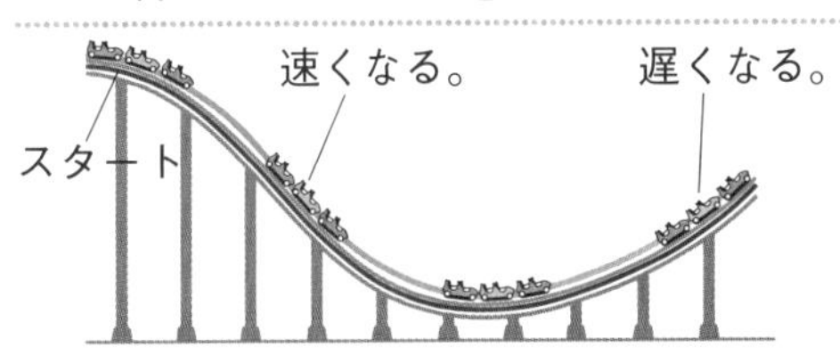

位置エネルギーと運動エネルギーの和

29

浮力

浮力はどのような力？

死海という湖は，塩分がたくさんとけていて浮力が大きいよ。人の体も浮いてしまうんだ。

作用・反作用の法則

作用・反作用の法則とはどのようなこと？

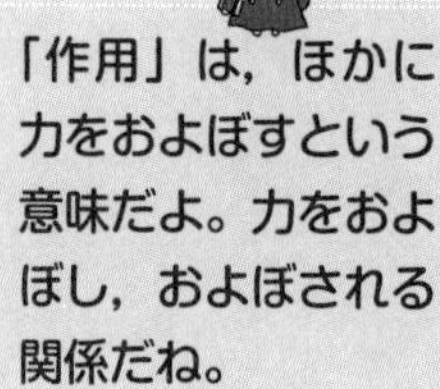

「作用」は，ほかに力をおよぼすという意味だよ。力をおよぼし，およぼされる関係だね。

力学的エネルギーの保存

力学的エネルギーの保存とはどのようなこと？

「保存」は，そのままで保つという意味だよ。エネルギーがそのまま保たれるんだね。

位置エネルギー

位置エネルギーとはどのようなエネルギー？

重いものを高い位置へ運ぶには，エネルギーがいるよね。

力学的エネルギー

力学的エネルギーとはどのようなエネルギー？

「一日運動して，力をつける。(位置，運動，力学的エネルギー)」と覚えてはどう？

水圧

水圧はどのような力？

1mもぐると水圧は約1万Pa大きくなるよ。深海魚はかなりの水圧に耐えているんだね。

慣性の法則

慣性の法則とはどのようなこと？

「慣」は慣れるという意味だよ。慣性は物体が慣れた動きを続ける性質だね。

仕事の原理

仕事の原理とはどのようなこと？

仕事の大きさは「仕事では協力しよう。(仕事＝距離×力)」と覚えよう。

エネルギーの保存

エネルギーの保存とはどのようなこと？

エネルギーの種類は「電気で熱・音・光を出す化学の力」と覚えよう。

運動エネルギー

運動エネルギーとはどのようなエネルギー？

重いものをすばやく動かすには，エネルギーがいるよね。

次の天体を何という？

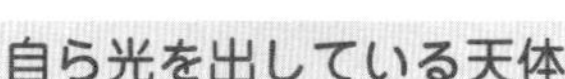

自ら光を出している天体

30

次の天体を何という？

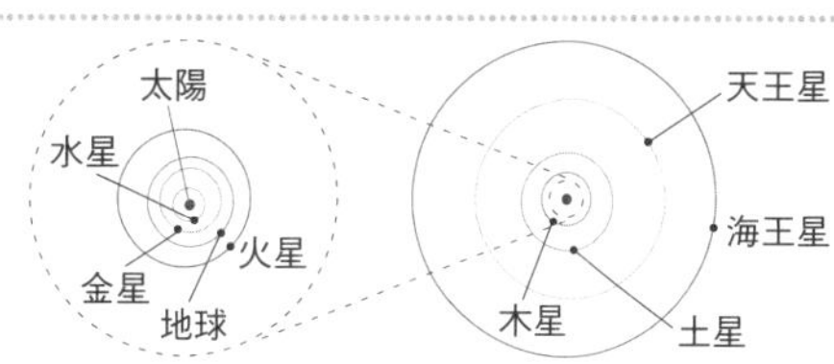

太陽のまわりを公転している８つの天体

31

次の天体を何という？

主に岩石でできている，小型で
密度の大きい４つの惑星

32

次の天体を何という？

主に気体でできている，大型で
密度の小さい４つの惑星

33

次の天体を何という？

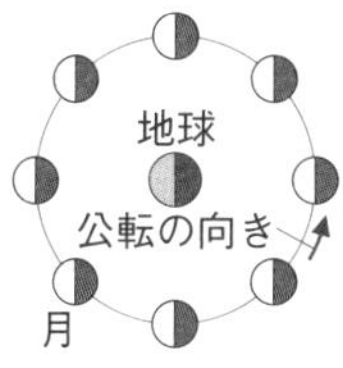

惑星のまわりを公転している天体

34

次の天体を何という？

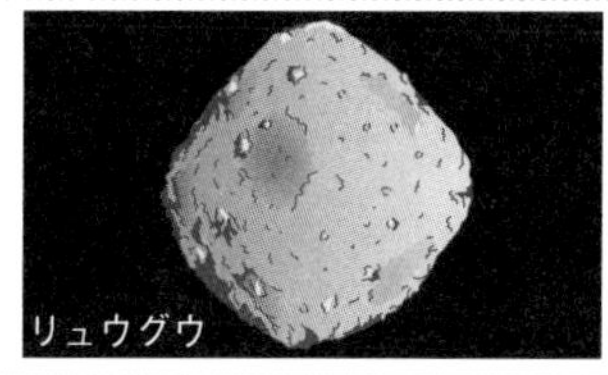

火星と木星の間に多くある，太陽の
まわりを公転している小さな天体

35

次の天体を何という？

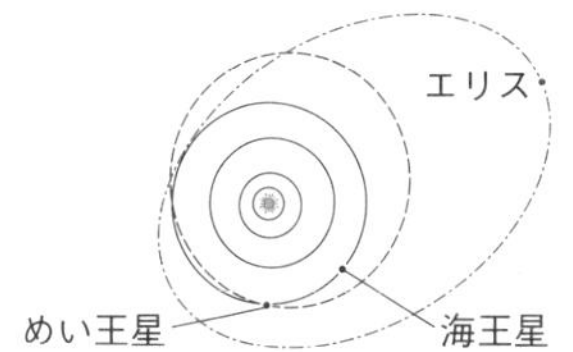

海王星の外側を公転している天体

36

次の天体を何という？

氷やちりでできた，太陽のまわりを
だ円軌道で公転している天体

37

次の天体を何という？

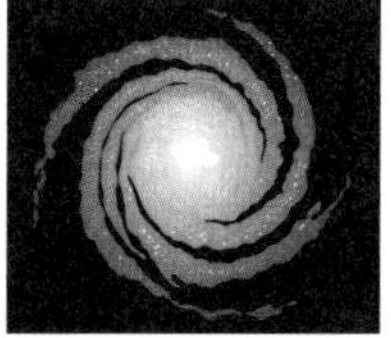

太陽系をふくむ，多数の恒星などの
集まり

38

次の天体を何という？

銀河系の外にある，多数の恒星などの
集まり

39

惑星

太陽系の惑星は８つあるよ。太陽側から順に「水金地火木土天海」と何度も唱えて覚えよう。

太陽系の惑星とはどのような天体？

恒星

「恒」はつねにという意味だよ。つねに光っている星だね。

恒星はどのような天体？

木星型惑星

木星型惑星の特徴は，「大きくて軽い（密度が小さい）木」と覚えよう。

木星型惑星はどのような特徴がある惑星？

地球型惑星

地球型惑星の特徴は，「小さくて重い（密度が大きい）球」と覚えよう。

地球型惑星はどのような特徴がある惑星？

小惑星

「火曜と木曜に小休止（火星と木星の間に小惑星）」と覚えるのはどう？

小惑星はどのような天体？

衛星

「衛」にはまもるという意味があるよ。衛星は惑星を守るように回っているんだね。

衛星はどのような天体？

すい星

漢字では「彗星」と書くよ。尾をひいたすい星がほうき（彗）のように見えたのかな。

すい星はどのような天体？

太陽系外縁天体

太陽系の外側の縁(ふち)のところにある天体という意味だね。

太陽系外縁天体はどのような天体？

銀河

銀河は，夜空にかがやく銀色の河（川）に見えたのかな。

銀河はどのような天体？

銀河系

「太陽系のある銀河だから，銀河系」と覚えると，覚えやすいね。

銀河系はどのような天体？

東京書籍版

理科3年 もくじ

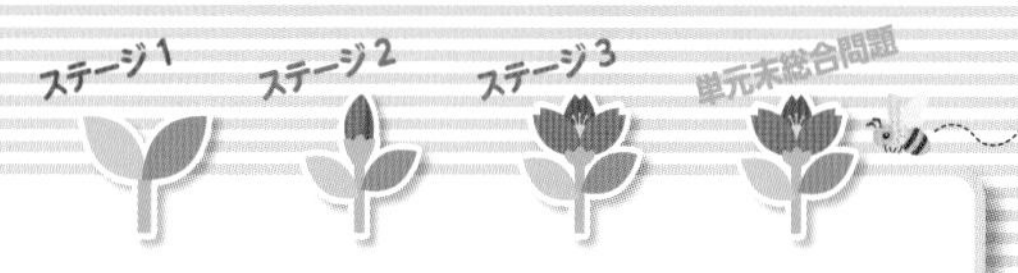

写真提供：アフロ，アーテファクトリー

解答 p.1

確認のワーク ステージ1 第1章 水溶液とイオン

教科書の要点

同じ語句を何度使ってもかまいません。

（　）にあてはまる語句を，下の語群から選んで答えよう。

1 水溶液と電流

教 p.12～15

(1) 砂糖水やエタノール水溶液には，電流は(①　　　)。果汁，水道水，塩化ナトリウム水溶液，うすい塩酸には，電流は(②　　　)。

(2) 塩化ナトリウム(食塩)や塩化水素のように，水にとかしたとき，その水溶液に**電流が流れる**物質を(③★　　　)といい，砂糖やエタノールのように，水にとかしたとき，その水溶液に**電流が流れない**物質を(④★　　　)という。

まるごと暗記
- 水にとかしたときに電流が流れる。
⇨**電解質**
- 水にとかしても電流が流れない。
⇨**非電解質**

2 電解質の水溶液の中で起こる変化

教 p.16～21

(1) 塩化銅水溶液に電流を流すと，陰極の表面に(①　　　)が付着し，陽極の表面からは(②　　　)という気体が発生する。

(2) うすい塩酸に電流を流すと，塩化水素が電気分解されて，陰極には(③　　　)，陽極には塩素が発生する。

ワンポイント
精製水には電流が流れない。

まるごと暗記

塩化銅水溶液の電気分解
- 陽極…塩素が発生。
- 陰極…銅が付着。

塩酸の電気分解
- 陽極…塩素が発生。
- 陰極…水素が発生。

3 イオンと原子のなり立ち

教 p.22～27

(1) 原子は中心にある(①★　　　)と，そのまわりに存在している(②★　　　)からできている。

(2) 原子核は，＋の電気をもつ(③★　　　)と電気をもたない(④★　　　)からできている。また，**電子は－の電気をもっていて，陽子の数と電子の数は等しい。**（原子は全体として電気を帯びていない。）

(3) 同じ元素で中性子の数が異なる原子を(⑤　　　)という。

(4) 原子が電子を失ったり受けとったりすることで電気を帯びるようになったものを(⑥　　　)という。＋の電気を帯びた**陽イオン**（電子を失った。）と，－の電気を帯びた**陰イオン**（電子を受けとった。）がある。

(5) 陽イオンを表すときは元素記号の右上に＋をつけ，陰イオンを表すときは－をつける。

(6) 物質が水にとけて，**陽イオンと陰イオンにばらばらに分かれる**ことを(⑦★　　　)という。（$NaCl \rightarrow Na^+ + Cl^-$，$HCl \rightarrow H^+ + Cl^-$）

まるごと暗記

イオン
- **陽イオン**…原子が＋の電気を帯びたもの。
- **陰イオン**…原子が，－の電気を帯びたもの。

語群
1 流れる／流れない／電解質／非電解質　2 銅／水素／塩素
3 原子核／陽子／電子／イオン／同位体／中性子／電離

★の用語は，説明できるようになろう！

同じ語句を何度使ってもかまいません。

□にあてはまる語句を，下の語群から選んで答えよう。

1 原子の構造(ヘリウム原子)

教 p.22

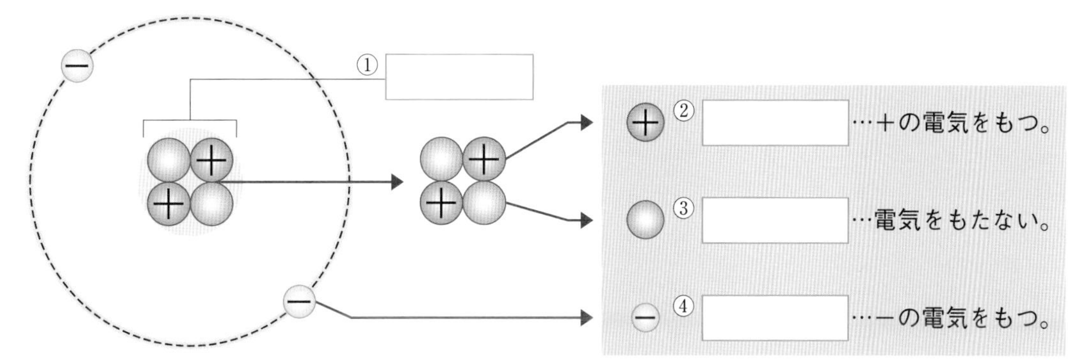

2 イオンのでき方

教 p.24

陽イオンのでき方(電子1個はe^-で表す。)

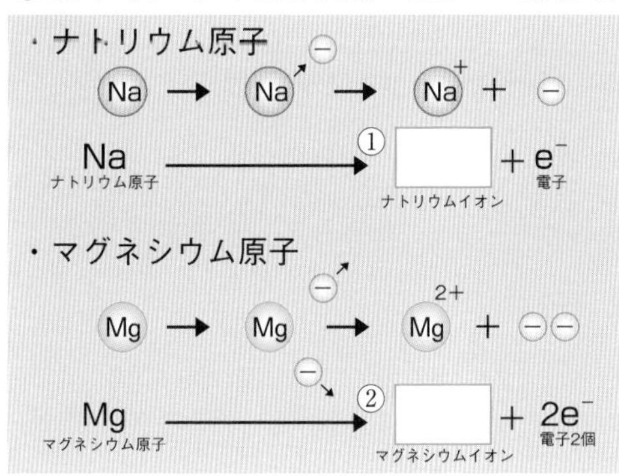

陰イオンのでき方

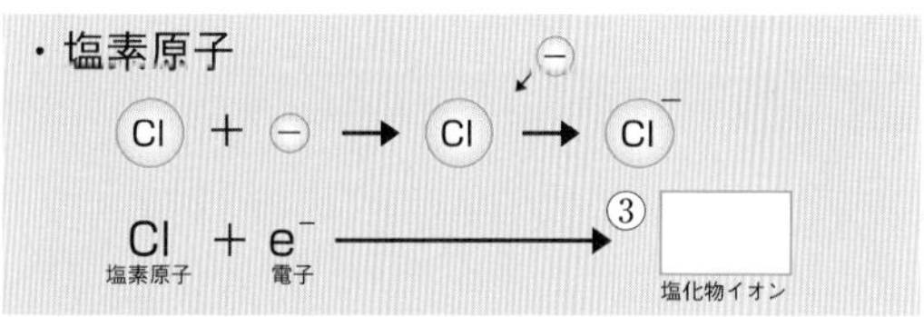

多原子イオンのでき方

3 電離

教 p.25

電解質

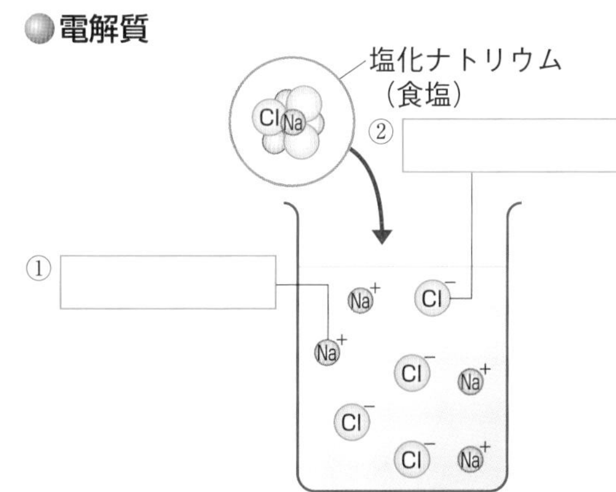

非電解質

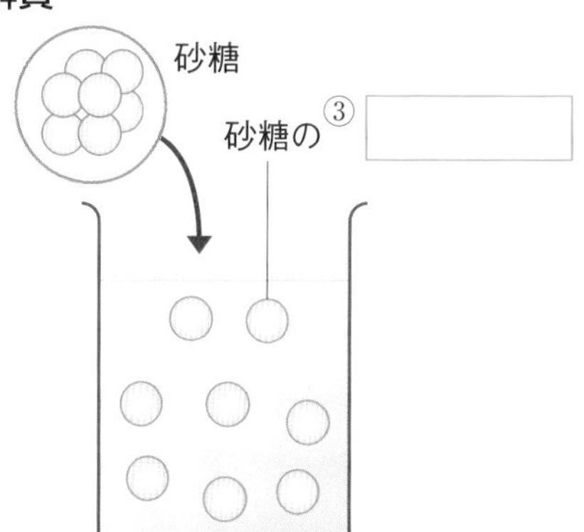

語群
1 原子核／中性子／陽子／電子　2 Mg^{2+}／Na^+／NH_4^+／Cl^-／OH^-
3 分子／塩化物イオン／ナトリウムイオン

わからない用語は，教科書の要点の★で確認しよう！

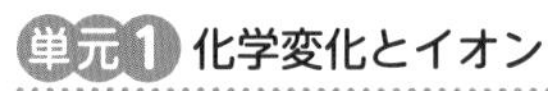

解答 p.1

定着のワーク ステージ2 第1章 水溶液とイオン－①

1 教 p.13 実験1 **電流が流れる水溶液** 右の図のような装置を使って，次のア〜カの水溶液に電圧を加え，それぞれの水溶液に電流が流れるかどうかを調べた。これについて，あとの問いに答えなさい。

ア 砂糖水
イ うすい塩酸
ウ 塩化銅水溶液
エ エタノール水溶液
オ うすい水酸化ナトリウム水溶液
カ 果汁

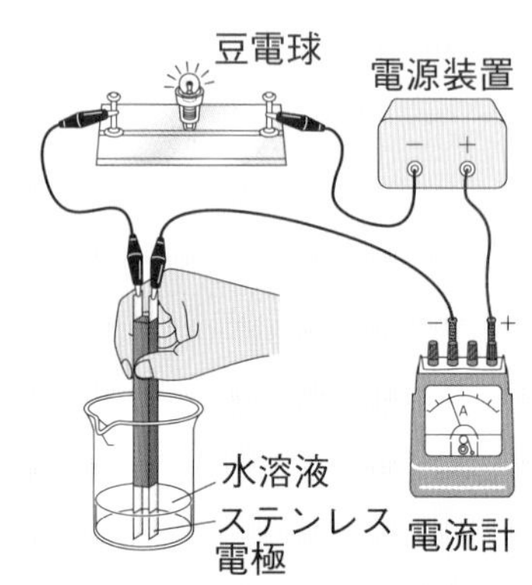

(1) 果汁に電圧を加えたとき，豆電球は点灯しなかったが電流計の針はふれた。このとき，果汁には電流が流れたといえるか。ヒント （　　　）

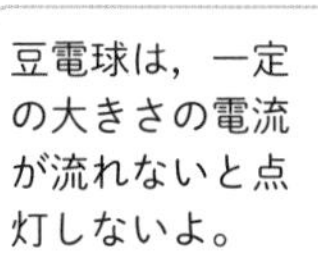

(2) 電流が流れた水溶液はどれか。ア〜カからすべて選びなさい。 （　　　）

(3) 水にとかしたときに電流が流れる物質を何というか。 （　　　）

(4) 水にとかしても電流が流れない物質を何というか。 （　　　）

2 教 p.17 実験2 **塩化銅水溶液の電気分解** 写真のような装置を使って，塩化銅水溶液に電圧を加えて電流を流した。このとき，陰極の表面には赤色の物質が付着し，陽極の表面からは気体が発生した。これについて，次の問いに答えなさい。

(1) 陰極の表面に付着した赤色の物質は何か。
 （　　　）

(2) 陽極の表面から発生した気体は何か。
 （　　　）

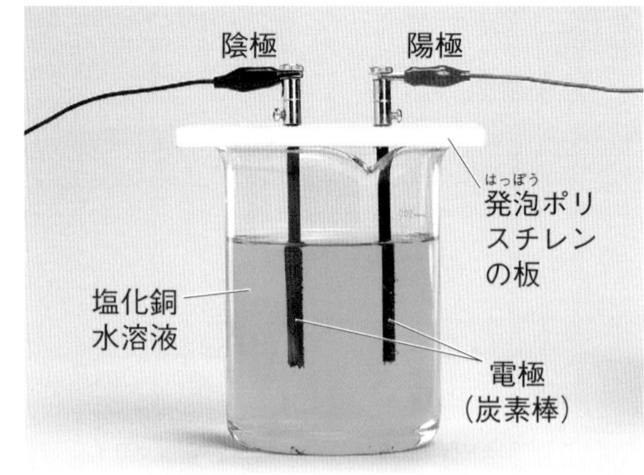

(3) 陽極付近の水溶液を試験管に入れた赤インクに滴下（てきか）した。このとき，どのような変化が見られるか。次のア〜ウから選びなさい。 （　　　）

ア 赤色がこくなった。
イ 赤色が消え，無色透明になった。
ウ 変化しなかった。

ヒントの森 **1**(1)電流が小さいとき，豆電球は点灯しない。また，電流が流れていなければ，電流計の針はふれない。 **2**(1)(2)$CuCl_2 \longrightarrow Cu + Cl_2$

3 電解質の水溶液に電流が流れるモデル　右の図は，塩化銅水溶液に電圧を加えて電流を流したときのモデル図である。●は銅原子のもと，◯は塩素原子のもとを示している。これについて，次の問いに答えなさい。

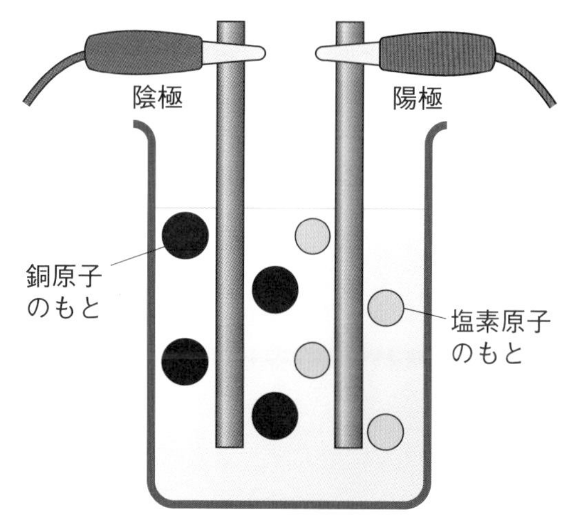

(1)　銅原子のもとと塩素原子のもとは，＋と－のどちらの電気を帯びているといえるか。次のア～ウからそれぞれ選びなさい。ヒント

銅原子のもと(　　　)

塩素原子のもと(　　　)

ア　＋の電気を帯びている。

イ　－の電気を帯びている。

ウ　どちらの電気も帯びていない。

(2)　塩酸に電圧を加えて電流を流すと，陰極からは水素が発生し，陽極からは塩素が発生する。塩酸の中にも水素原子のもとと塩素原子のもとが存在しているとすると，＋の電気を帯びているのはどちらか。次のア～ウから選びなさい。ヒント

(　　　)

ア　水素原子のもと

イ　塩素原子のもと

ウ　両方

＋の電気を帯びていると陰極に引かれ，－の電気を帯びていると陽極に引かれるよ。

4 塩酸の電気分解　右の写真のような装置を使って，うすい塩酸に電圧を加えて電流を流した。このとき，陰極と陽極の両方の表面から同じ体積の気体が発生したが，陽極から発生した気体は，装置内に集まる量が少なかった。これについて，次の問いに答えなさい。

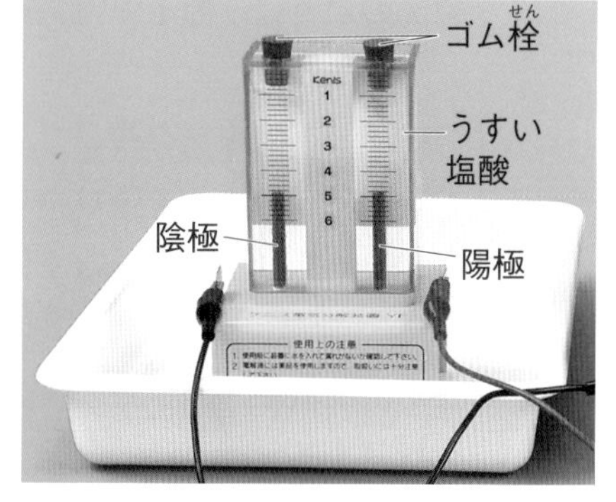

(1)　陰極の表面から発生した気体は何か。

(　　　)

(2)　陽極の表面から発生した気体は何か。

(　　　)

(3)　下線部のようなことから，陽極から発生した気体について，どのようなことがわかるか。次のア～エから選びなさい。ヒント　(　　　)

ア　水にとけやすい。

イ　水にとけにくい。

ウ　空気より密度が大きい。

エ　空気より密度が小さい。

ヒントの森

3(1)(2)＋の電気と－の電気は，たがいに引き合う。

4(3)陰極に発生した気体は，水にとけにくい気体である。

解答 p.1

第1章　水溶液とイオン－②

1 原子の構造　右の図は，ヘリウム原子の構造を表したものである。このヘリウム原子の構造のように，原子の中心には㋐があり，そのまわりには，－の電気をもつ㋓が存在している。これについて，次の問いに答えなさい。

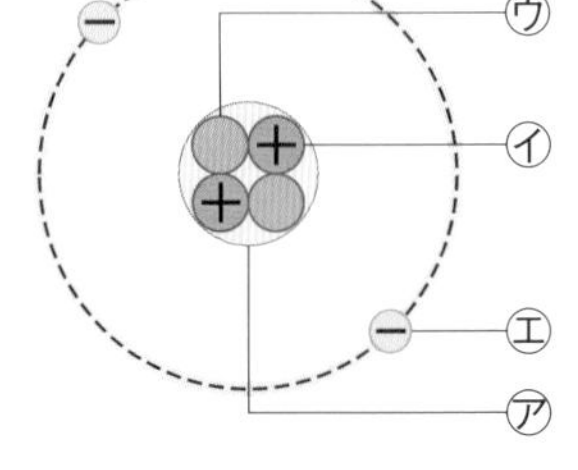

(1) 原子の中心にある㋐を何というか。（　　　）

(2) ㋐は，＋の電気をもつ㋑と電気をもたない㋒からできている。

① ＋の電気をもつ㋑を何というか。（　　　）

② 電気をもたない㋒を何というか。（　　　）

(3) ㋐のまわりに存在している－の電気をもつ㋓を何というか。（　　　）

(4) ヘリウムに限らず，１個の原子の中の㋑の数と㋓の数は等しい。１個の原子の㋑がもつ＋の電気の量と，１個の原子の㋓がもつ－の電気の量はどちらの方が大きいか。次のア～ウから選びなさい。ヒント（　　　）

ア ㋑がもつ＋の電気の量の方が大きい。

イ ㋓がもつ－の電気の量の方が大きい。

ウ 等しい。

原子は，ふつう電気を帯びていないよ。

(5) 同じ元素ではあるが，㋒の数が異なる原子を何というか。（　　　）

2 原子が電気を帯びたもの　原子は，ふつう電気を帯びていないが，電子を失ったり，電子を受けとったりして，電気を帯びるようになることがある。これについて，次の問いに答えなさい。

(1) 下線部のように，原子が電気を帯びるようになったものを何というか。（　　　）

(2) (1)の中で，＋の電気を帯びたものを何というか。（　　　）

(3) (1)の中で，－の電気を帯びたものを何というか。（　　　）

(4) ナトリウム原子は，電子を１個失ってナトリウムイオンになる。ナトリウムイオンの化学式を答えなさい。ヒント（　　　）

(5) マグネシウム原子は，電子を２個失ってマグネシウムイオンになる。マグネシウムイオンの化学式を答えなさい。ヒント（　　　）

(6) 塩素原子は，電子を１個受けとって電気を帯びたイオンになる。塩素原子が電子を１個受けとって電気を帯びたイオンを何イオンというか。その名称と化学式を答えなさい。ヒント

名称（　　　）　化学式（　　　）

1(4)＋の電気の量と－の電気の量が等しいときは電気を帯びていないといえる。
2(4)～(6)電子を失うと陽イオンになり，電子を受けとると陰イオンになる。

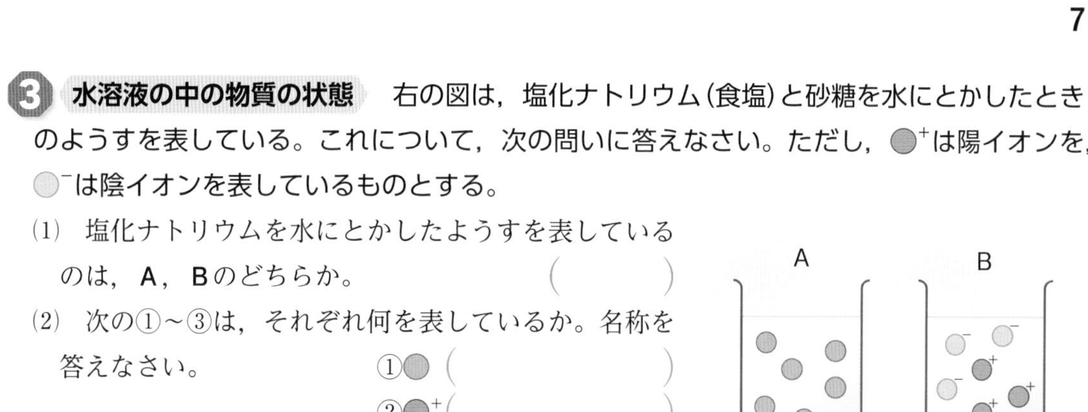

❸ 水溶液の中の物質の状態

右の図は，塩化ナトリウム(食塩)と砂糖を水にとかしたときのようすを表している。これについて，次の問いに答えなさい。ただし，●$^{+}$は陽イオンを，○$^{-}$は陰イオンを表しているものとする。

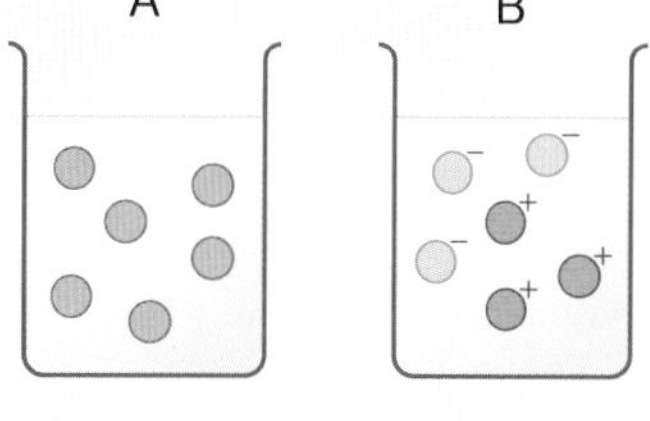

(1) 塩化ナトリウムを水にとかしたようすを表しているのは，A，Bのどちらか。 (　　)

(2) 次の①～③は，それぞれ何を表しているか。名称を答えなさい。
①● (　　)
②●$^{+}$ (　　)
③○$^{-}$ (　　)

(3) 次の①，②を，それぞれ化学式で表しなさい。

①●$^{+}$ (　　)　②○$^{-}$ (　　)

(4) 物質が水にとけて陽イオンと陰イオンにばらばらに分かれることを何というか。

(　　)

(5) 塩化水素を水にとかしたとき，どのようなイオンに分かれるか。陽イオンと陰イオンを，それぞれ化学式で表しなさい。
陽イオン (　　)
陰イオン (　　)

(6) 水酸化ナトリウムを水にとかしたとき，どのようなイオンに分かれるか。陽イオンと陰イオンを，それぞれ化学式で表しなさい。
陽イオン (　　)
陰イオン (　　)

(7) 電圧を加えたときに電流が流れるのは，電解質の水溶液と非電解質の水溶液のどちらか。
ヒント (　　)

❹ 塩化銅の電離

塩化銅を水にとかして，塩化銅水溶液をつくった。これについて，次の問いに答えなさい。

(1) 塩化銅水溶液の中の陽イオンと陰イオンを，それぞれ化学式で表しなさい。
陽イオン (　　)　陰イオン (　　)

(2) 塩化銅水溶液の中のイオンのようすを正しく表しているものを，次の㋐～㋓から選びなさい。ただし，●$^{2+}$は陽イオン，○$^{-}$は陰イオンを表しているものとする。ヒント (　　)

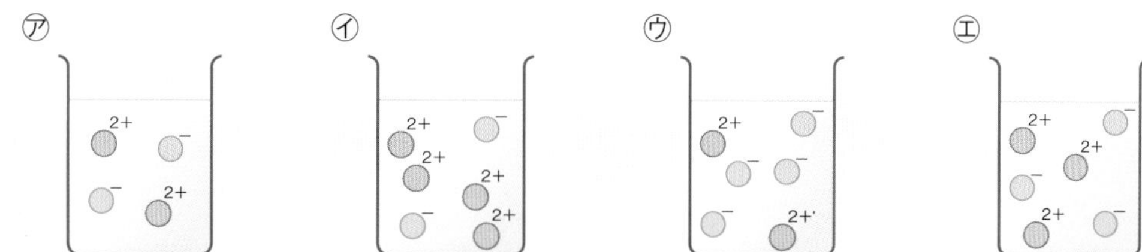

❸(7)水溶液の中にイオンがなければ，水溶液に電圧を加えても電流は流れない。
❹(2)陽イオンの＋の電気の量と，陰イオンの－の電気の量が等しくなっていなければならない。

解答 p.2

第1章 水溶液とイオン

1 次の物質を水にとかし，右の図のような装置でその水溶液に電圧を加え，電流が流れるかどうか調べた。あとの問いに答えなさい。 5点×5(25点)

ア 砂糖　イ 塩化水素
ウ 塩化銅　エ エタノール
オ 塩化ナトリウム

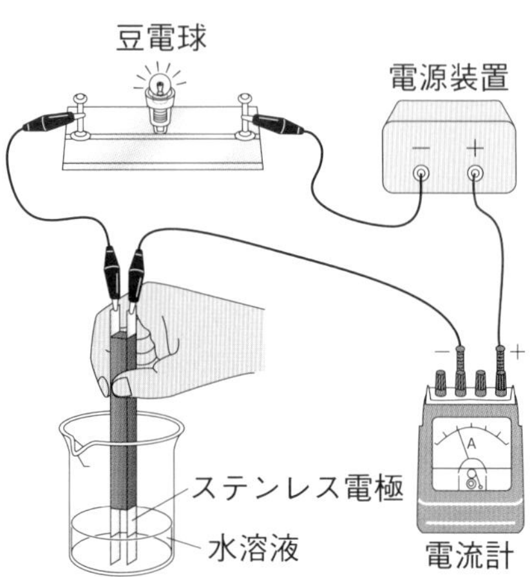

記述 (1) 1つの水溶液について調べ終わったら，次の水溶液について調べる前に，どのような操作をしなければならないか。簡単に答えなさい。

(2) 塩化ナトリウム水溶液に電圧を加えたとき，電流が流れて豆電球が点灯し，電流計の針がふれた。このとき，塩化ナトリウムが水にとけて電離しているようすを，化学式を使って表しなさい。

(3) 水溶液に電圧を加えても，電流が流れなかったのは，どの物質がとけている水溶液か。ア〜オから2つ選びなさい。

(4) (3)の物質のように，水にとかしたときに電圧を加えても電流が流れない物質を何というか。

(1)					
(2)		(3)		(4)	

よく出る **2** 右の図は，ヘリウム原子の構造の模式図である。次の問いに答えなさい。 5点×5(25点)

(1) 図中の㋐，㋑を何というか。ただし，㋐は，＋の電気をもつ㋒と，電気をもたない㋓からできている。また，㋑は－の電気をもつ。

(2) 原子が全体として電気を帯びていない場合，㋑と㋒の数はどのようになっているか。次のア〜ウから選びなさい。

ア ㋑<㋒　イ ㋑>㋒　ウ ㋑＝㋒

(3) 次の原子がイオンになるようすを，イオンを表す化学式を使って表しなさい。ただし，㋑はe^-で表すものとする。

① マグネシウム原子　② 塩素原子

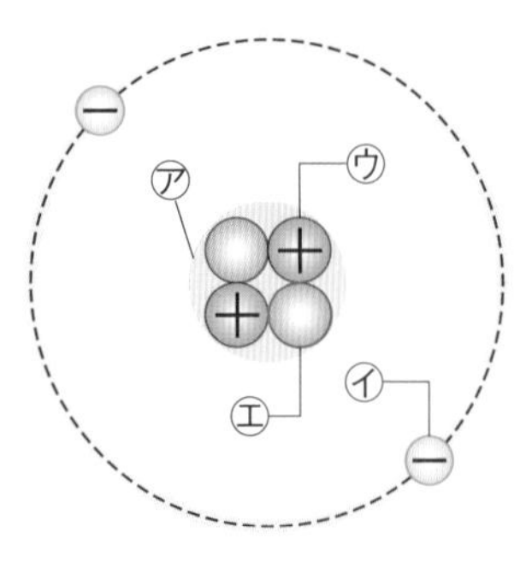

(1)	㋐		㋑		(2)	
(3)	①		②			

3 右の図のように，ビーカーに入れた塩化銅水溶液の中に，２本の電極として炭素棒を入れ，電圧を加えて塩化銅水溶液に電流を流した。しばらくすると，陽極の表面からは消毒用の薬品のような鼻をさすにおいがする気体が発生し，陰極の表面には赤色の物質が付着した。これについて，次の問いに答えなさい。 5点×4(20点)

(1) 陽極付近の水溶液を赤インクに滴下すると，赤インクの色はどうなるか。簡単に答えなさい。

記述
(2) 陰極に付着した赤色の物質をとり出して乾燥（かんそう）させ，金属製の薬品さじの裏でこすると，赤色の物質にどのような変化が見られるか。簡単に答えなさい。

(3) 塩化銅が水にとけて電離しているようすを，イオンを表す化学式を使って表しなさい。

(4) 塩化銅水溶液を電気分解したときの化学変化を化学反応式で表しなさい。

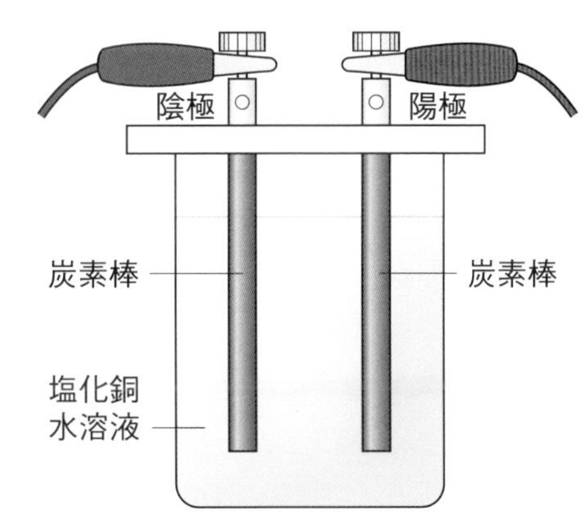

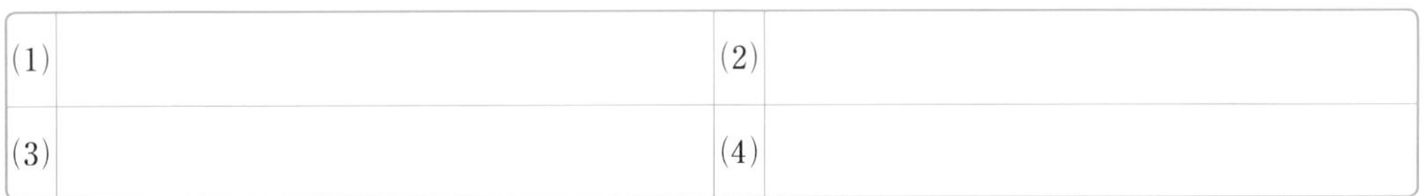

(1)		(2)	
(3)		(4)	

4 右の図のような装置を用意し，うすい塩酸で満たして電流を流したところ，陽極と陰極の両方から気体が発生した。陽極側に集まった気体のにおいを調べたところ，消毒用の薬品のようなにおいがした。また，陰極側に集まった気体にマッチの火を近づけたところ，音を立てて燃えた。次の問いに答えなさい。 6点×5(30点)

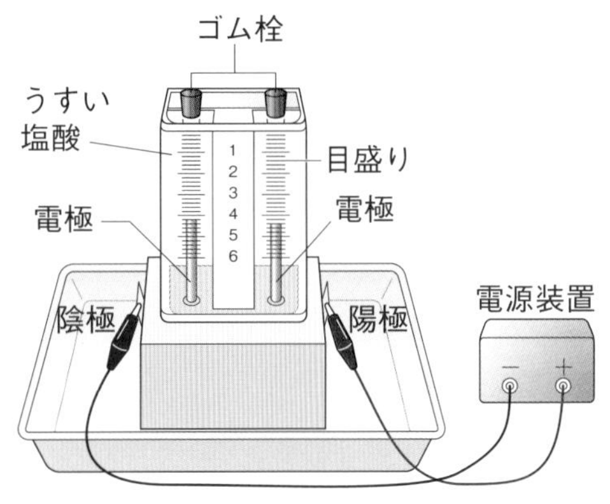

(1) 次の文は，発生した気体のようすを説明したものである。(　)にあてはまる言葉や発生した気体の名称を答えなさい。

陰極から発生した(①)は集まるが，陽極から発生した(②)は水に(③)ため，集まる量が少ない。

(2) うすい塩酸にとけている塩化水素が水にとけて電離しているようすを，イオンを表す化学式を使って表しなさい。

(3) うすい塩酸を電気分解したときの化学変化を化学反応式で表しなさい。

(1)	①		②		③	
(2)			(3)			

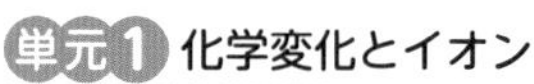

解答 p.3

確認のワーク ステージ1 第2章 酸，アルカリとイオン

教科書の要点

同じ語句を何度使ってもかまいません。

（　）にあてはまる語句を，下の語群から選んで答えよう。

1 酸性やアルカリ性の水溶液の性質

教 p.30〜33

(1) 酸性の水溶液は，緑色のBTB溶液（中性）を（①　　）色に変える。また，マグネシウムリボンを入れると，（②　　）が発生する。電圧を加えると電流が流れるので，（③　　）の水溶液である。

(2) アルカリ性の水溶液は，緑色のBTB溶液（中性）を（④　　）色に変える。また，電圧を加えると電流が流れるので，電解質の水溶液である。**フェノールフタレイン溶液**を加えると（⑤　　）色になる。

まるごと暗記

BTB溶液の変化

- **酸性** ⇨黄色
- **アルカリ性** ⇨青色
- **中性** ⇨緑色

2 酸性，アルカリ性の正体

教 p.34〜39

(1) 水溶液にしたとき，**電離して**（①　　）を生じる化合物を★**酸**（さん）といい，水溶液は酸性を示す。また，水溶液にしたとき，電離して（②　　）を生じる化合物を★**アルカリ**といい，水溶液はアルカリ性を示す。

(2) 酸性・アルカリ性の強さは，（③★　　）で表す。

(3) 中性のpH（ピーエイチ）は7である。pHの値が7より小さいとき，水溶液は（④　　）性を示し，数値が小さいほどその性質が強くなる。pHの値が7より大きいとき，水溶液は（⑤　　）性を示し，数値が大きいほどその性質が強くなる。

まるごと暗記

酸とアルカリ

- **酸**
電離して水素イオンを生じる。
- **アルカリ**
電離して水酸化物イオンを生じる。

3 中和（ちゅうわ）

教 p.40〜45

(1) 酸とアルカリの水溶液を混ぜ合わせたとき，水素イオン（H^+）と水酸化物イオン（OH^-）が結びついて（①　　）をつくり，**たがいの性質を打ち消し合う**。この反応を（②★　　）という。

(2) 酸とアルカリの水溶液を混ぜ合わせたとき，**酸の陰イオンとアルカリの陽イオンが結びついてできた物質**を（③★　　）という。

(3) 塩酸に水酸化ナトリウム水溶液を加えたときにできる塩（えん）は（④　　）である。

(4) 硝酸（しょうさん）に水酸化カリウム水溶液を加えたときにできる塩は（⑤　　），硫酸（りゅうさん）に水酸化バリウム水溶液を加えたときにできる塩は**硫酸バリウム**である。

まるごと暗記

中和と塩

- **中和**
酸とアルカリがたがいの性質を打ち消し合う反応。
- **塩**
酸の陰イオンとアルカリの陽イオンが結びついてできた物質。

語群
1 赤／電解質／黄／青／水素　2 pH／酸／アルカリ／水酸化物イオン／水素イオン
3 水／硝酸カリウム／塩化ナトリウム／中和／塩

★の用語は，説明できるようになろう！

同じ語句を何度使ってもかまいません。

□にあてはまる語句を，下の語群から選んで答えよう。

1 イオンの移動

教 p.35〜37

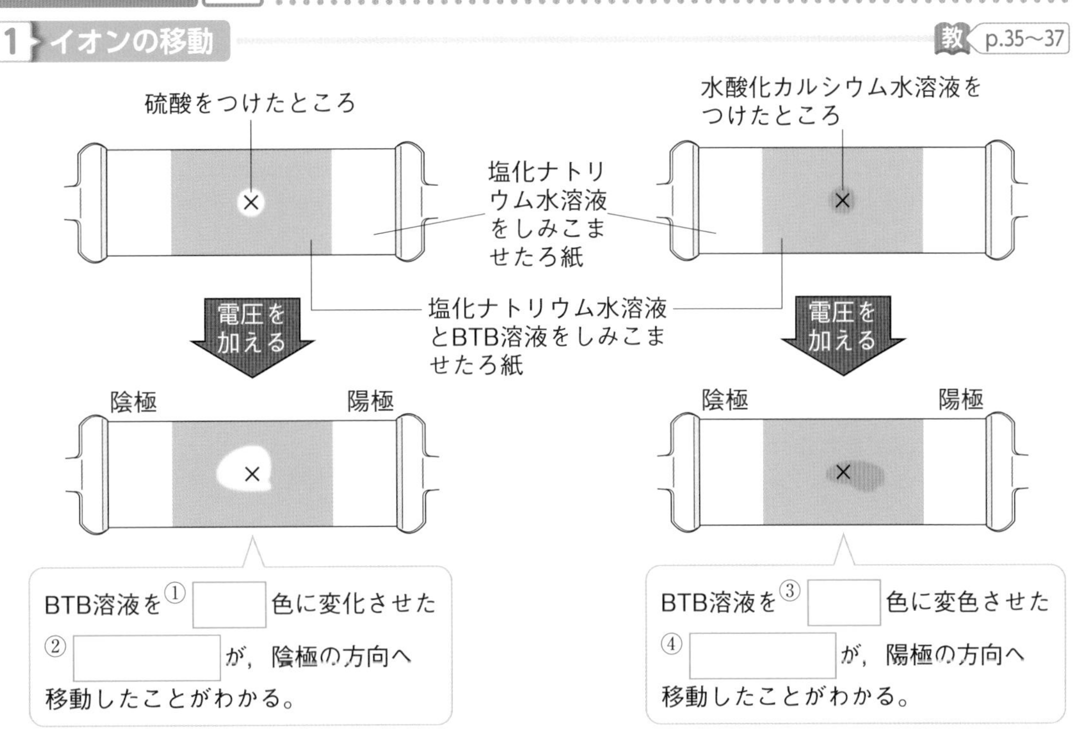

2 中和のモデル

教 p.42

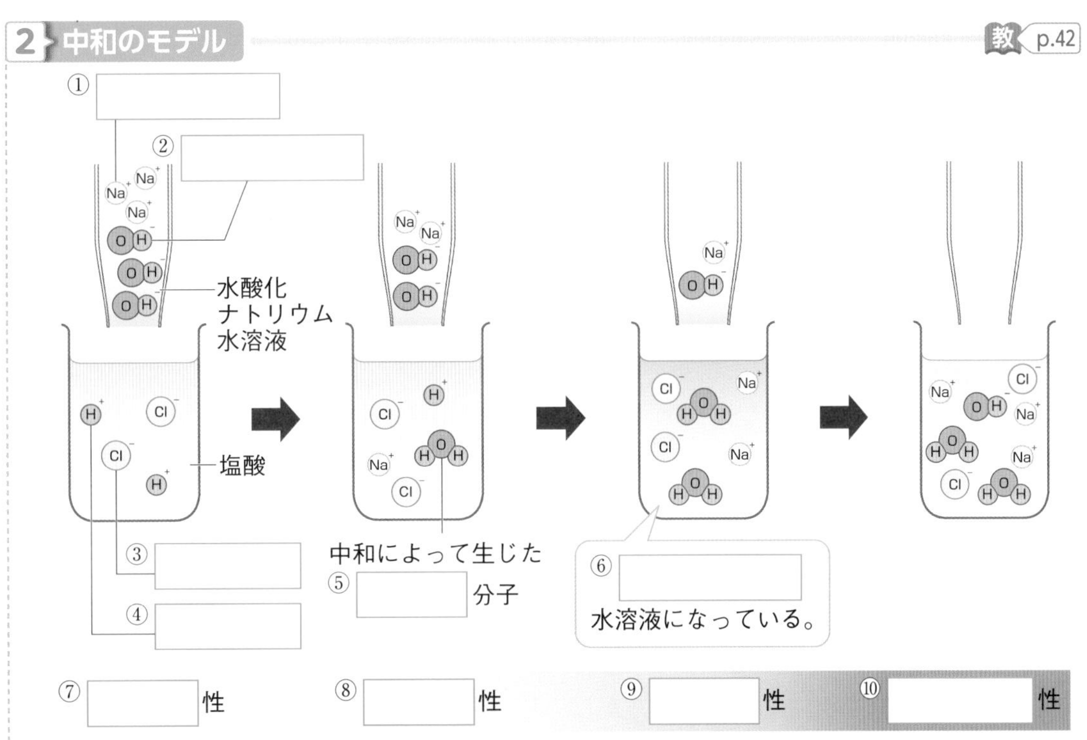

語群 1 青／黄／水素イオン／水酸化物イオン　2 水酸化物イオン／水素イオン／塩化物イオン／水／ナトリウムイオン／酸／中／アルカリ／塩化ナトリウム

わからない用語は，教科書の要点の★で確認しよう！

解答 p.3

定着のワーク ステージ2　第2章　酸，アルカリとイオン―①

1 教 p.31　実験3　**水溶液の性質**　次のア～カの水溶液について，下の実験1～4を行った。これについて，あとの問いに答えなさい。

ア	うすい塩酸	イ	アンモニア水	ウ	うすい水酸化ナトリウム水溶液
エ	うすい硫酸	オ	酢酸(食酢)	カ	石灰水(水酸化カルシウム水溶液)

〈実験1〉フェノールフタレイン溶液を1滴加える。
〈実験2〉少量とって緑色のBTB溶液を1滴加える。
〈実験3〉マグネシウムリボンを入れる。
〈実験4〉電流が流れるかどうかを調べる。

(1) **実験1**では，図1のようにフェノールフタレイン溶液が変化しなかったものと，図2のように赤色に変化したものがあった。図2のようにフェノールフタレイン溶液が赤色に変化したものはどれか。上の**ア**～**カ**からすべて選びなさい。ヒント

図1
水溶液に加えても色が変化しなかった。

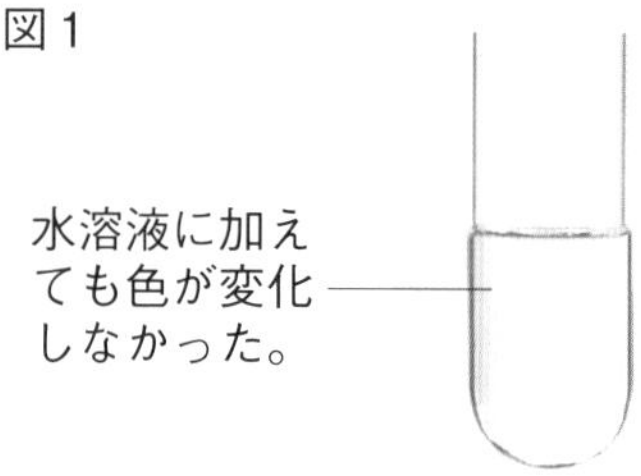

図2
水溶液に加えると赤色に変化した。

(　　　　　　)

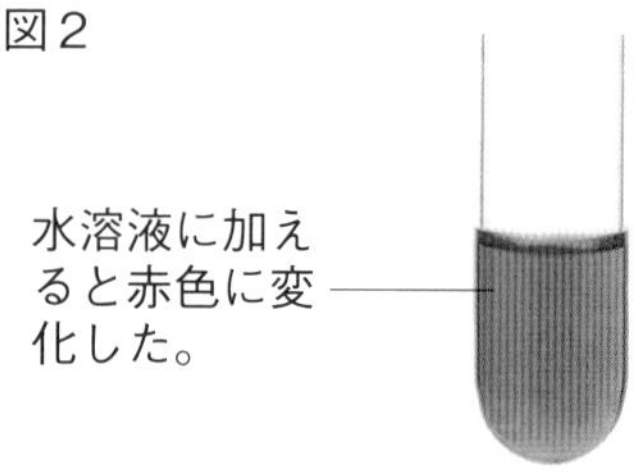

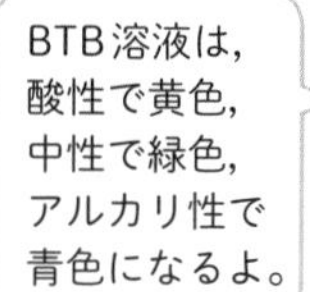

(2) **実験2**で，緑色のBTB溶液を1滴加えたとき，液の色が黄色に変化したものはどれか。上の**ア**～**カ**からすべて選びなさい。(　　　　　　)

(3) **実験3**で，それぞれの水溶液にマグネシウムリボンを入れたとき，図3の**A**のように気体が発生するものと，**B**のようにマグネシウムリボンに変化が見られないものがあった。

図3
A　B

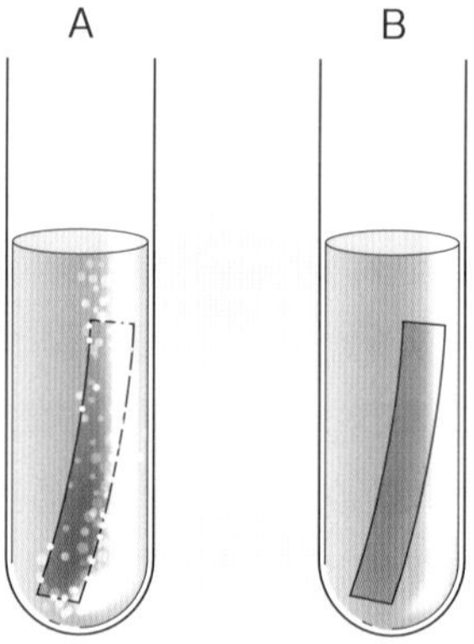

① マグネシウムリボンを入れると気体が発生するのは，何性の水溶液か。

(　　　　　　)

② このとき発生した気体は何か。

(　　　　　　)

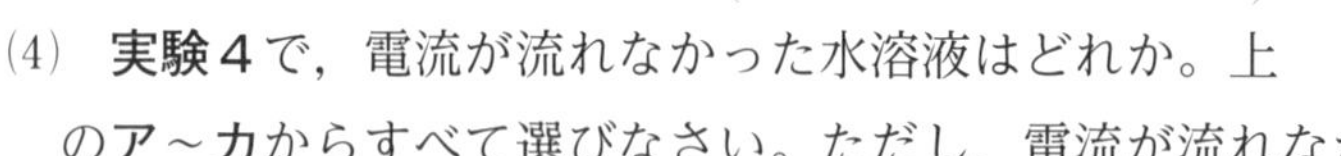

(4) **実験4**で，電流が流れなかった水溶液はどれか。上の**ア**～**カ**からすべて選びなさい。ただし，電流が流れなかった水溶液がない場合は×と答えなさい。ヒント

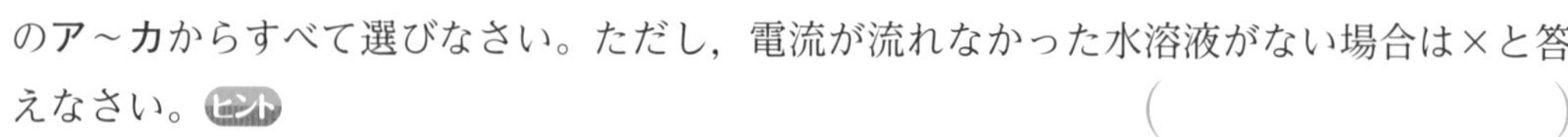

(　　　　　　)

ヒントの森

1(1)フェノールフタレイン溶液を加えると色が変化するのはアルカリ性の水溶液である。(4)酸やアルカリの水溶液は電離している。

2 教 p.35 実験4 **酸性・アルカリ性の正体** 電解質の水溶液の中のイオンについて調べるため，次の実験を行った。これについて，あとの問いに答えなさい。

> **実験** 図1のような装置をつくり，図2のように1つの×印にうすい塩酸をつけた綿棒を，もう1つの×印にうすい水酸化ナトリウム水溶液をつけた綿棒をおしつけると，それぞれ黄色，青色に変化した。次に，電圧を加え，変化を調べた。

図1

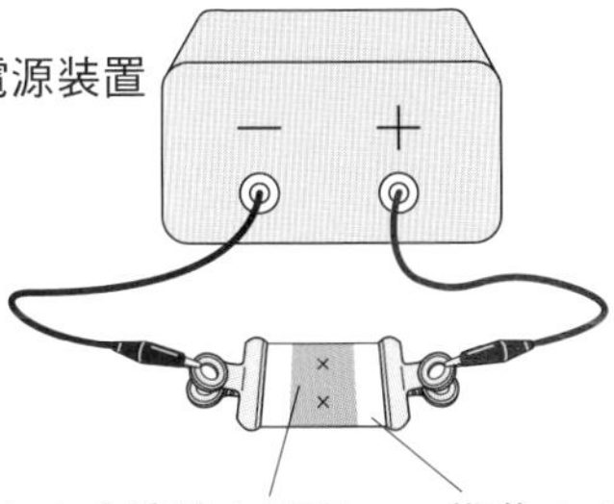

電源装置
－ ＋
塩化ナトリウム水溶液とBTB溶液をしみこませたろ紙
塩化ナトリウム水溶液をしみこませたろ紙

図2

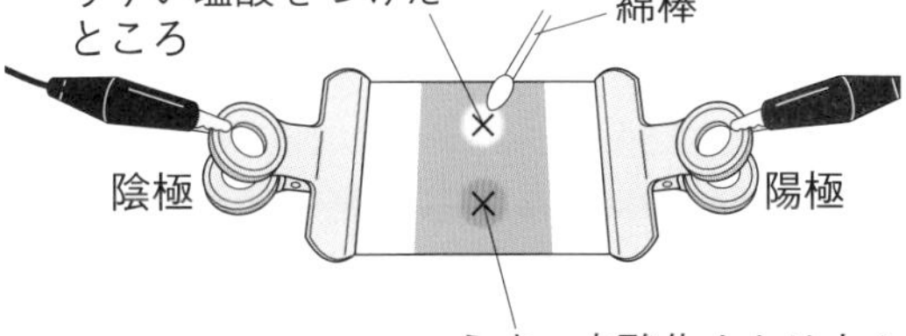

うすい塩酸をつけたところ
綿棒
陰極
陽極
うすい水酸化ナトリウム水溶液をつけたところ

(1) **実験**で，電圧を加えると，黄色の部分は陰極側と陽極側のどちら側に移動したか。ヒント
（　　　　）

(2) (1)より，酸性の性質を示すのは陽イオンと陰イオンのどちらか。ヒント
（　　　　）

(3) (2)より，酸性の性質を示すイオンの名称と化学式を答えなさい。ヒント
名称（　　　　） 化学式（　　　　）

(4) 水溶液にしたとき，(3)のイオンを生じる化合物を何というか。（　　　　）

(5) **実験**で，電圧を加えると，青色の部分は陰極側と陽極側のどちら側に移動したか。ヒント
（　　　　）

(6) (5)より，アルカリ性の性質を示すのは陽イオンと陰イオンのどちらか。ヒント
（　　　　）

(7) (6)より，アルカリ性の性質を示すイオンの名称と化学式を答えなさい。ヒント
名称（　　　　） 化学式（　　　　）

(8) 水溶液にしたとき，(7)のイオンを生じる化合物を何というか。（　　　　）

3 **pH** 酸性とアルカリ性の強さは，pHを用いて表す。右の図は，pHの値を調べるpHメーターで，Aの部分に水溶液をつけて，数値を読む。これについて，次の問いに答えなさい。

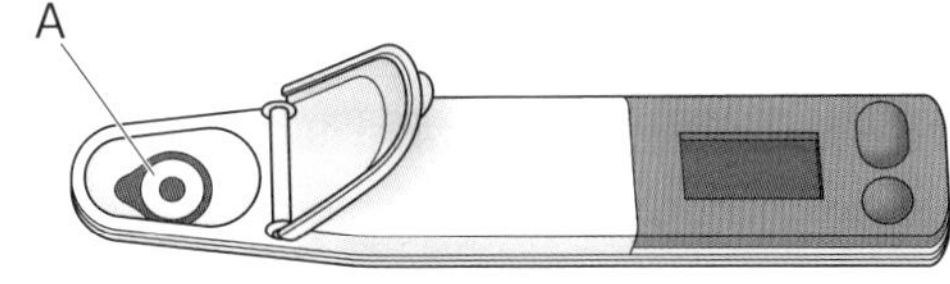

(1) 中性である純粋な水のpHはいくらか。（　　　　）

(2) pHが(1)の数値より小さいときは，酸性か，アルカリ性か。（　　　　）

(3) pHの数値が小さいほど，(2)の性質は強くなるか，弱くなるか。（　　　　）

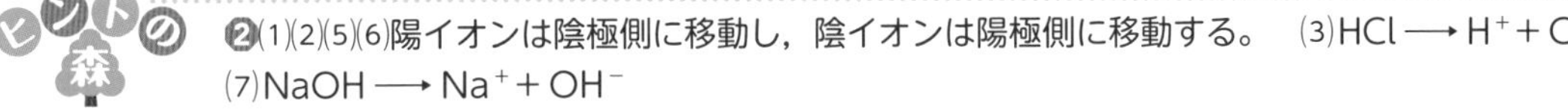

ヒントの森

❷(1)(2)(5)(6)陽イオンは陰極側に移動し，陰イオンは陽極側に移動する。 (3) $HCl \longrightarrow H^{+} + Cl^{-}$ (7) $NaOH \longrightarrow Na^{+} + OH^{-}$

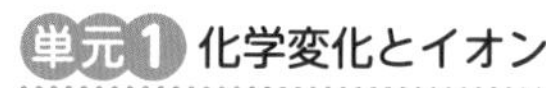

解答 p.4

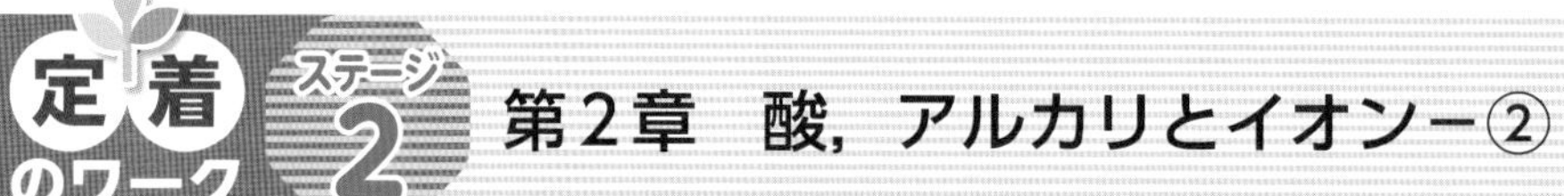

定着のワーク ステージ2 第2章 酸，アルカリとイオン－②

1 教 p.41 実験5 **酸とアルカリの反応** 酸とアルカリの水溶液を混ぜ合わせたときの変化について調べるために，次のような手順で実験をした。これについて，あとの問いに答えなさい。

〈手順１〉図１のように，うすい塩酸10cm^{3}にBTB溶液を２～３滴加えて黄色にした。

〈手順２〉図２のように，うすい水酸化ナトリウム水溶液を２cm^{3}ずつ加えていき，加えるたびにガラス棒でかき混ぜて，水溶液の色の変化を観察した。

〈手順３〉図３のように，水溶液が青色になったら，うすい塩酸を１滴ずつ加え，加えるたびにガラス棒でかき混ぜて，水溶液が緑色になったところで加えるのをやめた。

〈手順４〉緑色になった水溶液をスライドガラスに１滴とり，水を蒸発させて，残った物質を顕微鏡(けんびきょう)で調べた。

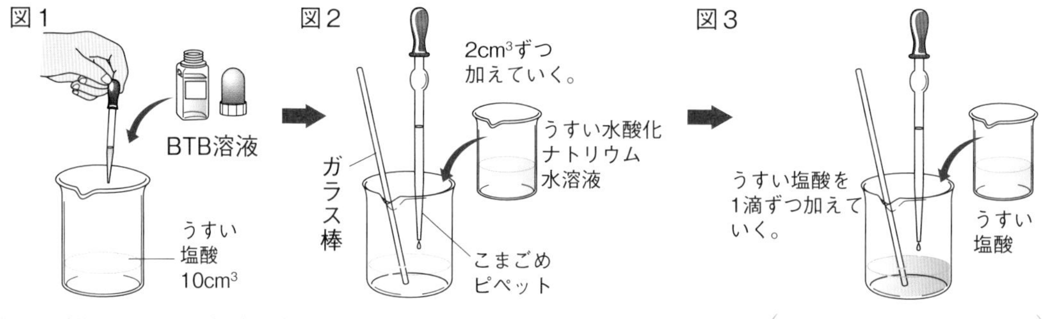

(1) **手順１**より，塩酸は何性であるといえるか。 (　　　)

(2) **手順３**で，水溶液の色が青色になったとき，水溶液は何性か。 (　　　)

(3) **手順３**で，水溶液の色が緑色になったとき，水溶液は何性か。 (　　　)

(4) **手順４**で，水を蒸発させた後に残っていた物質は何か。 ヒント (　　　)

2 **酸とアルカリの性質** 右の図のように，塩酸を５cm^{3}ずつ入れた試験管Ａ～Ｅを用意し，BTB溶液を１滴ずつ加えて，さらに水酸化ナトリウム水溶液を，Ｂに３cm^3，Ｃに５cm^3，Ｄに７cm^3，Ｅに９cm^{3}加えた。その後，それぞれの試験管にマグネシウムリボンを入れたところ，試験管Ａからはさかんに気体が発生した。これについて，次の問いに答えなさい。

マグネシウムリボン
A B C D E

(1) 試験管ＡにBTB溶液を加えると，水溶液の色は何色になるか。 (　　　)

(2) 試験管Ｃの水溶液の色は緑色であった。Ｃの水溶液は何性か。 (　　　)

(3) この実験で，試験管Ａから発生した気体は何か。 ヒント (　　　)

(4) マグネシウムリボンを入れたとき，気体が発生したと考えられる試験管を，Ａ～Ｅからすべて選びなさい。 (　　　)

ヒントの森

❶(4)塩化物イオンとナトリウムイオンが結びついてできた物質である。
❷(3)酸性の水溶液にマグネシウムリボンを入れると，水素が発生する。

3 酸とアルカリの反応のモデル　下の図は，塩酸に水酸化ナトリウム水溶液を加えていったときの反応をモデルを使って示したものである。○はナトリウム原子，●は酸素原子，◎は水素原子，⊗は塩素原子を，各モデルの右上に＋がついているものは陽イオン，－がついているものは陰イオンを示している。これについて，あとの問いに答えなさい。

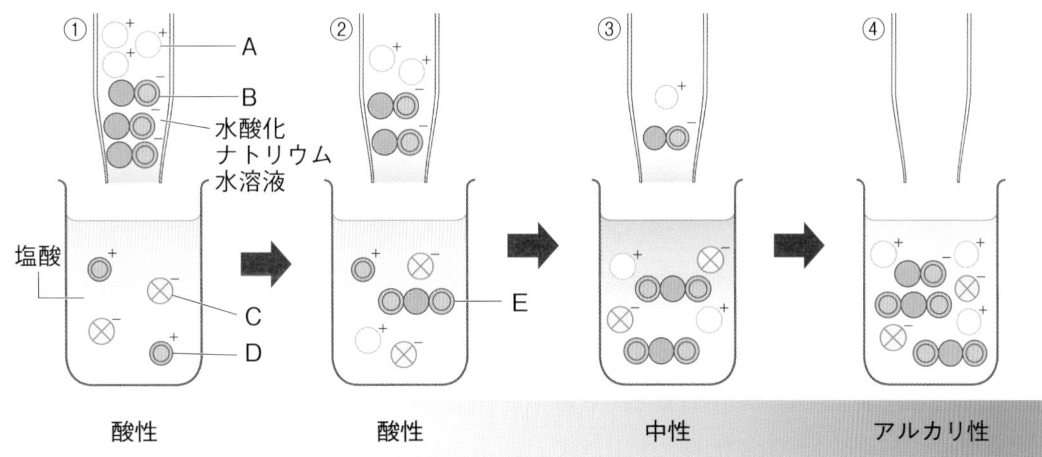

(1)　B，D，Eをそれぞれ何というか。

B（　　　　　）　D（　　　　　）　E（　　　　　）

(2)　このように，酸の水溶液とアルカリの水溶液を混ぜ合わせると，酸の性質を示すDとアルカリの性質を示すBが結びついてEになることにより，たがいの性質を打ち消し合っていく。このような反応を何というか。（　　　　　）

(3)　③の水を蒸発させると何が残るか。化学式で答えなさい。（　　　　　）

(4)　(3)の物質は，水酸化ナトリウム水溶液の中の陽イオンであるAと塩酸の中の陰イオンであるCが結びついてできたものである。このように，酸の陰イオンとアルカリの陽イオンが結びついてできた物質を何というか。ヒント（　　　　　）

4 酸とアルカリの反応　うすい硫酸にうすい水酸化バリウム水溶液を加えると，右の写真のように白色の沈殿(ちんでん)ができた。これについて，次の問いに答えなさい。

(1)　この反応でできた白色の沈殿は何か。その名称と化学式を答えなさい。

名称（　　　　　）　化学式（　　　　　）

(2)　(1)の物質の性質を次のア～エから選びなさい。（　　　　　）

ア　水より軽い。　　イ　水にとけない。

ウ　電解質である。　　エ　常温で液体となる。

(3)　この白色の沈殿は，酸の陰イオンとアルカリの陽イオンが結びついてできた物質である。この物質ができるとき，水溶液の温度はどうなるか。ヒント（　　　　　）

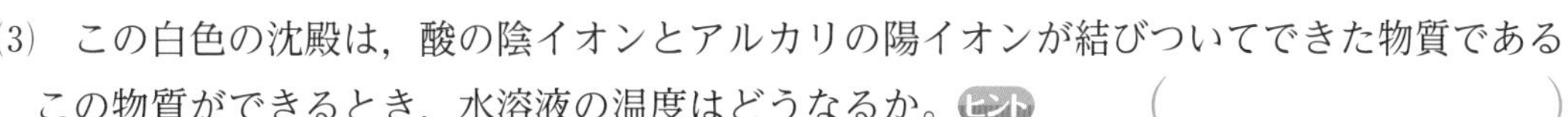

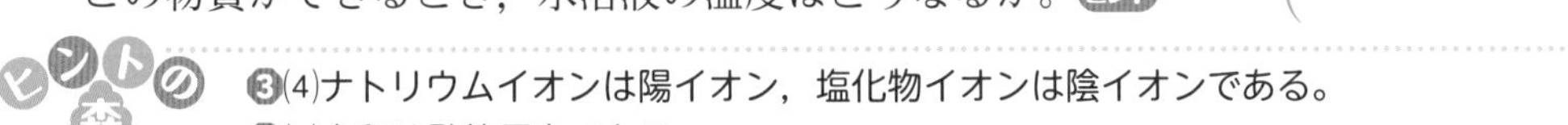

ヒントの森

3(4)ナトリウムイオンは陽イオン，塩化物イオンは陰イオンである。

4(3)中和は発熱反応である。

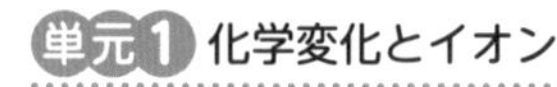

解答 p.4

第2章 酸，アルカリとイオン

/100

よく出る **1** 6つのビーカーに，A～Fの異なる種類の液体がそれぞれ1種類ずつ入っている。これらは，蒸留水，砂糖水，塩化ナトリウム水溶液，アンモニア水，うすい塩酸，うすい水酸化ナトリウム水溶液のいずれかである。A～Fがどの水溶液であるか調べるために，次の実験1～4を行った。これについて，あとの問いに答えなさい。 7点×5(35点)

実験1 各液体を別々の試験管にとり，フェノールフタレイン溶液を2～3滴加えたところ，AとBだけが赤色に変化した。

実験2 各液体を別々の試験管にとり，マグネシウムリボンを入れたところ，Dだけから気体が発生した。

実験3 各液体をそれぞれ1滴ずつスライドガラスにとり，水を蒸発させたところ，B，D，Eでは何も残らなかった。

実験4 各液体を別々のビーカーにとり，電圧を加えたところ，EとFだけ電流が流れなかった。

(1) **実験1**で，AとBだけが赤色に変化したのは，AとBに共通するイオンが存在していたためである。このイオンを化学式で表しなさい。

記述 (2) **実験4**で，EとFに電流が流れなかったのはなぜか。その理由を簡単に答えなさい。

(3) ①砂糖水，②うすい塩酸，③うすい水酸化ナトリウム水溶液はどれか。それぞれA～Fから適当なものを1つずつ選びなさい。

(1)		(2)	
(3) ①		②		③	

レベルUP **2** 右の図のような装置をつくり，両端(りょうたん)のクリップに20Vの電圧を5分間加えた。次の問いに答えなさい。 6点×3(18点)

記述 (1) ろ紙に水道水をしみこませたのはなぜか。その理由を，簡単に答えなさい。

(2) このときのようすを説明した次の文の( )にあてはまる言葉を，それぞれ答えなさい。

うすい塩酸の中の(①)イオンが(②)極側に移動するため，青色のリトマス紙の糸より(②)極側に赤色に変化した部分が広がっていった。

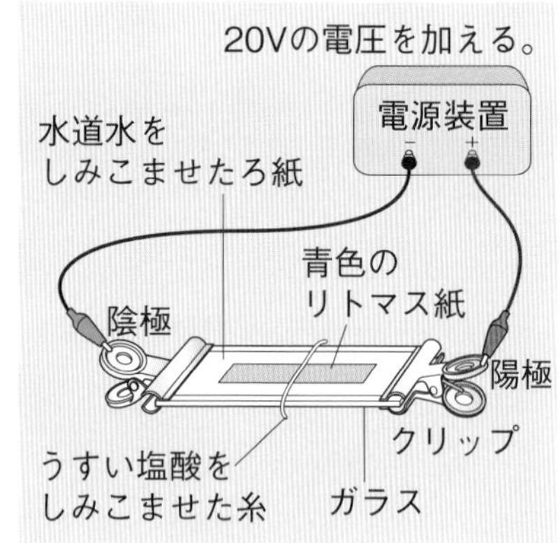

(1)		(2) ①		②	

よく出る **3** 右の図のように，うすい塩酸5 cm^3 を試験管にとり，BTB溶液を1～2滴加えて黄色にして，マグネシウムリボンを入れたところ，さかんに気体が発生した。さらに，これにうすい水酸化ナトリウム水溶液を1滴ずつ加えていくと，液の色が緑色になり，気体が発生しなくなった。これについて，次の問いに答えなさい。

7点×5(35点)

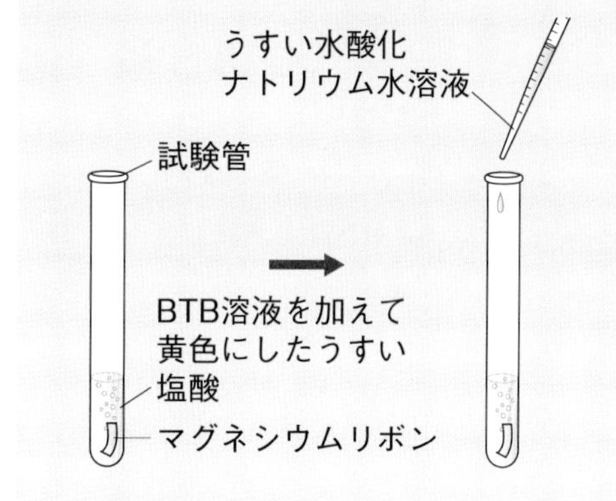

(1) 酸の水溶液とアルカリの水溶液を混ぜ合わせると，酸の性質を示していたイオンとアルカリの性質を示していたイオンが結びついて新しい物質となり，たがいの性質を打ち消し合う。このような反応を何というか。

(2) (1)の反応を，イオンを表す化学式を使って表しなさい。

(3) (1)の反応が起こっているとき，熱の出入りは生じるか。次の**ア**～**ウ**から選びなさい。

ア 熱が発生する。　　**イ** 熱を吸収する。　　**ウ** 熱の出入りはない。

(4) 液の色が緑色になった後，さらに水酸化ナトリウム水溶液を加え続けると，液の色は何色になるか。

(5) (4)のとき，気体は再び発生するか。

(1)		(2)			
(3)		(4)		(5)	

4 右の図は，塩酸と水酸化ナトリウム水溶液の反応を，モデルを使って表したものである。◯は水素原子，◯は塩素原子，◯はナトリウム原子，◯は酸素原子を，各モデルの右上に＋がついているものは陽イオン，－がついているものは陰イオンを示している。これについて，次の問いに答えなさい。

6点×2(12点)

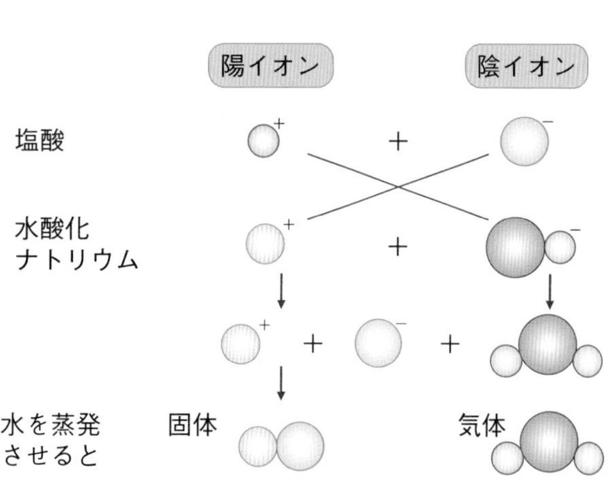

(1) ◯◯の化学式を答えなさい。

(2) ◯◯のように，中和によって，酸が電離してできた陰イオンと，アルカリが電離してできた陽イオンが結びついてできた物質を何というか。

(1)		(2)	

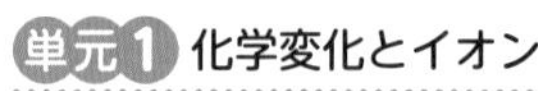

解答 p.6

確認のワーク ステージ1 第3章　化学変化と電池

教科書の要点

同じ語句を何度使ってもかまいません。
（　）にあてはまる語句を，下の語群から選んで答えよう。

1 電池のしくみ

教 p.48〜61

(1) (①　　　　)の水溶液に２種類の金属板を入れて導線でつなぐと，金属と金属の間に電圧が生じて電流をとり出すことができる。このように，化学変化によって物質がもつ化学エネルギーを電気エネルギーに変える装置を(②★　　　　)という。

(2) うすい塩酸に亜鉛板と銅板を入れて電池をつくると，亜鉛原子が電子を(③　　　　)個失い，亜鉛イオンとなってうすい塩酸の中にとけ出していく。電極に残された電子は導線を通って銅板へ流れ，銅板の表面で水溶液中の(④　　　　)が電子を(⑤　　　　)個受けとって水素原子となる。これが２個結びついて水素分子となり，気体として発生する。

(3) 金属は種類によって陽イオンへのなりやすさが異なる。陽イオンへのなりやすさは，電池の極を決める要因になり，２種類の金属を電池の電極に用いると，イオンになりやすい方の金属が電池の(⑥　　　　)極になる。

(4) ダニエル電池では，亜鉛が電子を失って(⑦　　　　)になり，硫酸亜鉛水溶液中にとけ出す。電子は導線を通って銅板へ移動し，(⑧　　　　)が電子を受けとり，(⑨　　　　)が銅板上に付着する。亜鉛と銅では，亜鉛の方が陽イオンになりやすいので，亜鉛板が－極，銅板が＋極になる。

まるごと暗記
電池の条件
- 水溶液が電解質である。
- 異なる種類の金属を用いる。

ワンポイント
電池ではイオンになりやすい方の金属が－極になる。

ワンポイント
ダニエル電池のセロハン膜は必要なイオンだけ通過させて，２種類の水溶液がすぐに混ざり合わないようにしている。

2 身のまわりの電池

教 p.62〜63

(1) マンガン乾電池のように，使用すると電圧が低下してもとにもどらない電池を(①★　　　　)電池という。

(2) 外部から逆向きの電流を流すことによってくり返し使うことができる電池を(②★　　　　)電池，または蓄電池という。このとき，電圧を回復させる操作を(③★　　　　)という。

(3) 水素と酸素が結びつくとき(水の電気分解と逆の化学変化)に発生する電気エネルギーを直接とり出す電池を(④★　　　　)電池という。この電池は(⑤　　　　)しか発生しないので環境に対する悪影響が少ないと考えられている。

まるごと暗記
身のまわりの電池
- 一次電池
⇨使うと電圧が低下し，もとにもどらない。
- 二次電池
⇨充電すると，電圧が回復し，くり返し使うことができる。
- 燃料電池
⇨水の電気分解とは逆の化学変化を利用した電池。

語群
1 銅／銅イオン／水素イオン／亜鉛イオン／１／２／－／電池／電解質
2 一次／二次／水／燃料／充電

★の用語は，説明できるようになろう！

同じ語句を何度使ってもかまいません。

教科書の図　□にあてはまる語句を，下の語群から選んで答えよう。

1 電池のしくみ

教 p.57

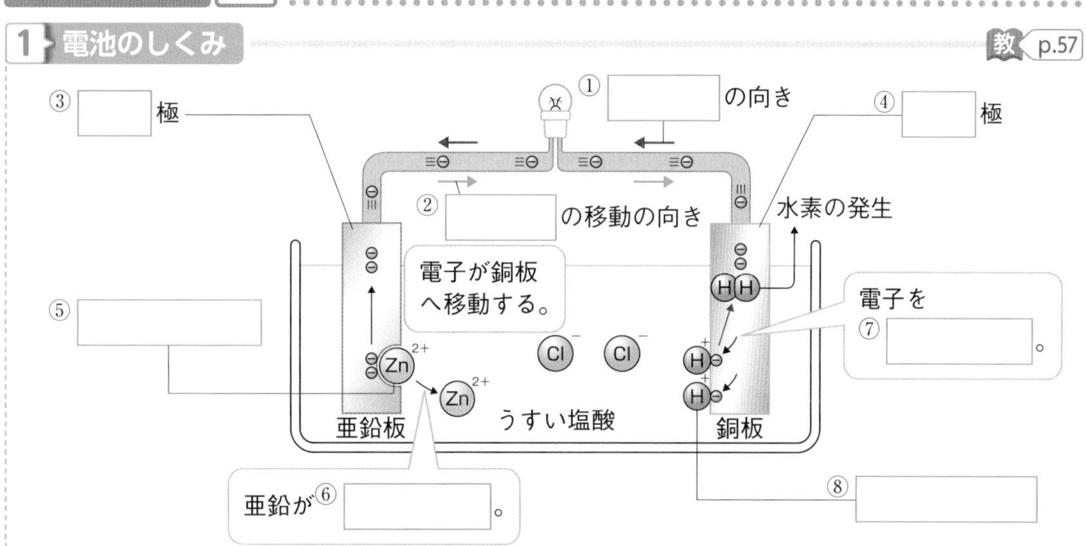

2 ダニエル電池

教 p.60

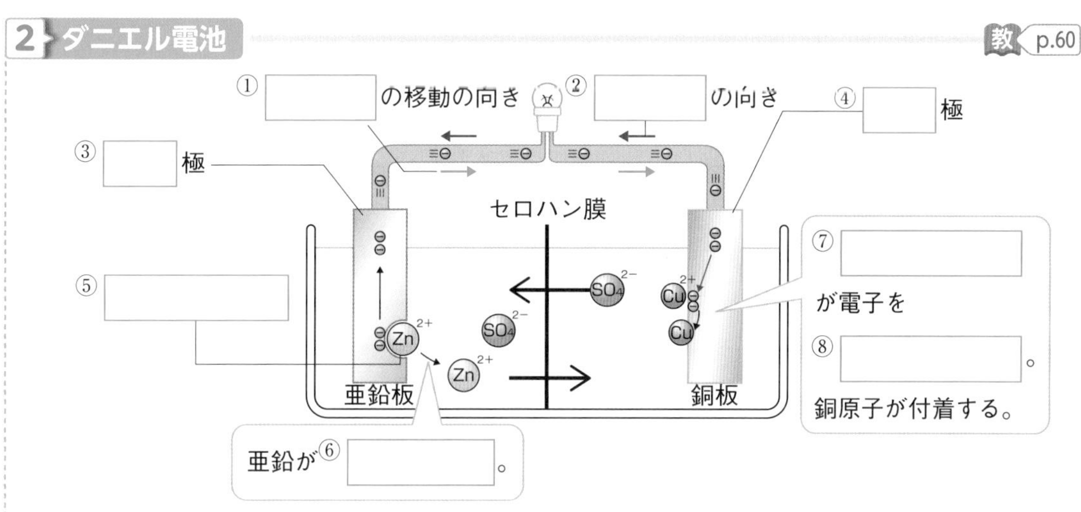

3 いろいろな電池

教 p.62〜63

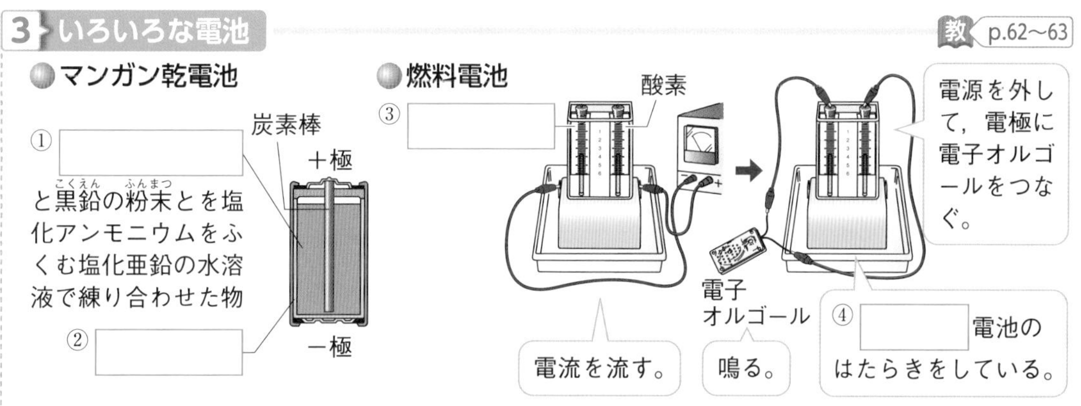

語群　1 ＋／－／受けとる／とける／電子／電流／亜鉛イオン／水素イオン　2 ＋／－／受けとる／とける／電子／電流／亜鉛イオン／銅イオン　3 亜鉛／水素／燃料／二酸化マンガン

わからない用語は，教科書の要点の★で確認しよう！

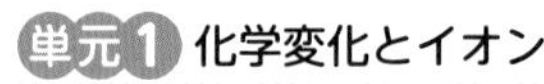

解答 p.6

第3章　化学変化と電池－①

1 教 p.48　実験6　**電流をとり出すための条件**　下の写真のように，うすい塩酸に銅板と亜鉛板を入れ，導線で光電池用モーターにつないだところ，光電池用モーターが回り，銅板の表面から気体が発生した。これについて，あとの問いに答えなさい。

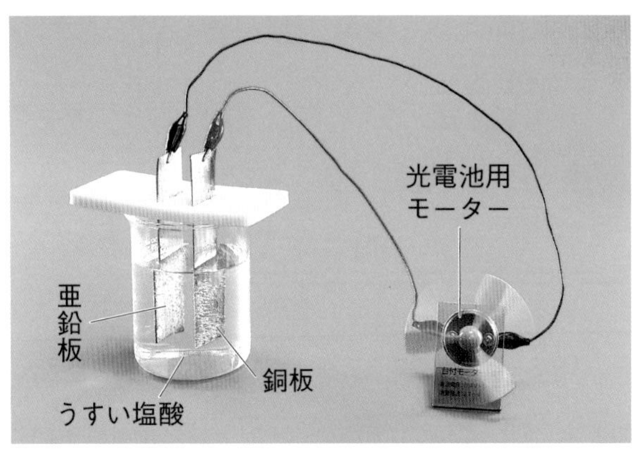

(1) 銅板は＋極か－極のどちらか。　(　　　　)

(2) 光電池用モーターが回ったのは，銅板と亜鉛板の間に電圧が生じるためである。このような装置を何というか。　(　　　　)

(3) 水溶液と金属の組み合わせを変えて，同様の実験を行った。光電池用モーターが回ったものはどれか。次のア～エから選びなさい。ヒント　(　　)

ア　砂糖水・銅板・銅板　　　イ　砂糖水・銅板・マグネシウムリボン

ウ　食塩水・銅板・銅板　　　エ　食塩水・銅板・マグネシウムリボン

2 **木炭電池**　木炭(備長炭)をこい食塩水でしめらせたろ紙で巻き，その上からアルミニウムはくで巻いて木炭電池をつくった。これを使って，図の回路をつくったところ，電流計の針がふれ，豆電球が点灯した。これについて，次の問いに答えなさい。

(1) 豆電球を長時間点灯させた後，アルミニウムはくをはがすと，アルミニウムはくはどうなっていたか。次のア～エから選びなさい。ヒント　(　　)

ア　光沢が出ていた。

イ　かたくなっていた。

ウ　ぼろぼろになっていた。

エ　変化していなかった。

ろ紙
アルミニウムはく
豆電球
電流計

(2) (1)の結果から，木炭電池は何エネルギーを電気エネルギーに変換していると考えられるか。　(　　　　)

❶(3)電解質の水溶液に２種類の金属板を入れて導線でつなぐと，電池になる。

❷(1)アルミニウムが，アルミニウムイオンとなって食塩水の中にとけていく。

3 教 p.53 実験7 **金属のイオンへのなりやすさの比較**　下のような実験を行い，金属の陽イオンへのなりやすさを調べた。あとの問いに答えなさい。

実験1　うすい硫酸銅水溶液にマグネシウム片と亜鉛片を入れた。
実験2　うすい硫酸マグネシウム水溶液に亜鉛片と銅片を入れた。
実験3　うすい硫酸亜鉛水溶液にマグネシウム片と銅片を入れた。

(1)　**実験1**で，金属片にどのような反応が見られるか。次の**ア**～**エ**からそれぞれ選びなさい。
マグネシウム片（　　　）　亜鉛片（　　　）
ア　マグネシウムが付着する。　　**イ**　亜鉛が付着する。
ウ　銅が付着する。　　**エ**　反応が見られない。

(2)　**実験2**で，金属片にどのような反応が見られるか。(1)の**ア**～**エ**からそれぞれ選びなさい。
亜鉛片（　　　）　銅片（　　　）

(3)　**実験3**で，金属片にどのような反応が見られるか。(1)の**ア**～**エ**からそれぞれ選びなさい。
マグネシウム片（　　　）　銅片（　　　）

(4)　この実験から，マグネシウム，亜鉛，銅を陽イオンになりやすい順に並べなさい。
（　　　→　　　→　　　）

4 **電池のしくみ**　右の図は，うすい塩酸に銅板と亜鉛板を入れたときにできる電池のしくみをモデルを使って説明しようとしたものである。これについて，次の問いに答えなさい。

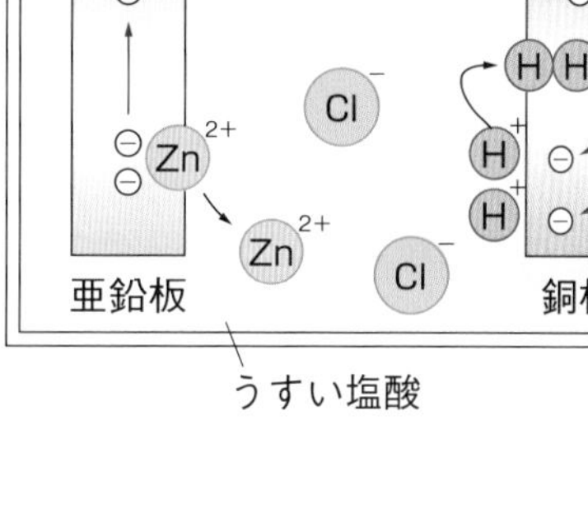

(1)　図で，電子が移動する向きはA，Bのどちらか。
ヒント　（　　　）

(2)　図で，電流の向きはA，Bのどちらか。
（　　　）

(3)　(1)，(2)より，＋極になっているのは銅板，亜鉛板のどちらか。（　　　）

(4)　図で，うすい塩酸にとけ出すイオンは何か。その化学式を，次の**ア**～**エ**から選びなさい。
（　　　）

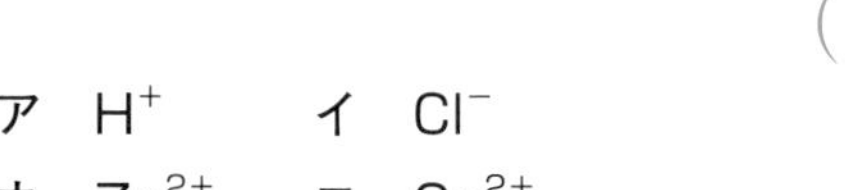
ア　H^{+}　　**イ**　Cl^{-}
ウ　Zn^{2+}　　**エ**　Cu^{2+}

(5)　図の＋極で，電子を受けとっているイオンは何か。その化学式を，次の**ア**～**エ**から選びなさい。
（　　　）
ア　H^{+}　　**イ**　Cl^{-}
ウ　Zn^{2+}　　**エ**　Cu^{2+}

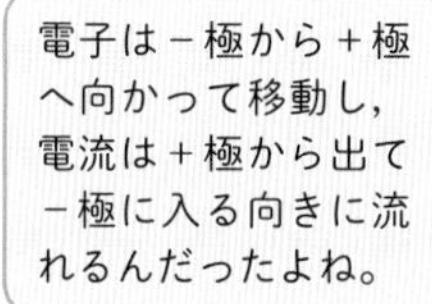

(6)　銅板の表面から発生している気体は何か。（　　　）

4(1)亜鉛が亜鉛イオンとなってとけ出すときに残された電子が銅板へ移動し，銅板の表面で水素イオンが電子を受けとる。

解答 p.6

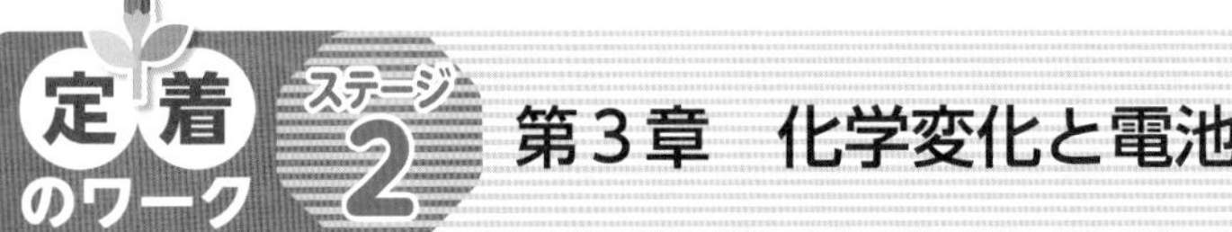

定着のワーク ステージ2 第3章 化学変化と電池－②

1 電池のしくみ 下の図のような装置で，ビーカーに入れる水溶液や金属板の組み合わせを変え，電池のしくみについて調べた。ビーカーに入れる水溶液は，精製水にうすい塩酸，砂糖，食塩を別々に加えてとかしてつくった。表は，その結果をまとめたものである。これについて，あとの問いに答えなさい。

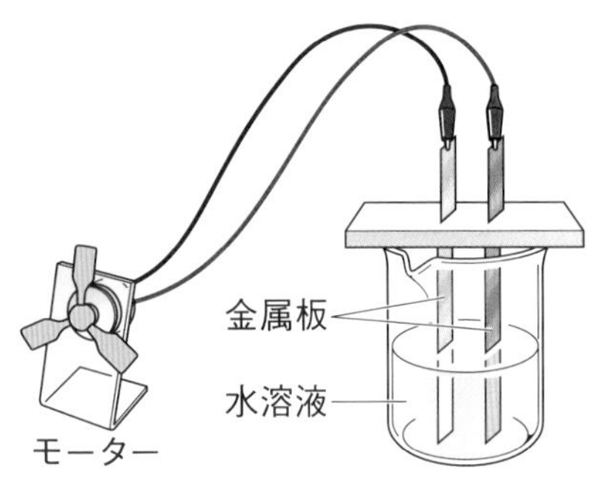

	銅板と銅板	銅板と亜鉛板	亜鉛板と亜鉛板
うすい塩酸	回らなかった。	回った。	回らなかった。
砂糖水	回らなかった。	回らなかった。	回らなかった。
食塩水	回らなかった。	回った。	回らなかった。

(1) 電池ができるときの条件についてまとめた次の文の(　)にあてはまる言葉を，下のア〜エから選びなさい。 ①(　　) ②(　　)

電池ができるのは，(①)の水溶液に(②)の金属を入れたときである。

〔 ア 電解質　イ 非電解質　ウ 同じ種類　エ 2種類 〕

記述 (2) この実験で，水溶液をつくるとき，精製水のかわりに水道水を用いてはいけない。その理由を簡単に答えなさい。ヒント

(　　)

(3) モーターが回っているとき，亜鉛板と銅板の表面で起こっている反応を，それぞれイオンを表す化学式(電子1個はe^-)で表しなさい。 亜鉛板(　　) 銅板(　　)

2 身のまわりの電池 右の図のように，レモンをうす切りにした物をアルミニウムはくと銅板ではさみ，アルミニウムはくを－極，銅板を＋極として電子オルゴールに接続したところ，電子オルゴールが鳴った。次の問いに答えなさい。

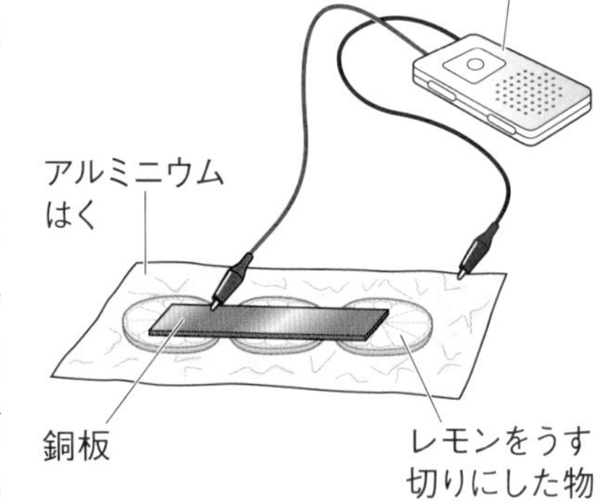

記述 (1) しばらく電流を流した後，アルミニウムはくを調べた。アルミニウムはくは，どのようになっていたか。簡単に答えなさい。ヒント

(　　)

(2) 銅板をアルミニウム板にしたとき，電子オルゴールは鳴るか，鳴らないか。 (　　)

(3) 電気エネルギーに変換しているのは，物質のもつ何エネルギーか。 (　　)

ヒントの森

1(2)水溶液をつくった水に電解質がふくまれていると，実験結果が不正確になってしまう。
2(1)アルミニウムは，イオンになってとけ出した。

3 教 p.59 実験8 **ダニエル電池** 右の図のように，金属板に光電池用モーターをつなぐとプロペラが回った。次の問いに答えなさい。

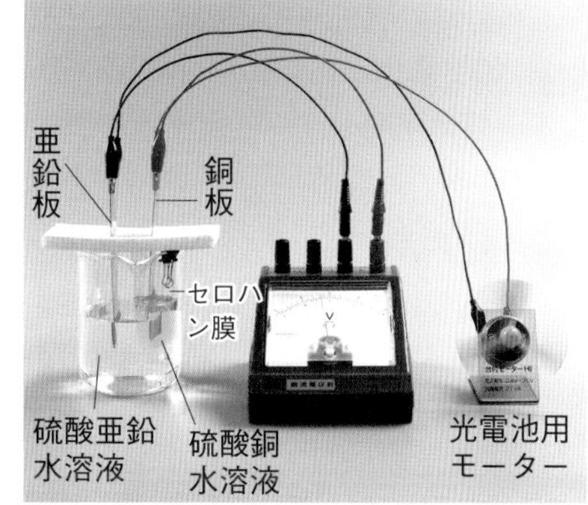

(1) 銅と亜鉛のイオンへのなりやすさについて，次のア～ウから正しいものを選びなさい。（　　）

ア　亜鉛の方が陽イオンになりやすい。
イ　銅の方が陽イオンになりやすい。
ウ　陽イオンへのなりやすさは同じである。

(2) 図で，亜鉛板の亜鉛原子は，電子を失って硫酸亜鉛水溶液中にとけ出す。このときの化学反応式をイオンを表す化学式を使って表しなさい。ただし，電子1個をe^-として表すものとする。（　　）

(3) 図で，銅板上では，硫酸銅水溶液中の銅イオンが電子を受けとって銅が付着する。このときの化学反応式をイオンを表す化学式を使って表しなさい。ただし，電子1個をe^-として表すものとする。（　　）

(4) ダニエル電池の＋極は，銅板か亜鉛板のどちらか。（　　）

(5) 電流が流れると，硫酸銅水溶液の濃度はどうなっていくか。

（　　）

4 **身のまわりの電池** 電池にはいろいろな種類がある。右の図は，簡易電気分解装置を使って水酸化ナトリウム水溶液を電気分解した直後に電子オルゴールをつないだようすであり，このとき電子オルゴールが鳴った。このことから，このとき簡易電気分解装置が電池のはたらきをしたことがわかる。これについて，次の問いに答えなさい。

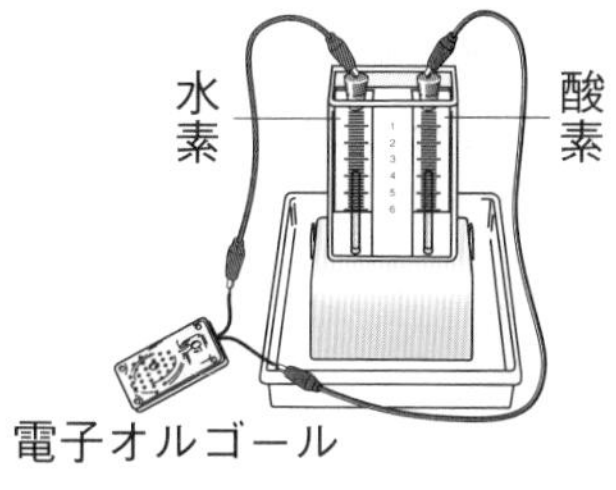

(1) 電池には，使うと電圧が低下してもとにもどらないものと，使うと電圧は低下するが外部から逆向きの電流を流すと電圧が回復するものがある。

① 下線部のような操作を何というか。

（　　）

② 下線部のような操作によって，くり返し使うことができる電池を何というか。

（　　）

(2) 図のようにして電子オルゴールが鳴っているとき，簡易電気分解装置は水の電気分解と逆の化学変化を利用した電池となっている。このような電池を何というか。ヒント

（　　）

(3) (2)のときの化学変化を化学反応式で表しなさい。ヒント

（　　）

ヒントの森
4(2)環境への悪影響が少ないと考えられている電池である。 (3)水素と酸素が化学反応して，水ができる化学反応式である。水素＋酸素→水

第3章 化学変化と電池

よく出る 1 化学変化と電気の関係を調べるため，下の図のA～Dの装置で，それぞれの導線a，bを光電池用モーターと電圧計につないだ。これについて，あとの問いに答えなさい。

7点×3(21点)

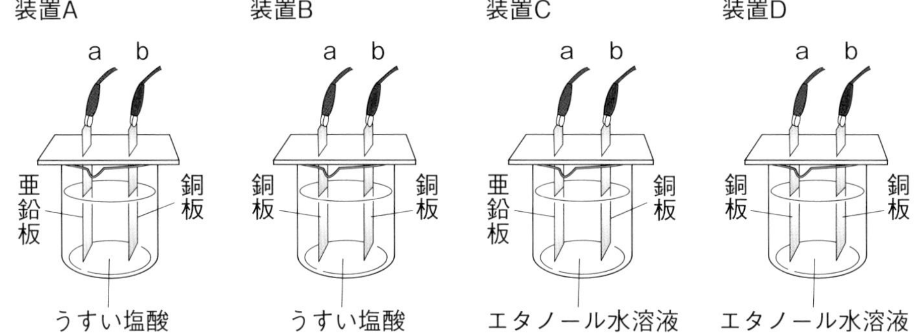

(1) 電圧が生じて電圧計の針がふれたのは装置A～Dのどれか。

(2) 次のア～ウのうち，金属板を導線でつなぐと電圧が生じるのはどれか。

ア 砂糖水に亜鉛板と銅板を入れる。　　イ 食塩水に2枚の亜鉛板を入れる。

ウ オレンジの汁に鉄板とマグネシウムリボンを入れる。

(3) このように，化学変化によって物質のもつ化学エネルギーを電気エネルギーに変える装置を何というか。

(1)		(2)		(3)	

よく出る 2 右の図は，うすい塩酸に銅板と亜鉛板を入れ，導線で光電池用モーターにつないだときのようすを，モデルを使って表したものである。◎$^{2+}$は金属がうすい塩酸の中にとけ出すことによってできた陽イオン，●$^{+}$はうすい塩酸の中にあった陽イオンである。また，A，Bは，銅板と亜鉛板のいずれかを示している。これについて，次の問いに答えなさい。 8点×5(40点)

(1) ◎$^{2+}$と●$^{+}$を，それぞれ化学式で表しなさい。

(2) 電子が移動する向きは，㋐，㋑のどちらか。

(3) ＋極となっているのはA，Bのどちらか。

記述 (4) 図の亜鉛板をマグネシウムリボンにかえると，モーターの回転はどうなるか。

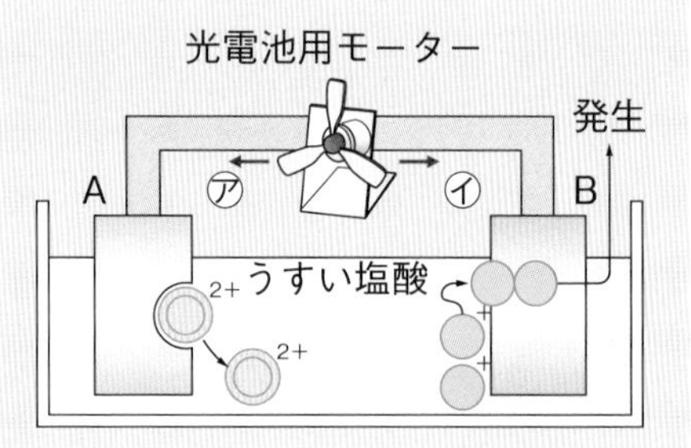

(1)	◎$^{2+}$		●$^{+}$		(2)		(3)	
(4)								

3 右の図のように，硫酸亜鉛水溶液と硫酸銅水溶液をセロハン膜で区切り，亜鉛板と銅板を入れてダニエル電池をつくった。これをモーターにつなぐと電流が流れた。次の問いに答えなさい。

6点×4(24点)

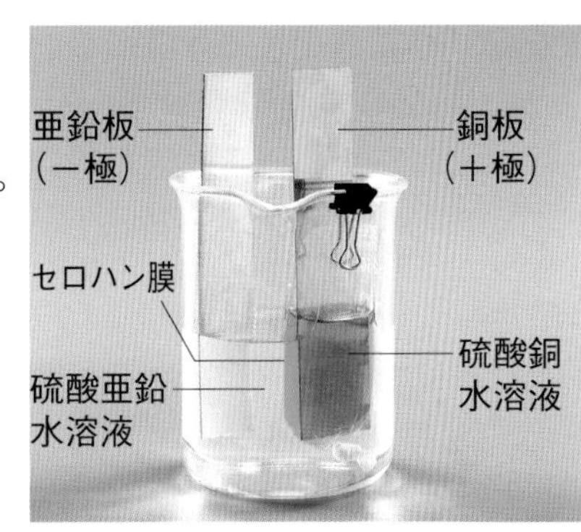

(1) ダニエル電池では電流が流れているとき，銅板の表面から気体は発生するか。

(2) 次の文はダニエル電池について説明したものである。次の(　)にあてはまる言葉を答えなさい。

　モーターが回っているとき，亜鉛板は(①)イオンとなり硫酸亜鉛水溶液中にとけ出す。このとき放出された電子は導線中を銅板に向かって流れ，銅板の表面では，硫酸銅水溶液中の(②)イオンが電子を受けとり，銅板上に付着する。

(3) セロハン膜はどのようなはたらきをしているか。「イオン」という言葉を使って簡単に答えなさい。

(1)		(2)	①		②	
(3)						

4 右の図1のように，簡易電気分解装置を使って水を電気分解した後，電源装置を外して，図2のように，電極に電子オルゴールをつないだ。これについて，次の問いに答えなさい。

5点×3(15点)

図1
簡易電気分解装置
㋐
㋑
電源装置

図2
電子オルゴール

(1) 図1で，㋐，㋑の電極には，それぞれ何という気体が発生したか。

(2) 図2のように，電子オルゴールを各電極につなぐとどうなるか。次の**ア**～**エ**から選びなさい。

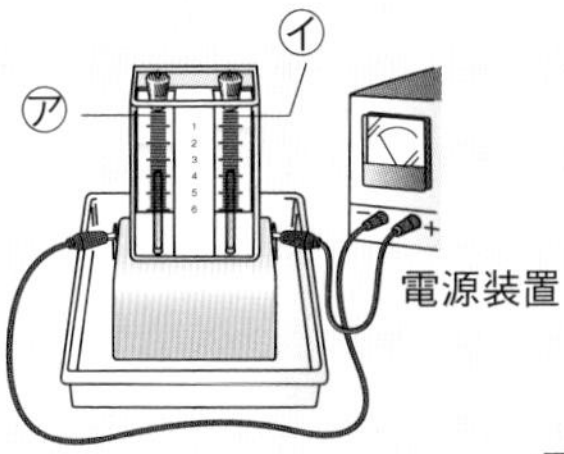

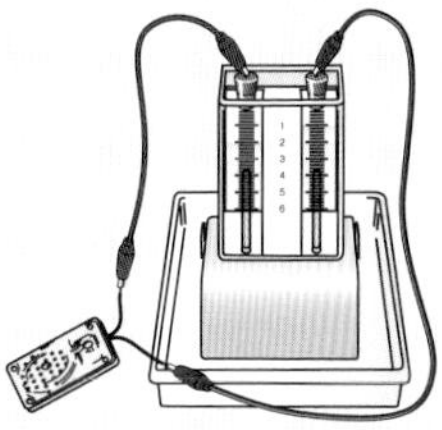

ア　電子オルゴールは，瞬間的に鳴ったが，すぐに鳴りやんで，水の電気分解が始まった。

イ　電子オルゴールは，しばらくの間鳴り続けた。

ウ　水の電気分解が続いた。

エ　電子オルゴールは，全く鳴らなかった。

(1)	㋐		㋑		(2)	

単元末総合問題 単元1 化学変化とイオン

解答 p.8

40分 /100

1 次の水溶液の性質を調べるために，下の実験を行った。これについて，あとの問いに答えなさい。 8点×3(24点)

塩化ナトリウム水溶液　砂糖水　酢酸
うすい塩酸　うすい水酸化ナトリウム水溶液

〈実験1〉各水溶液を別々のビーカーにとり，右の図のような装置で電圧を加えて，電流が流れるかどうかを調べた。
〈実験2〉各水溶液を別々の試験管にとり，緑色のBTB溶液を2～3滴加えて色の変化を調べた。
〈実験3〉各水溶液を1滴ずつ別々のスライドガラスにとり，水を蒸発させて固体が残るかどうか調べた。

記述 (1) **実験1**で，ある水溶液について調べた後，次の水溶液について調べる前に，どのようなことをしなければならないか。簡単に答えなさい。

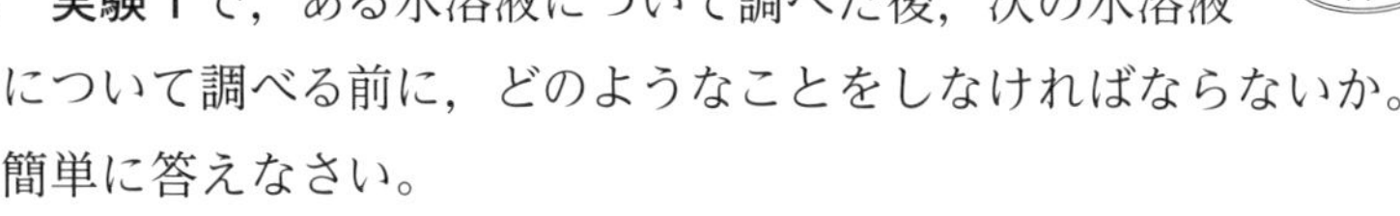

(2) **実験1**で，砂糖水では電流が流れなかった。砂糖のように水にとかしても，その水溶液に電流が流れない物質を何というか。

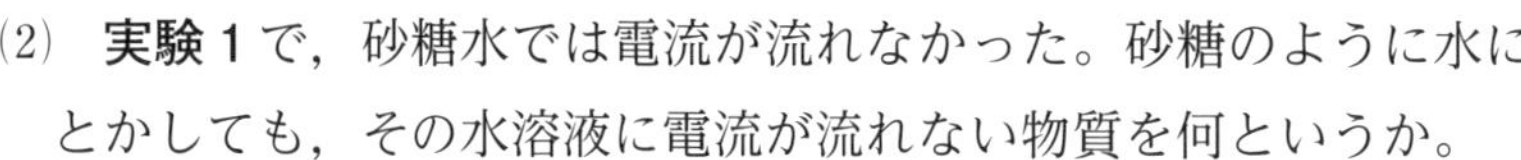

(3) ある水溶液について，上の**実験1～3**を行ったところ，**実験1**では電流が流れ，**実験2**では色が変化せず，**実験3**では白色の固体が残った。この水溶液の中に存在しているイオンをすべて化学式で答えなさい。

1
(1)	
(2)	
(3)	

2 右の図のような装置で，塩化銅水溶液を電気分解したところ，一方の電極の表面には赤色の物質が付着し，もう一方の電極の表面からは気体が発生した。これについて，次の問いに答えなさい。 8点×3(24点)

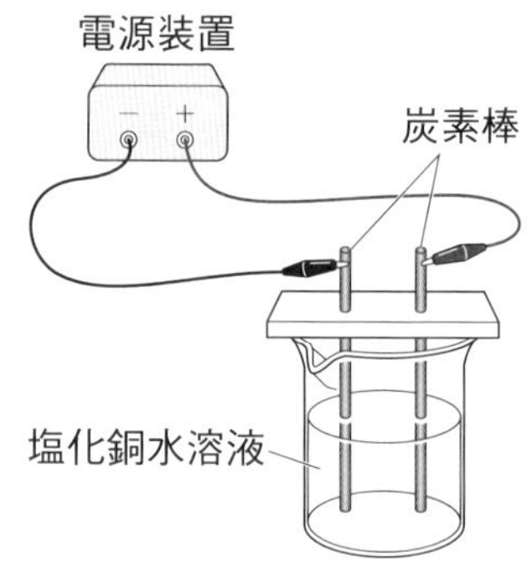

(1) 一方の電極の表面に付着した赤色の物質の説明として適当なものを，次の**ア**～**エ**から選びなさい。

ア　水にとけやすい。　**イ**　電気を通さない。
ウ　有機物である。　**エ**　みがくと金属光沢を示す。

(2) 一方の電極の表面から発生した気体の説明として適当なものを，次の**ア**～**エ**から選びなさい。

ア　水にとけにくい。　**イ**　化合物である。
ウ　漂白作用がある。　**エ**　無色無臭である。

(3) 塩化銅が電離したときの銅イオンと塩化物イオンの数の比を最も簡単な整数で答えなさい。

2
(1)	
(2)	
(3)	銅イオン：塩化物イオン＝

目標 電流が流れる水溶液，酸性やアルカリ性の水溶液の性質とイオンとの関係，電池のしくみを理解しよう。

自分の得点まで色をぬろう！

がんばろう！ もう一歩 合格！
0 60 80 100点

3》 試験管にうすい硝酸を3cm^{3}とり，BTB溶液を加えると黄色になった。これに，ガラス棒でかき混ぜながらうすい水酸化カリウム水溶液を少しずつ加えていったところ，水溶液の色が緑色になった。さらに水酸化カリウム水溶液を加えていくと，水溶液の色が青色になった。これについて，次の問いに答えなさい。 8点×3(24点)

(1) この実験では塩と物質Xができる。物質Xは何か。化学式で答えなさい。

(2) この実験でできた塩は何か。物質名を答えなさい。

レベルUP (3) この実験で，加えた水酸化カリウム水溶液の体積と，できた塩の質量の関係をグラフに表すとどうなるか。最も適当なものを，次の㋐～㋓から選びなさい。ただし，点線は水溶液の色が緑色になったときの加えた水酸化カリウム水溶液の体積を示す目盛りである。

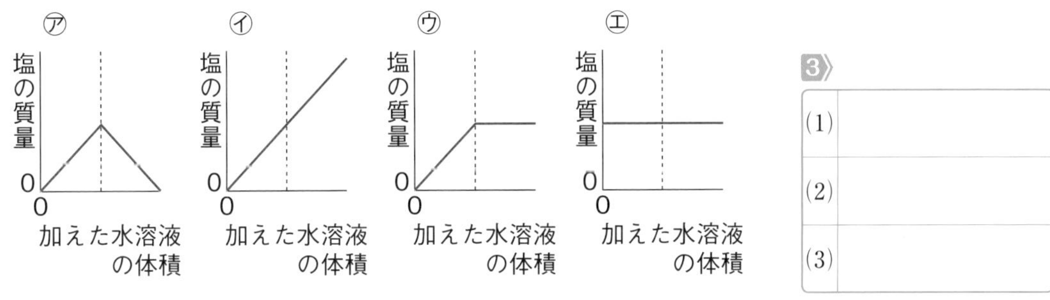

4》 右の図のように，うすい塩酸に銅板と亜鉛板を入れて光電池用モーターにつないだところ，銅板から気体が発生すると同時に，光電池用モーターが回った。これについて，次の問いに答えなさい。 7点×4(28点)

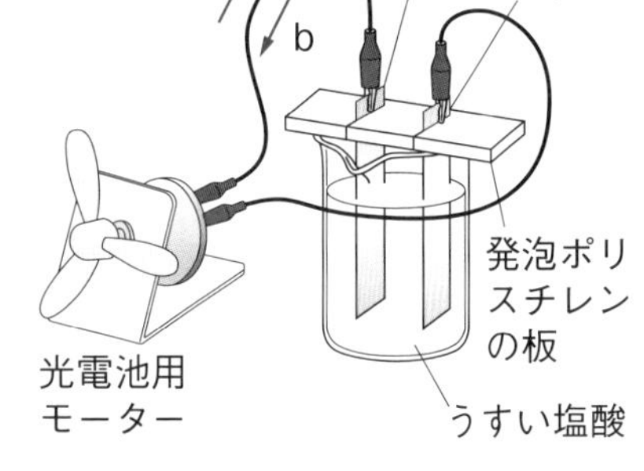

(1) このように，電解質の水溶液に2種類の金属を入れて電気エネルギーをとり出す装置を何というか。

(2) 光電池用モーターが回転しているとき，電流の向きと電子の移動する向きはどのようになるか。次のア～エから選びなさい。

ア 電流はaの向きに流れ，電子もaの向きに移動する。

イ 電流はbの向きに流れ，電子もbの向きに移動する。

ウ 電流はaの向きに流れ，電子はbの向きに移動する。

エ 電流はbの向きに流れ，電子はaの向きに移動する。

(3) 亜鉛板の表面では「$Zn \longrightarrow Zn^{2+} + 2e^-$」の化学変化が起こっている。これにならって，銅板の表面で起こっている化学変化を化学反応式で表しなさい。ただし，e^-は電子1個を表すものとする。

(4) 亜鉛原子1個には30個の陽子がある。亜鉛イオン1個には，いくつの電子があるか。

解答 p.9

第1章　生物の成長と生殖

同じ語句を何度使ってもかまいません。

(　　)にあてはまる語句を，下の語群から選んで答えよう。

1 生物の成長と細胞の変化

教 p.78〜83

(1) 1個の細胞が分かれて2個の細胞になることを(①★　　　　)という。

(2) 細胞分裂を行っている細胞の中に見られる**ひものようなのもの**を(②★　　　　)という。この中には形や性質などの★**形質**を決める★**遺伝子**がある。

(3) からだをつくる細胞の細胞分裂を，特に(③★　　　　)という。

まるごと暗記

細胞分裂

1個の細胞が2個の細胞に分かれること。

- 細胞分裂を行っている細胞の中には染色体が見られる。
- 染色体には形質を決める遺伝子がある。

2 無性生殖と有性生殖

教 p.84〜89

(1) 生物が新しい個体をつくることを(①★　　　　)という。

(2) 受精を行わない生殖を(②★　　　　)といい，受精することによる生殖を(③★　　　　)という。

(3) 動物の**卵**と**精子**，被子植物の**卵細胞**と**精細胞**のような，生殖のための特別な細胞を(④★　　　　)という。

(4) 2種類の生殖細胞の核が合体して1個の細胞になることを(⑤★　　　　)といい，このときできた新しい細胞を(⑥★　　　　)という。

(5) 動物では，雌の卵と雄の精子が受精してできた受精卵は，体細胞分裂をくり返して(⑦★　　　　)になる。

(6) 被子植物では，花粉がめしべの柱頭につくと，花粉から胚珠に向かって(⑧★　　　　)がのびる。
受精後，種子になる。

(7) 花粉管の中の精細胞と，胚珠の中の卵細胞が受精してできた受精卵は，細胞分裂をくり返して(⑨　　　　)になる。

(8) 受精卵が**胚**になり，からだのつくりが完成していく過程を(⑩★　　　　)という。

まるごと暗記

生殖

自分と同じ種類の新しい個体をつくること。

- **無性生殖**
→受精を行わない生殖。
- **有性生殖**
→受精を行う生殖。

まるごと暗記

受精

2種類の生殖細胞の核が合体し，1つの細胞になること。

3 染色体の受けつがれ方

教 p.90〜93

(1) 生殖細胞をつくるときに行う，**染色体の数が半分になる**特別な細胞分裂を(①★　　　　)という。

(2) 無性生殖における親と子のように，起源が同じであり，同一の遺伝子をもつ個体の集団を(②★　　　　)という。

まるごと暗記

減数分裂

生殖細胞をつくるための特別な細胞分裂。

語群　❶染色体／細胞分裂／体細胞分裂　❷生殖／胚／無性生殖／有性生殖／受精／受精卵／生殖細胞／発生／花粉管　❸クローン／減数分裂

★の用語は，説明できるようになろう！

同じ語句を何度使ってもかまいません。

□にあてはまる語句を，下の語群から選んで答えよう。

1 細胞分裂（植物の細胞）

教 p.82

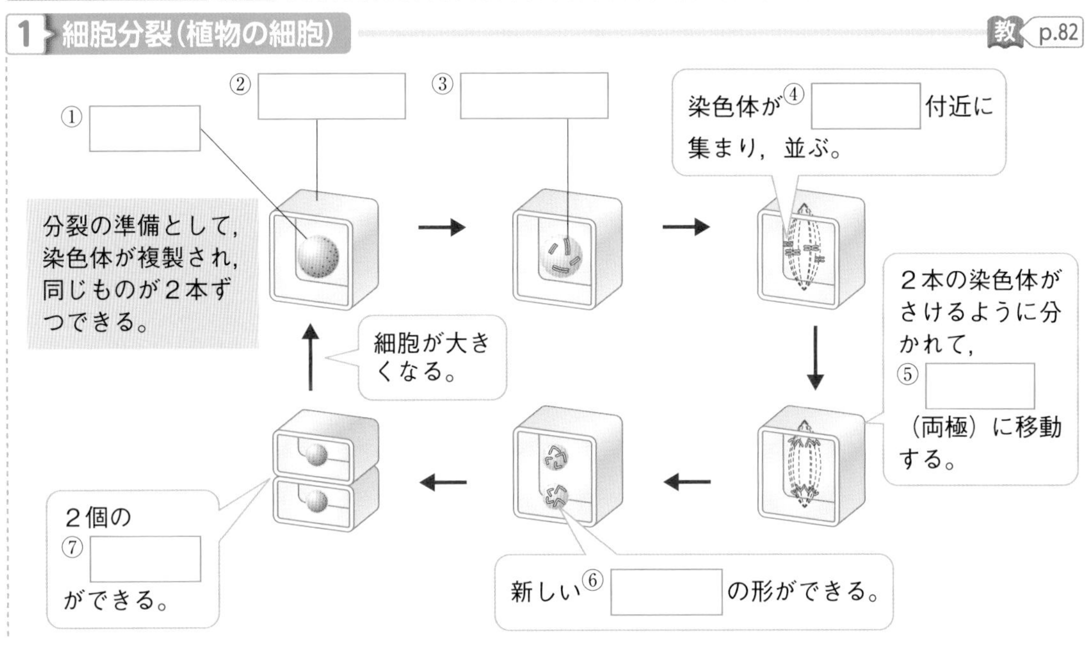

2 有性生殖

教 p.87〜88

動物の受精

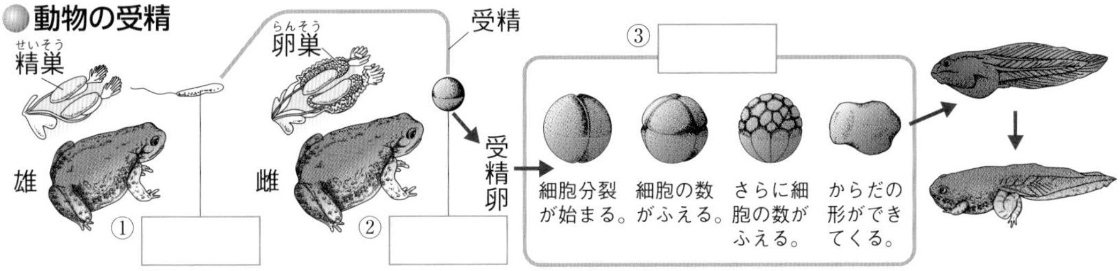

精巣（せいそう）
卵巣（らんそう）
受精
雄
雌
①
②
受精卵
③
細胞分裂が始まる。
細胞の数がふえる。
さらに細胞の数がふえる。
からだの形ができてくる。

被子植物の受精

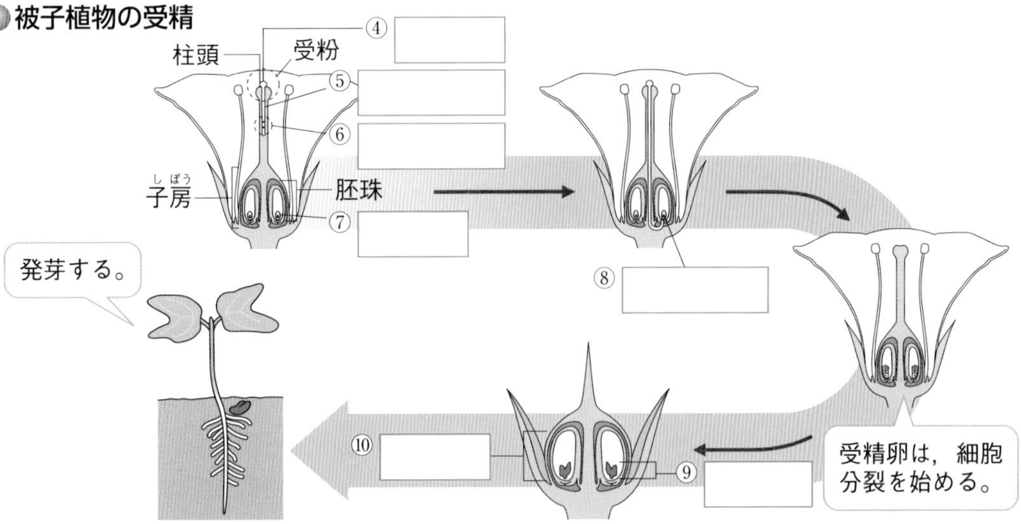

柱頭
受粉
④
⑤
⑥
子房（しぼう）
胚珠
⑦
⑧
発芽する。
受精卵は，細胞分裂を始める。
⑨
⑩

語群

1 中央／染色体／核／細胞／両端

2 精子／花粉管／花粉／胚／精細胞／卵細胞／受精卵／卵／種子

わからない用語は，教科書の要点の★で確認しよう！

解答 p.9

第1章 生物の成長と生殖－①

1 体細胞分裂の観察 右の写真は，タマネギの根を顕微鏡で観察したようすである。次の問いに答えなさい。

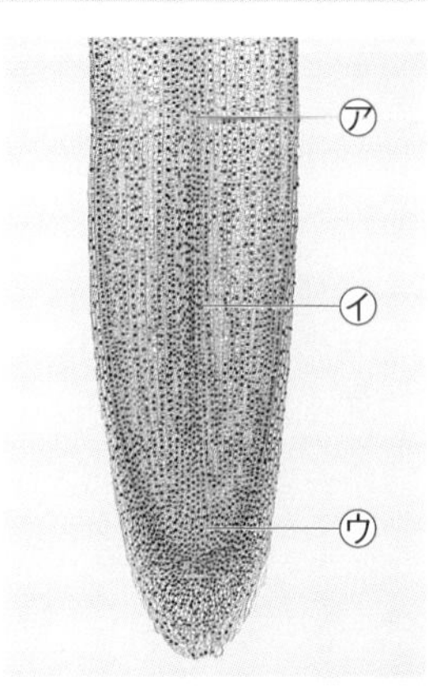

(1) 下のA～Cの図は，右の写真の㋐～㋒の部分のいずれかを同じ倍率で拡大したものである。それぞれ，どの部分を観察したものか。㋐～㋒から1つずつ選びなさい。ヒント

A（　　　） B（　　　） C（　　　）

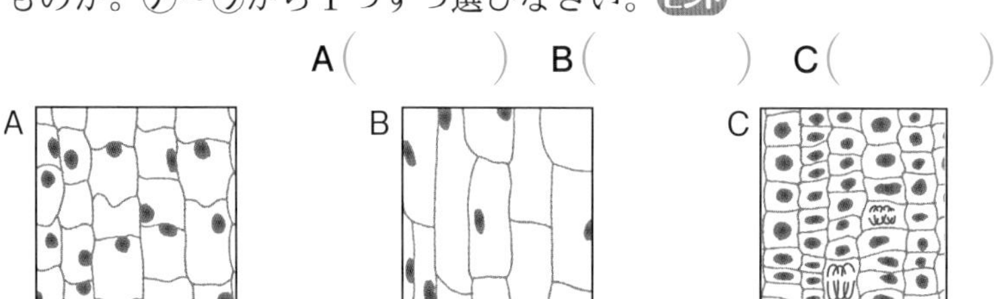

(2) 細胞分裂が最もさかんに起こっているのはどこか。㋐～㋒から選びなさい。（　　　）

(3) 根がのびるしくみについて説明した次の文の，（　）にあてはまる言葉を答えなさい。

①（　　　） ②（　　　）

細胞が細胞分裂を行うことによって細胞の数が（ ① ）。しかし，分裂したばかりの細胞の大きさは小さいので，分裂しただけでは根はのびない。分裂した細胞が，分裂前の細胞と同じ大きさ(またはそれ以上)まで（ ② ）なり，根がのびる。

2 教 p.80 観察1 **体細胞分裂の観察** 図1のようにタマネギの根の先端をA液に入れてあたためた後，水でゆすぎ，図2のようにスライドガラスにのせて染色液をたらし，3分後，カバーガラスをかけた。その後，図3のように根をおしつぶした。あとの問いに答えなさい。

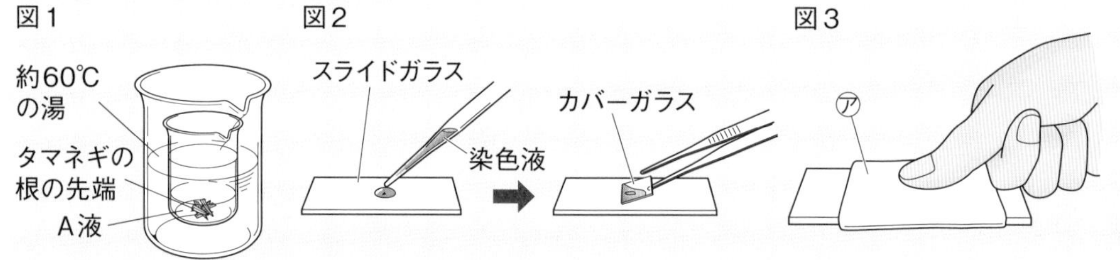

(1) 図1で，根の先端をA液に入れたのは，ひとつひとつの細胞をはなれやすくするためである。A液とは何か。（　　　）

(2) 図2で染色液をたらす前に，ある道具で根の先端を軽くつぶした。ある道具とは何か。（　　　）

(3) 図2でたらした染色液の名前を答えなさい。ヒント（　　　）

(4) (3)の染色液によって，細胞の核や何が赤く染まるか。ヒント（　　　）

(5) 図3で，プレパラートをはさんでいる㋐は何か。（　　　）

ヒントの森

❶(1)根の先端に近い部分では，分裂中の小さい細胞がたくさん見られる。
❷(3)(4)核やひも状のものが染まる。

3 細胞分裂 右の図は，植物の細胞分裂の順序を示したものである。これについて，次の問いに答えなさい。ヒント

(1) 図の㋐，㋑をそれぞれ何というか。

㋐(　　　　　　　)
㋑(　　　　　　　)

(2) ①～⑥はどのような時期か。次のア～カからそれぞれ選びなさい。

①(　　　) ②(　　　)
③(　　　) ④(　　　)
⑤(　　　) ⑥(　　　)

ア ㋑がひものように見えるようになる。
イ ㋑が細胞の中央付近に並ぶ。
ウ 2個の核の形ができ，やがて㋑が見えなくなる。

エ ㋐の中で分裂の準備が行われ，㋑が複製されて，同じものが2本ずつできる。
オ 細胞質が2つに分かれ，2個の細胞ができる。
カ 2本の㋑がさけるように分かれて，それぞれが細胞の両端に移動する。

4 細胞分裂の観察 右の写真は，植物の細胞分裂のようすを顕微鏡で観察したときのようすである。これについて，次の問いに答えなさい。

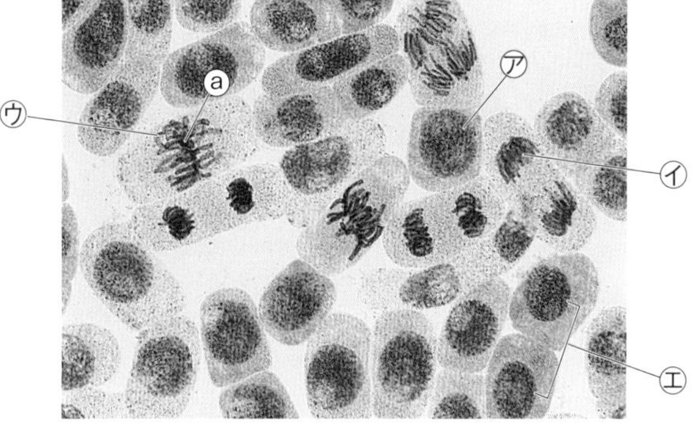

(1) ㋐は，分裂直前の細胞である。㋐を始まりとして，㋑～㋓を，細胞分裂の順に並べなさい。

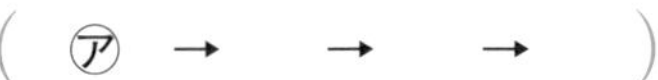

(㋐ →　　→　　→　　)

(2) ㋒の細胞の中に見られる，ひものようなものⓐを何というか。
(　　　　　　　)

(3) 生物の形や性質を何というか。
(　　　　　　　)

(4) ⓐの中にある，生物の形や性質を決めるものを何というか。
(　　　　　　　)

(5) ヒマワリを観察すると細胞分裂はどのようなところでさかんに行われているか。次のア～ウから選びなさい。ヒント (　　　)

ア 葉の表皮
イ 根の先端からはなれた部分
ウ 茎(くき)の外側に近い維管束(いかんそく)を結ぶ部分とその周辺

3核の中にあった染色体が複製され，これが2つに分かれて新たな核をつくって2個の細胞ができる。 4(5)ヒマワリは双子葉類である。

解答 p.9

定着のワーク ステージ2 第1章 生物の成長と生殖－②

1 無性生殖 右の写真は，ミカヅキモのからだが2つに分かれるようすを示したものである。次の問いに答えなさい。

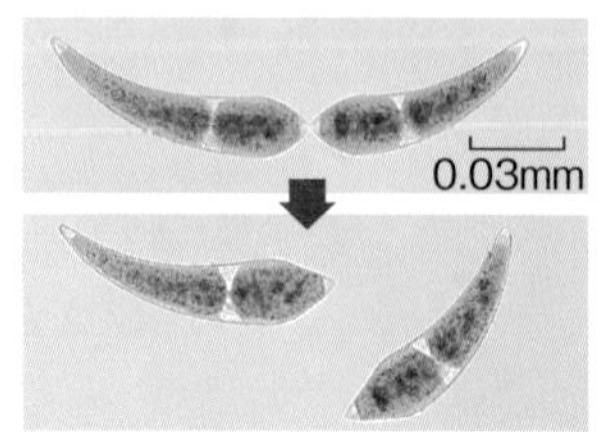

(1) ミカヅキモのように，体細胞分裂によって細胞の数がふえ，新しい個体をつくる生殖を何というか。（　　　　）

(2) (1)のうち，植物がからだの一部から新しい個体をつくる生殖を何というか。（　　　　）

2 植物の生殖 右の図は，植物の生殖のようすを示している。次の問いに答えなさい。

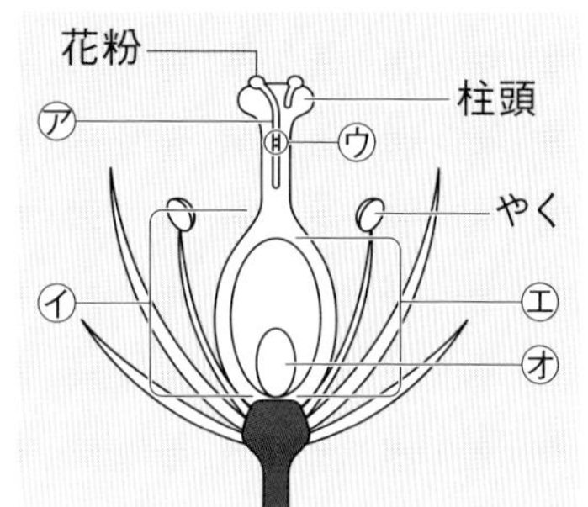

(1) 図の㋐～㋔は何か。それぞれの名称を答えなさい。

㋐（　　　　） ㋑（　　　　）
㋒（　　　　） ㋓（　　　　）
㋔（　　　　）

(2) ㋒の核と㋔の核が合体し，1個の細胞になることを何というか。（　　　　）

(3) (2)によってできた新しい細胞を何というか。ヒント

（　　　　）

(4) (3)は細胞分裂をくり返して何になるか。ヒント（　　　　）

(5) (4)のとき，胚珠全体は何になっているか。（　　　　）

3 教 p.87 観察2 花粉管の伸長 右の図のようにして，ホウセンカの花粉の変化を観察した。次の問いに答えなさい。

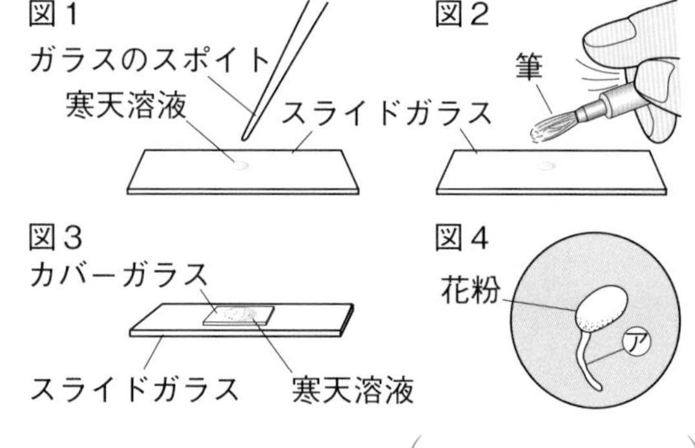

(1) 図1の寒天溶液（かんてんようえき）には，あるものを少量入れた。それは何か。ヒント

（　　　　）

(2) 図2で，乾いた筆の先を使って，スライドガラスに落としたものは何か。

（　　　　）

(3) 図3のように用意したものをいつ観察したらよいか。次のア，イから選びなさい。

（　　）

ア　すぐに観察する。　　イ　2時間後に観察する。

(4) 顕微鏡で観察すると，図4の㋐が見えた。これを何というか。（　　　　）

❷(3)(4)受精卵は細胞分裂をくり返して胚になる。
❸(1)柱頭と同じ状態になるようにする。

4 受精卵の育ち方

下の写真は，ヒキガエルの受精卵がおたまじゃくしになるまでの変化を示している。あとの問いに答えなさい。

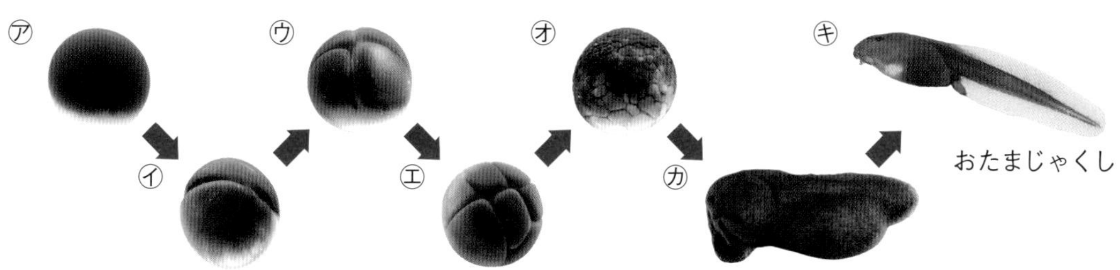

⑴　㋐は，卵と精子が結合してできたものである。㋐を何というか。（　　　　）

⑵　㋑～㋕のように，㋐が体細胞分裂を始めてから，自分で食物をとることのできる個体となる前までのことを何というか。（　　　　）

⑶　上の写真のように，個体としてのからだのつくりが完成していく過程を何というか。

（　　　　）

5 有性生殖と無性生殖

下の図は，有性生殖と無性生殖における染色体の受けつがれ方を模式的に表したものである。これについて，あとの問いに答えなさい。

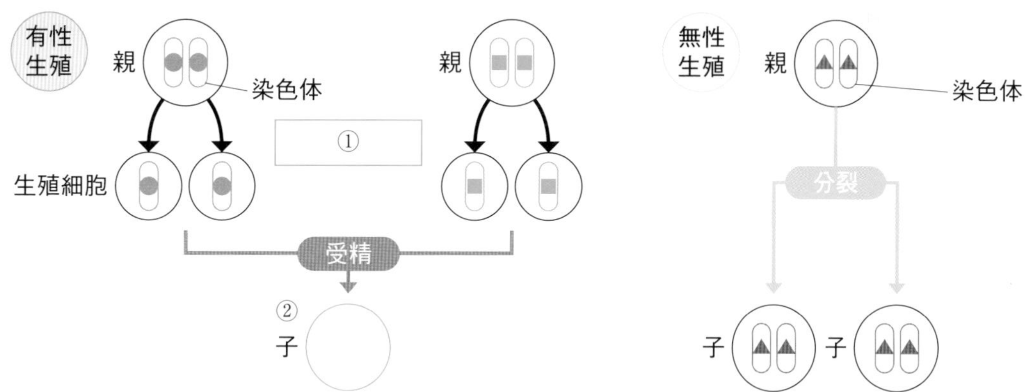

⑴　図の①は，生殖細胞をつくるときに起こる特別な細胞分裂のことである。これを何というか。（　　　　）

⑵　有性生殖では，子の染色体はどうなるか。図の②にかきなさい。

⑶　①によってできた生殖細胞の中の染色体の数は，分裂前の染色体の数の何倍になっているか。次のア～オから選びなさい。ヒント（　　　　）

ア　0.25倍　　イ　0.5倍　　ウ　1倍　　エ　2倍　　オ　4倍

⑷　無性生殖では，子の形質は親の形質と比べてどうなるか。次のア～ウから選びなさい。（　　　　）

ア　親の形質と同じになる。

イ　親の形質と異なる形質になる。

ウ　親の形質と同じになることもあれば，異なる形質になることもある。

4⑶受精卵が胚になり，からだのつくりとはたらきが完成していく過程である。
5⑶生殖細胞をつくる減数分裂が行われると，染色体の数が半分になる。

単元2

解答 p.10

第1章 生物の成長と生殖

1 右の図1は，タマネギの断面を示したものである。このタマネギの一部をうすい塩酸に入れてあたためた後，染色液で染色し，顕微鏡で観察した。図2は，そのとき観察した細胞のようすを模式的に表したものである。次の問いに答えなさい。

4点×6(24点)

図1

A B C D

図2

㋐ ㋑ ㋒ ㋓ ㋔ ㋕ a

(1) このとき観察した細胞は，図1のA〜Dのどの部分のものか。記号で答えなさい。

(2) この観察に適した染色液を，次のア〜エから2つ選びなさい。

ア ヨウ素液　イ BTB溶液　ウ 酢酸カーミン　エ 酢酸オルセイン

(3) 図2のaは，核の中にあるひものようなものである。これを何というか。

(4) 図2の㋐〜㋕を，㋒を最初にして，細胞分裂の順に並べなさい。

(5) 細胞分裂が行われていないタマネギの細胞のaの数は16本であった。このタマネギの精細胞の中にあるaの数は，何本と考えられるか。

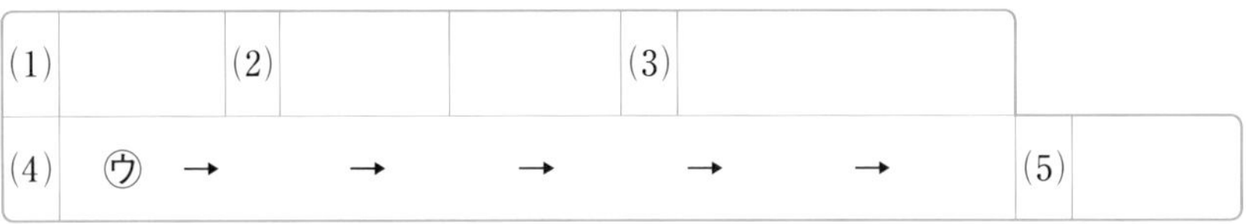

(1)		(2)			(3)	
(4)	㋒ → → → → →				(5)	

2 下の写真は，カエルの卵が変化していくようすを表したものである。あとの問いに答えなさい。

4点×6(24点)

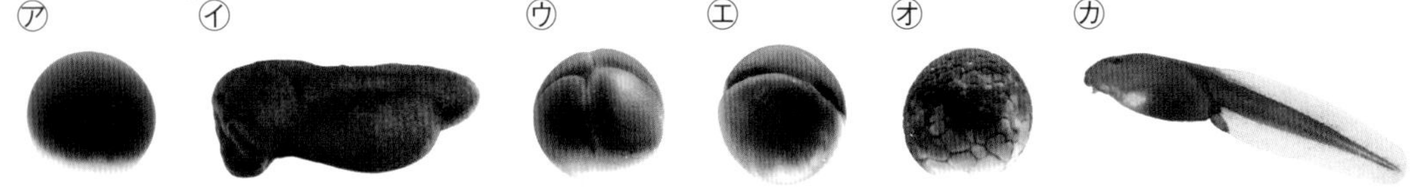

(1) 雌のもつ卵の核と，雄のもつ精子の核が合体し，1個の細胞になることを何というか。

(2) (1)のとき，1個の卵と合体する精子はふつう何個か。

(3) (1)によってつくられた新しい細胞を何というか。

(4) ㋐の卵が体細胞分裂をくり返し，自分で食物をとれるようになる前までを何というか。

(5) ㋐の卵が(4)になり，生物としてのからだのつくりが完成していく過程を何というか。

(6) ㋐〜㋕を，㋐の卵が変化していく順に並べなさい。

(1)		(2)		(3)		(4)	
(5)		(6)	㋐ → → → → →				

よく出る **3** 右の図は，ある種子植物の受精のようすを示したものである。これについて，次の問いに答えなさい。 4点×7(28点)

(1) 次のア～エの文を，受精が完了するまでの順に並べなさい。

ア ㋑がのび始める。

イ ㋐がめしべの先につく。

ウ 精細胞の核が㋒の核と合体する。

エ ㋑の中を，㋐の中の精細胞が移動する。

(2) (1)のイのことを何というか。

(3) 図の㋑の名称を答えなさい。

(4) 図の㋒は，受精後，分裂をくり返し，新しい個体のもとになる。㋒を何というか。また，新しい個体のもとを何というか。

(5) (4)のとき，㋒をふくむ㋓全体は成長して何になるか。

(6) このように，受精によって子をつくる生殖を何というか。

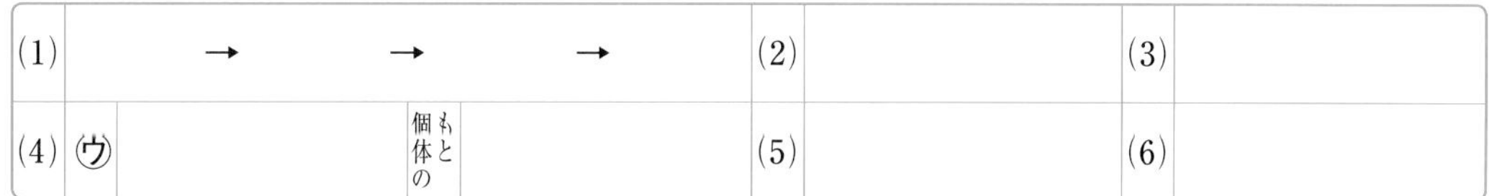

(1)	→ → →			(2)		(3)	
(4)	㋒	個体のもと		(5)		(6)	

4 右の図は，有性生殖のときの染色体のようすを表したものである。次の問いに答えなさい。 4点×6(24点)

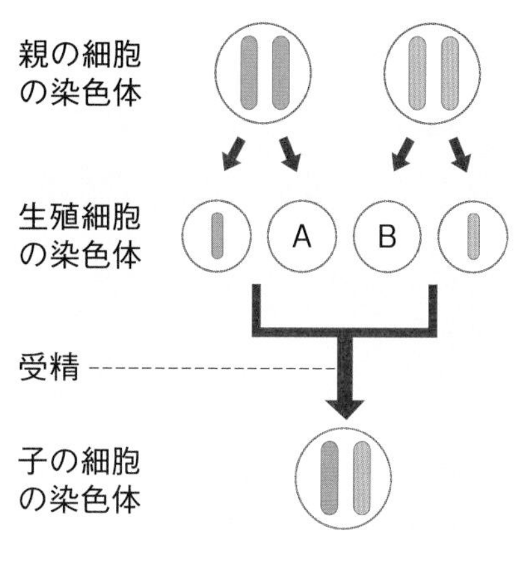

(1) 生物は，卵や精子などの生殖細胞をつくるとき，体細胞分裂とは異なる細胞分裂をする。これを何というか。

(2) (1)の分裂のとき，染色体の数は，親の細胞の染色体の数と比べて，どうなるか。

(3) 右の図のA，Bにあてはまるものを，次の㋐～㋓からそれぞれ選びなさい。

(4) 生物のひとつひとつの形質は，染色体にある何によって決まるか。

記述 (5) 有性生殖では，子の形質は，何によって決まるか。「親」と(4)の答えとなる言葉を使って簡単に答えなさい。

(1)		(2)		(3)	A		B	
(4)		(5)						

解答 p.11

第2章　遺伝の規則性と遺伝子

(　　)にあてはまる語句を，下の語群から選んで答えよう。 同じ語句を何度使ってもかまいません。

1 遺伝の規則性　教 p.96～105

(1) 親の形質が子や孫に伝わることを(①★　　　　)という。遺伝は，細胞内(さいぼうない)の染色体にある遺伝子が親の生殖細胞により子の細胞に受けつがれることで起こる。

(2) 何世代も代を重ねてもその形質が全て親と同じである場合，これらを(②★　　　　)という。

(3) エンドウの種子の形には丸形としわ形があり，どちらか一方の形質が現れる。このような2つの形質どうしを(③★　　　　)という。

(4) 19世紀にオーストリアの(④　　　　)は，エンドウの対(たい)立形質(りつけいしつ)に注目して，遺伝の規則性について調べる交配(こうはい)実験を行った。 ←かけ合わせ

(5) 減数分裂のときに，対(つい)になっている遺伝子が分かれて別々の生殖細胞に入ることを(⑤★　　　　)という。

(6) 対立形質をもつそれぞれの純系(じゅんけい)どうしを交配させたとき，子に現れる形質を(⑥★　　　　)形質，子に現れない形質を(⑦★　　　　)形質という。

(7) 遺伝子の組み合わせがAAの親とaaの親を交配させると，子の遺伝子の組み合わせは全て(⑧　　　　)となる。

(8) 子にあたる，遺伝子の組み合わせがAaのエンドウどうしを交配させると，孫の遺伝子の組み合わせは(⑨　　　　)通りになる。 ←AA，Aa，aa

(9) 対立形質をもつそれぞれの純系どうしを交配させてできた子どうしを交配させたとき，孫には顕性形質(けんせいけいしつ)：潜性形質(せんせいけいしつ)がおよそ(⑩　　　　)の比で現れる。 ←AA：Aa：aa＝1：2：1（顕性　潜性）

(10) 遺伝子の本体は(⑪　　　　)(デオキシリボ核酸(かくさん))という物質である。

2 遺伝子やDNAに関する研究成果の活用　教 p.106～107

(1) 近年，遺伝子やDNAに関する研究成果は，農業，食料，環境，(①　　　　)など，さまざまな分野で活用されている。

(2) 近年，異なる個体の遺伝子を導入する(②　　　　)によって，有用な形質を現す品種をつくり出し，比較的(ひかくてき)短時間で，(③　　　　)を行うことができるようになった。

まるごと暗記
分離(ぶんり)の法則(ほうそく)
減数分裂によって，対になっている遺伝子がそれぞれ別の細胞に入ること。

まるごと暗記
対立形質の遺伝子が両方子に受けつがれたとき子に現れる形質を**顕性形質**，子に現れない形質を**潜性形質**という。

ワンポイント
自家受粉(じかじゅふん)
花粉が同じ個体のめしべにつき，受粉すること。

プラスα
顕性形質は優性(ゆうせい)形質，潜性形質は劣性(れっせい)形質ということもある。

ワンポイント
遺伝子をアルファベットで表すとき，ふつう，顕性形質を大文字，潜性形質を小文字で表す。

語群
1 純系／対立形質／遺伝／メンデル／顕性／分離の法則／潜性／3／Aa／3：1／DNA
2 遺伝子組換え(くみかえ)／医療(いりょう)／品種改良

★の用語は，説明できるようになろう！

同じ語句を何度使ってもかまいません。

教科書の図 □にあてはまる語句を，下の語群から選んで答えよう。

1 メンデルの実験

③，⑥には遺伝子の組み合わせを書こう。 教 p.99，103

エンドウの親から子への遺伝

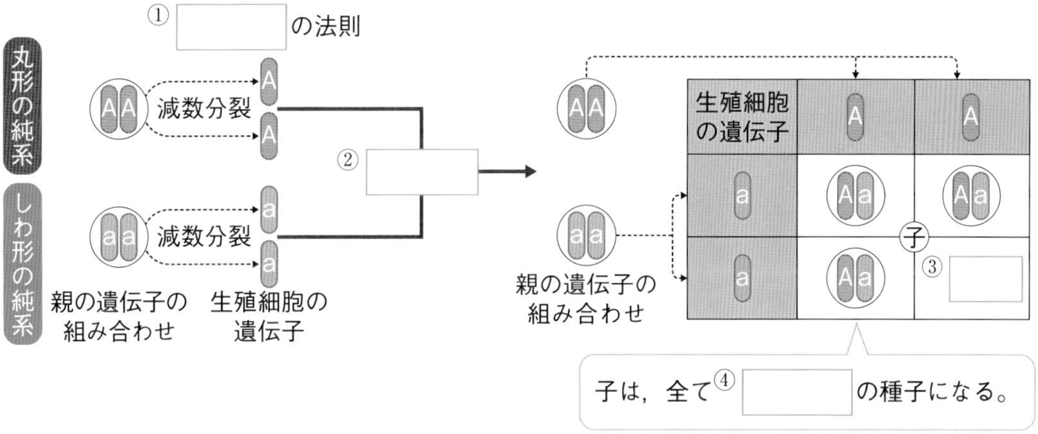

① □ の法則

丸形の純系　AA　減数分裂　A　A

しわ形の純系　aa　減数分裂　a　a

親の遺伝子の組み合わせ　生殖細胞の遺伝子

② □ →

親の遺伝子の組み合わせ　AA　aa

生殖細胞の遺伝子	A	A
a	Aa	Aa
a	Aa	③ □

子

子は，全て④ □ の種子になる。

エンドウの子から孫への遺伝

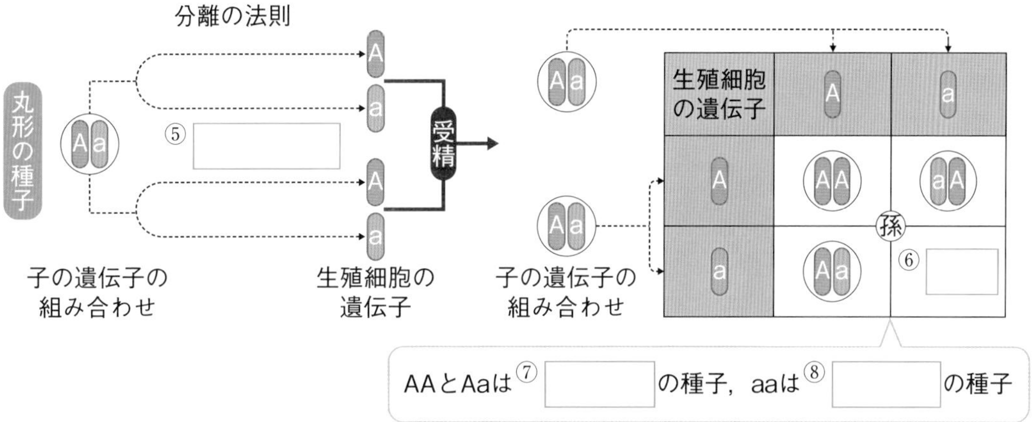

分離の法則

丸形の種子　Aa　⑤ □　A　a　A　a　受精 →

子の遺伝子の組み合わせ　生殖細胞の遺伝子

子の遺伝子の組み合わせ　Aa　Aa

生殖細胞の遺伝子	A	a
A	AA	aA
a	Aa	⑥ □

孫

AAとAaは⑦ □ の種子，aaは⑧ □ の種子

2 孫に現れる形質の個体数の比

教 p.101〜102

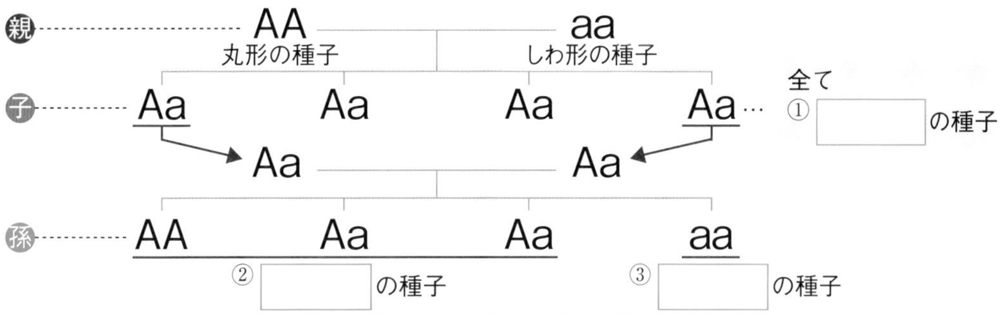

親 AA（丸形の種子）　aa（しわ形の種子）

子 Aa　Aa　Aa　Aa…　全て① □ の種子

Aa　Aa

孫 AA　Aa　Aa　aa

② □ の種子　③ □ の種子

丸形の種子：しわ形の種子＝④ □ ：⑤ □

語群

1 分離／Aa／aa／受精／丸形／しわ形／減数分裂

2 丸形／1／3／しわ形

わからない用語は，教科書の要点の★で確認しよう！

解答 p.11

定着のワーク ステージ2 第2章 遺伝の規則性と遺伝子

1 エンドウを使った遺伝の実験 エンドウの種子には，下の写真のように丸形の種子としわ形の種子がある。これについて，次の問いに答えなさい。

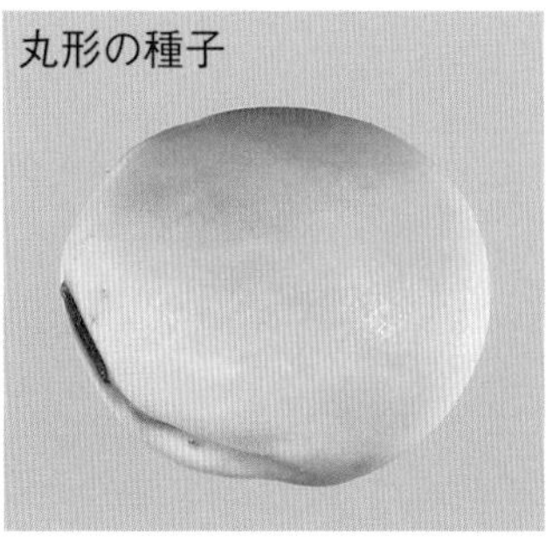

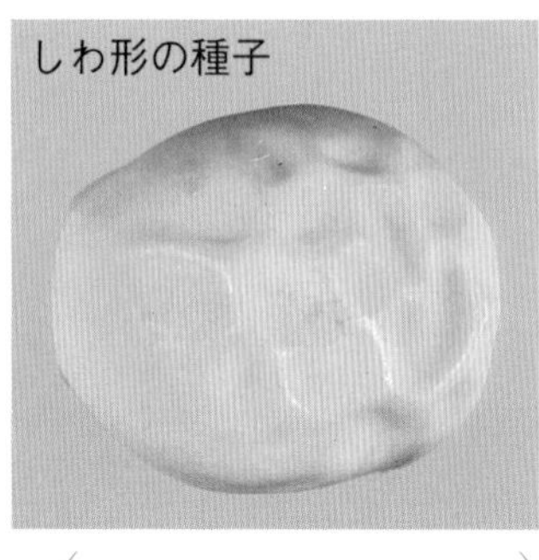

(1) エンドウの種子の丸形としわ形のような，対をなす形質を何というか。ヒント
( )

(2) 19世紀のオーストリアで，エンドウの交配実験を行い，遺伝の規則性を見つけた人物は誰か。
( )

2 遺伝の規則性 エンドウには丸形の種子としわ形の種子があり，これらは対立形質を示していて，丸形が顕性形質で，しわ形が潜性形質である。純系の丸形の種子の遺伝子の組み合わせをAA，純系のしわ形の種子の遺伝子の組み合わせをaaとする。これについて，次の問いに答えなさい。

作図

(1) 右の図は，純系の丸形の種子をつくるエンドウと純系のしわ形の種子をつくるエンドウを交配したときに，遺伝子が親から子へどのように伝わるかを調べようとしたものである。○の中に遺伝子，または遺伝子の組み合わせをAやaを使って書き入れ，図を完成させなさい。

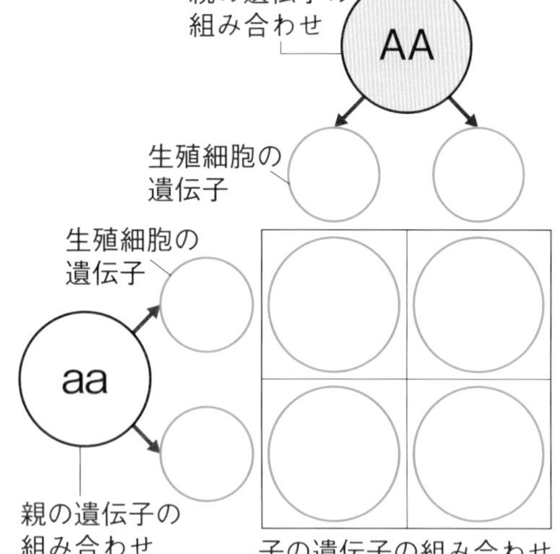

(2) 生殖細胞をつくるときに，対になっている遺伝子が減数分裂によって分かれてそれぞれ別の生殖細胞に入る。このことを何というか。
( )

(3) 子の形質はどのようになるか。次のア〜エから選びなさい。ヒント ( )

ア 全て丸形の種子になる。

イ 全てしわ形の種子になる。

ウ 丸形の種子としわ形の種子の両方が見られるが，丸形の種子の方が多い。

エ 丸形の種子としわ形の種子の両方が見られるが，しわ形の種子の方が多い。

ヒントの森

1(1)対立して存在する形質である。
2(3)子の遺伝子の組み合わせは，全てAaとなる。顕性形質を考える。

3 遺伝の規則性

エンドウの種子には丸形の種子としわ形の種子があり，これらは対立形質を示していて，丸形が顕性形質，しわ形が潜性形質である。顕性の遺伝子をA，潜性の遺伝子をaとすると，丸形の純系としわ形の純系を交配させたときの子の遺伝子の組み合わせは全てAaとなった。これについて，次の問いに答えなさい。

(1) 右の図は，遺伝子の組み合わせがAaである子のエンドウどうしを交配したときに，遺伝子が子から孫へどのように伝わるかを調べようとしたものである。○の中に遺伝子，または遺伝子の組み合わせをAやaを使って書き入れ，図を完成させなさい。

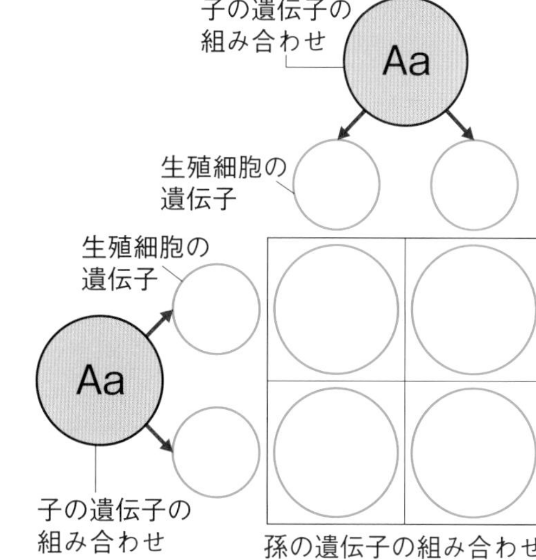

(2) 孫のもつ遺伝子の組み合わせは何通りになるか。（　　　）

(3) 孫の形質はどのようになるか。次のア～エから選びなさい。ヒント（　　）

ア　全て丸形の種子になる。
イ　全てしわ形の種子になる。
ウ　丸形の種子としわ形の種子の両方が見られるが，丸形の種子の方が多い。
エ　丸形の種子としわ形の種子の両方が見られるが，しわ形の種子の方が多い。

4 遺伝の研究

遺伝子に関する研究は，めざましく発展してきた。これについて，次の問いに答えなさい。

(1) 遺伝子は，親から子へ，子から孫へと受けつがれていく。このとき，遺伝子に変化が起きて形質が変わることがあるか。（　　　）

(2) 遺伝子は染色体に存在しているが，その本体を何というか。その略称(りゃくしょう)をアルファベット3文字で答えなさい。ヒント（　　　）

(3) (2)の日本語名をカタカナと漢字を使って答えなさい。ヒント
（　　　　　　　）

(4) 遺伝子の研究はさまざまな分野で進められ，農作物の品種改良や医療でも研究成果の活用が進んでいる。遺伝子の操作による研究成果の活用として適当でないものを，次のア～エから選びなさい。（　　）

ア　青色のバラやカーネーションをつくることができるようになった。
イ　ジャガイモをたねいもからふやすことにより常に品質のよいいもを得られる。
ウ　農薬を使用しなくても害虫の被害にあいにくいトウモロコシが開発された。
エ　ヒトが本来もっているインスリンという物質と同じものを大量に生産できるようになった。

3(3)孫の遺伝子の組み合わせは，AA：Aa：aa＝1：2：1となる。
4(2)(3)の英語名を，deoxyribonucleic acidといい，(2)はこれの略称である。

解答 p.11

第2章　遺伝の規則性と遺伝子

/100

1　19世紀にオーストリアのメンデルは，エンドウの対立形質に注目して，遺伝の規則性を調べる交配実験を行った。その１つとして，しわ形の種子をつくる純系のエンドウ(以後，しわ形の純系)の花粉を使って，丸形の種子をつくる純系のエンドウ(以後，丸形の純系)の花を受粉させた。<u>このようにしてできた種子</u>は，全て丸形になった。これについて，次の問いに答えなさい。

7点×3(21点)

(1)　エンドウの種子の形では，丸形としわ形のどちらが顕性形質であるといえるか。

記述 (2)　丸形の純系の花粉を使ってしわ形の純系の花に受粉させた。このようにしてできた種子には，どのような割合で，どのような形質が現れるか。

(3)　下線部の種子を育てて自家受粉させると，どのような種子ができるか。次のア〜ウから選びなさい。

ア　丸形の種子だけができる。

イ　しわ形の種子だけができる。

ウ　丸形の種子としわ形の種子の両方ができる。

(1)		(2)		(3)	

2　子葉の色が黄色になる純系のエンドウと，子葉の色が緑色になる純系のエンドウを交配させ，できた種子(子)をまいたところ，子葉の色は全て黄色になった。次の問いに答えなさい。

7点×3(21点)

(1)　子のエンドウを育て，自家受粉させて種子(孫)をつくった。このようにしてできた種子の子葉が黄色になったものが761個，緑色になったものが239個であった。孫の種子の子葉が黄色になるものと緑色になるものは，およそ何：何となるか。最も適当なものを次のア〜エから選びなさい。

ア　黄色の子葉：緑色の子葉＝１：１

イ　黄色の子葉：緑色の子葉＝２：１

ウ　黄色の子葉：緑色の子葉＝３：１

エ　黄色の子葉：緑色の子葉＝４：１

(2)　次の文の(　)にあてはまる言葉を答えなさい。

有性生殖では，一方の親の形質が全く現れないことがある。また，両方の親と異なる形質が子に現れることもある。これは，(①)分裂を行って生殖細胞をつくるときに，対になっている遺伝子が分かれてそれぞれ別の生殖細胞に入るためである。これを(②)という。

(1)		(2)①		②	

よく出る **3** エンドウには丸形の種子としわ形の種子がある。丸形の純系としわ形の純系を交配させると，子の形質は全て丸形になる。下の図は，丸形の遺伝子をA，しわ形の遺伝子をaとし，丸形の純系の遺伝子の組み合わせをAA，しわ形の純系の遺伝子の組み合わせをaaとして，親から子，子から孫へ遺伝子が伝わるようすを模式的に表したものである。これについて，次の問いに答えなさい。 8点×5(40点)

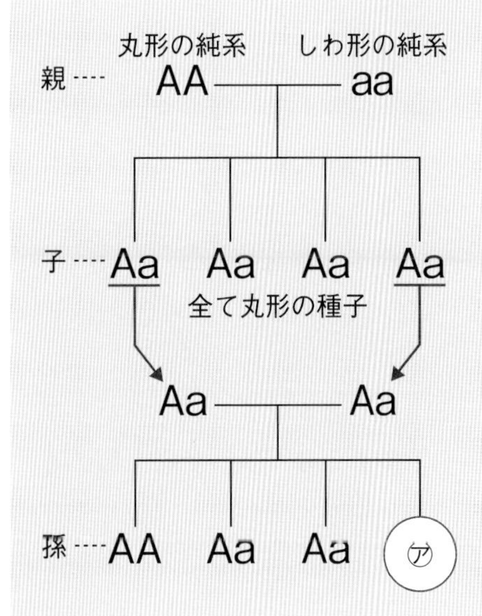

(1) 図の㋐にあてはまる遺伝子の組み合わせを答えなさい。

(2) 孫には，どのような遺伝子の組み合わせがどのような数の比で現れるか。最も適当なものを，次の**ア**～**エ**から選びなさい。

ア AA：Aa＝1：1

イ AA：Aa＝2：1

ウ AA：Aa：aa＝1：1：1

エ AA：Aa：aa＝1：2：1

(3) 孫には，丸形の種子としわ形の種子がどのような数の比で現れるか。最も簡単な整数比で答えなさい。ただし，どちらか一方しか現れない場合は，(丸形：しわ形＝)1：0または0：1と答えなさい。

(4) 丸形の純系(AA)と子(Aa)を交配させると，丸形の種子としわ形の種子がどのような数の比で現れるか。最も簡単な整数比で答えなさい。ただし，どちらか一方しか現れない場合は，(丸形：しわ形＝)1：0または0：1と答えなさい。

(5) しわ形の純系(aa)と子(Aa)を交配させると，丸形の種子としわ形の種子がどのような数の比で現れるか。最も簡単な整数比で答えなさい。ただし，どちらか一方しか現れない場合は，(丸形：しわ形＝)1：0または0：1と答えなさい。

(1)		(2)		(3)	丸形：しわ形＝
(4)	丸形：しわ形＝			(5)	丸形：しわ形＝

4 生物の形質を親から子へ伝える遺伝子の本体について，次の問いに答えなさい。 6点×3(18点)

(1) ヒトの染色体をくわしく調べると，タンパク質とデオキシリボ核酸からできていることがわかった。このうち，遺伝子の本体であるのはどちらの物質か。

(2) (1)を英語名の略称を答えなさい。

(3) 遺伝子を操作することはできるか，できないか。

(1)		(2)		(3)	

解答 p.13

第3章　生物の多様性と進化

同じ語句を何度使ってもかまいません。

(　　)にあてはまる語句を，下の語群から選んで答えよう。

1 生物の歴史

教 p.110～113

(1) 地球上で最初に現れたセキツイ動物は，(①　　　　)であり，その後，両生類，ハチュウ類，ホニュウ類，鳥類の特徴をもつ生物が順に現れたと考えられている。

(2) 生物のからだの特徴は，長い年月をかけて代を重ねる間に変化していく。これを(②★　　　　)という。

まるごと暗記

進化（しんか）

生物の特徴が長い年月をかけて代を重ねる間に変化すること。

2 水中から陸上へ

教 p.114～115

(1) ユーステノプテロンやハイギョは(①　　　　)をもつ魚類である。原始的な両生類と考えられている(②　　　　)は，地面にからだをはわせて移動できたと考えられている。

(2) 両生類が出現した後出現したハチュウ類は，乾燥（かんそう）に強い体表や，殻（から）のある卵，多くが陸上での移動に適した強いあしをもつなどの特徴をもつ。このように，水中で生活するセキツイ動物から一生陸上で生活することができるからだのしくみをもつものが現れた。

(3) 約1億5000万年前の地層からは，ハチュウ類と鳥類の特徴をもつ(③　　　　)の化石が見つかっている。このような生物の存在から，鳥類はハチュウ類から進化したと考えられている。

プラスα

セキツイ動物では，魚類と両生類，ハチュウ類と鳥類など2つのグループの特徴をもつ生物の化石が見つかっている。

3 進化の証拠と多様性

教 p.116～119

(1) ホニュウ類であるヒト，クジラ，コウモリは生活場所が異なっており，前あしのはたらきが(①　　　　)。しかし，骨格を比べると前あしの基本的なつくりは共通している。これは，もとは同じであったと考えられる器官で，(②★　　　　)という。

(2) クジラには後ろあしがないが，痕跡（こんせき）的に後ろあしの骨格が残っている。このことは，クジラが(③　　　　)で生活していたホニュウ類から進化したからだと考えられる。

(3) 遺伝子は変化して親から子に伝わり，親には見られない形質が子に現れることがある。これを何世代もくり返す間に，ちがいが大きくなり，生物が変化し，(④　　　　)が起こってきたと考えられている。

ワンポイント

相同器官（そうどうきかん）

現在の形やはたらきは異なっているが，もとは同じ器官であったと考えられるもの。

語群

1進化／魚類　2肺／始祖鳥（しそちょう）／イクチオステガ

3進化／陸上／異なる／相同器官

★の用語は，説明できるようになろう！

同じ語句を何度使ってもかまいません。

教科書の図　□にあてはまる語句を，下の語群から選んで答えよう。

1 両生類と比較したハチュウ類

教 p.115

トカゲ（ハチュウ類）

両生類との比較

・体表が① □ に強い。

・殻のある卵を② □ にうむ。

・陸上での移動に適した，強いあしをもつ。

2 鳥類の出現

教 p.115

① □ の化石

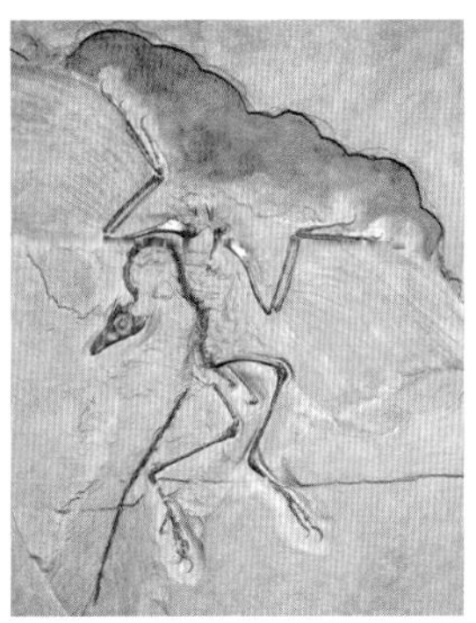

鳥類の特徴

・前あしが② □ のような形状をしている。

・羽毛（うもう）の化石が見つかっている。

ハチュウ類の特徴

・つばさに③ □ がある。

・口に④ □ がある。

3 相同器官

教 p.117

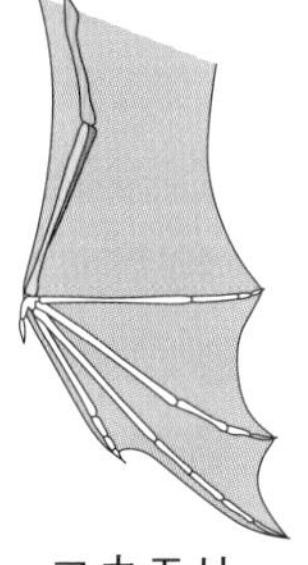

コウモリ
のつばさ

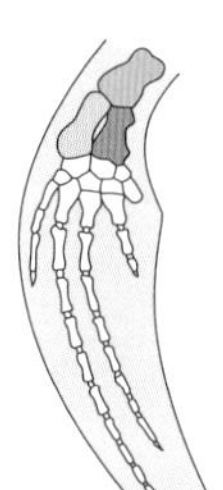

クジラ
のひれ

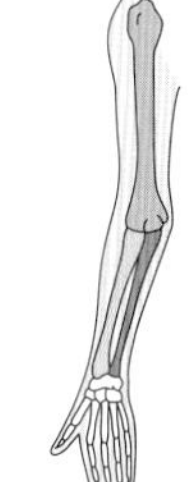

ヒト
のうで

はたらきは① □ が，基本的なつくりが② □ していて
もとは同じ器官だったと考えられる。このような器官を③ □ という。

語群　1 乾燥／陸上　2 歯／つめ／始祖鳥／つばさ
3 共通／異なる／相同器官

わからない用語は，教科書の要点の★で確認しよう！

解答 p.13

定着のワーク ステージ2　第3章　生物の多様性と進化

1 セキツイ動物が出現した時期　右の図は，セキツイ動物の５つのグループの例をそれぞれ示したものである。これについて，次の問いに答えなさい。

(1) 図の㋐〜㋔のうち，移動のための器官として一生ひれを使うものをすべて選びなさい。（　　　）

(2) 図の㋐〜㋔のうち，一生肺で呼吸するものをすべて選びなさい。（　　　）

(3) 図の㋐〜㋔のうち，殻のある卵を陸上にうむものをすべて選びなさい。（　　　）

(4) 図の㋐〜㋔のうち，次の①〜③にあてはまるものをそれぞれすべて選びなさい。ヒント

① からだの特徴が水中での生活に適しているが，陸上での生活には適していない。（　　　）

② 水中と陸上の両方の生活に適したからだの特徴をもつ。（　　　）

③ からだの特徴が陸上での生活に適しているが，水中での生活には適していない。（　　　）

(5) 生物のからだの特徴が，長い年月の間に代を重ね，変化することを何というか。（　　　）

(6) 次の文のうち(5)とは関係がないものを，次のア〜ウから選びなさい。（　　　）

ア　クジラには痕跡的にあしの骨が残っている。

イ　おたまじゃくしが成体になる。

ウ　同じ鳥類でも，空を飛ぶもの，水中を泳ぐものがいる。

(7) 次の①〜③にあてはまる生物を，ア〜エから選びなさい。

① 肺とえらをもった魚類で，現在は淡水域に生息する種類もいる。（　　　）

② 肺とえらをもった魚類で，胸びれや腹びれに，あしの骨のようなものがある。（　　　）

③ 母乳で子を育て，卵をうむホニュウ類である。（　　　）

［ア　ハイギョ　　イ　カモノハシ
ウ　ユーステノプテロン　　エ　イクチオステガ］

ヒントの森

1(4)セキツイ動物は水中から陸上へと生活する場所を広げていったと考えられている。

2 生物の進化

右の図は，セキツイ動物が長い年月をかけて代を重ねる間に変化し，生活場所も変化していくようすを，模式的に示したものである。ただし，ヒトはEに属する。この図を見て，次の問いに答えなさい。

⑴ 次の①～④のようになったのは，どの段階からか。図中のA～Eから選び，それぞれ記号で答えなさい。ヒント

① 成体が肺呼吸をするようになった。（　　）

② 移動のためにあしを使うようになった。（　　）

③ 殻のある卵をうむようになった。（　　）

④ 卵ではなく，子をうむようになった。（　　）

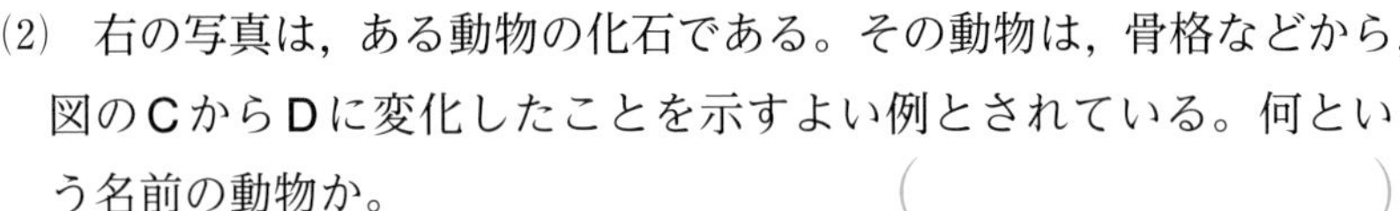

⑵ 右の写真は，ある動物の化石である。その動物は，骨格などから，図のCからDに変化したことを示すよい例とされている。何という名前の動物か。（　　）

⑶ CとDはそれぞれ何類か。

C（　　） D（　　）

⑷ 写真の化石の動物がもつCとDの特徴について，次の文の（　）にあてはまる言葉を答えなさい。

①（　　） ②（　　）
③（　　） ④（　　）

つばさの中ほどに3本の（ ① ）があり，口の中には（ ② ）があるというCの特徴と，前あしは（ ③ ）のような形状で，体表には（ ④ ）が生えているというDの特徴を示す。

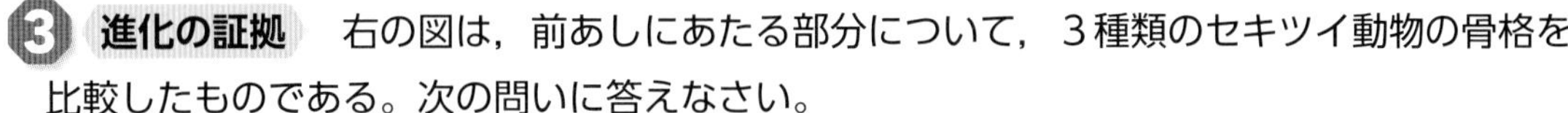

3 進化の証拠

右の図は，前あしにあたる部分について，3種類のセキツイ動物の骨格を比較したものである。次の問いに答えなさい。

⑴ ヒトはホニュウ類である。コウモリやクジラは何類か。（　　）

⑵ コウモリにとって，つばさにはどのような役割があるか。（　　）

⑶ クジラにとって，ひれにはどのような役割があるか。ヒント（　　）

⑷ 図のような，現在の形やはたらきは異なっていても，もとは同じ器官であったと考えられるものを何というか。（　　）

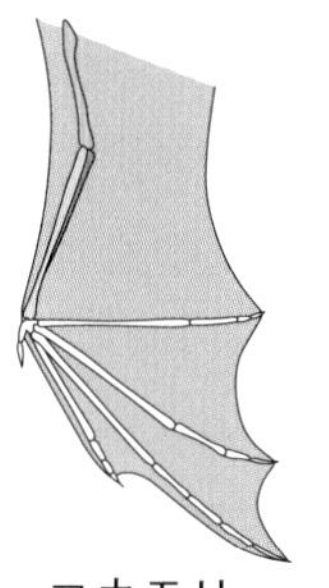

コウモリのつばさ

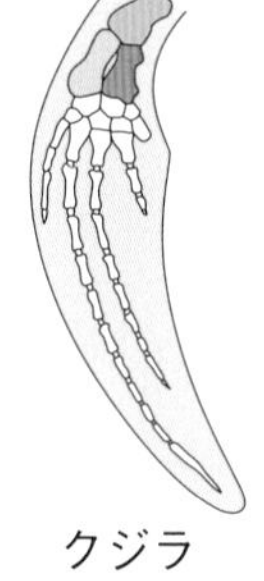

クジラのひれ

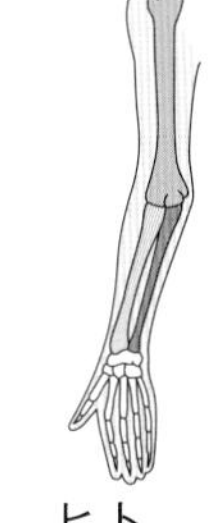

ヒトのうで

2⑴①肺呼吸できることで，陸上でも生活できる。③殻があることで乾燥した陸上でも卵をうむことができる。　3⑶クジラは水中で生活する。

解答 p.13

実力判定テスト ステージ3 第3章 生物の多様性と進化

30分 /100

1 セキツイ動物の出現した時期や変遷について，あとの問いに答えなさい。

7点×6(42点)

セキツイ動物の５つのグループのうち，地球上に最初に出現したのは，水中で生活する(①)であると考えられている。(①)の中から，イクチオステガのような原始的な(②)が現れ，さらにa陸上での生活に適した特徴をもつ(③)，ホニュウ類や鳥類が現れたと考えられている。このように，生物のからだの特徴は長い年月の間に代を重ね変化していく。このことを，b進化という。

(1) 上の文の，( )にあてはまるセキツイ動物のグループの名前を，〔 〕から選んで答えなさい。

〔 ハチュウ類　魚類　両生類 〕

(2) 下線部aについて，水中での生活よりも陸上での生活に適した特徴を，次のア～キからすべて選びなさい。

ア えらで呼吸する。
イ 肺で呼吸する。
ウ 強いあしをもつ。
エ 胸びれをもっている。
オ 体表が乾燥に強いつくりになっている。
カ 殻のない卵をうむ。
キ 殻のある卵をうむ。

(3) 下線部bについて，次のア～ウから適当なものを選びなさい。

ア セキツイ動物の特徴は段階的に変化するので，魚類の特徴と両生類の特徴の両方の特徴をもつものもいる。
イ ホニュウ類のからだの特徴は，鳥類よりも魚類に近い。
ウ ホニュウ類は全て陸上で生活し，鳥類は全て飛ぶことができる。

(4) 次のア～ウのうち，進化といえるものを選びなさい。

ア おたまじゃくしが成長してカエルになり，陸上で生活できるようになった。
イ ある個体の遺伝子を別の個体に導入することによって，有用な形質をもつ野菜をつくることができるようになった。
ウ あるホニュウ類から，長い期間をへて，二足歩行ができるヒトが誕生した。

(1)	①		②		③	
(2)		(3)		(4)		

2 右の写真は約１億５千万年前の地層から発見された，鳥類とハチュウ類の特徴をもつ生物の化石である。これについて，次の問いに答えなさい。

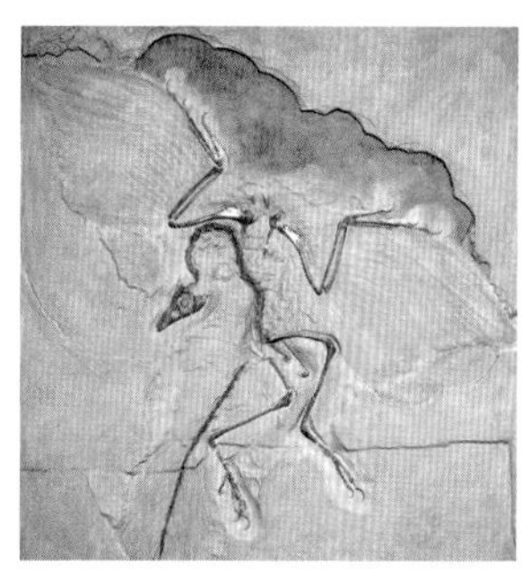

6点×3(18点)

(1) 右の写真は何という生物の化石か。

記述 (2) この生物のもつハチュウ類の特徴を１つ答えなさい。

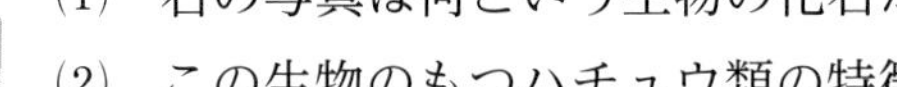

記述 (3) この生物のもつ鳥類の特徴を１つ答えなさい。

(1)		(2)	
(3)			

3 右の図は，ホニュウ類の前あしの骨のつくりを表している。次の問いに答えなさい。　8点×5(40点)

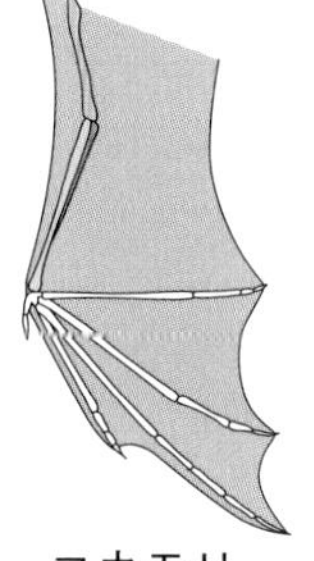

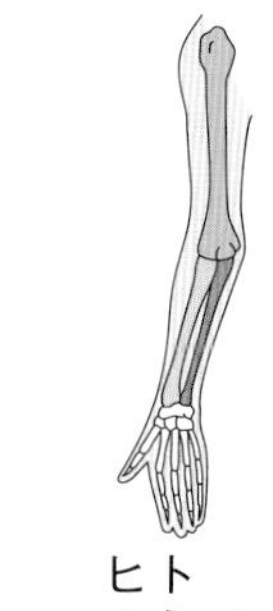

コウモリのつばさ　クジラのひれ　ヒトのうで

(1) 図のように，ホニュウ類の前あしは，はたらきは異なるが，基本的なつくりが同じである。このような器官を何というか。

記述 (2) (1)で，基本的なつくりが同じであることは，どのようなことを示しているか。「進化」という言葉を使って簡単に答えなさい。

(3) 進化はどのようにして起こるか。適当な順にア～エを並べなさい。

ア　親とちがう形質の子が，次の子を残す。

イ　親の遺伝子が変化し，変化した遺伝子が子に伝わる。

ウ　親に見られなかった形質が子に見られる。

エ　何世代も重ねる間に形質のちがいが大きくなる。

記述 (4) クジラには，後ろあしはないが，からだには後ろあしの骨がある。このことからどのようなことが考えられるか。簡単に答えなさい。

(5) 植物もセキツイ動物と同じように，乾燥した場所でも生息できるように進化してきたと考えられている。出現したのが古い順に，次のア～エを並べなさい。

ア　シダ植物

イ　被子植物

ウ　裸子植物

エ　コケ植物

(1)		(2)	
(3)	→ → →	(4)	
(5)	→ → →		

解答 p.14

単元末総合問題 単元2 生命の連続性

/100

1 右の図1のように，試験管にタマネギの根の一部とうすい塩酸を入れ，60℃の湯であたためた。次に，根の一部をとり出し，水洗いしてスライドガラスにのせ，柄つき針でつぶした後，酢酸カーミンをたらした。約3分後にカバーガラスをかけ，ろ紙の間にはさんで真上からおして根をつぶし，プレパラートをつくって顕微鏡で観察した。図2は，そのときのスケッチの一部である。これについて，次の問いに答えなさい。

図1

うすい塩酸
約60℃の湯
タマネギの根の一部

図2

A

図3

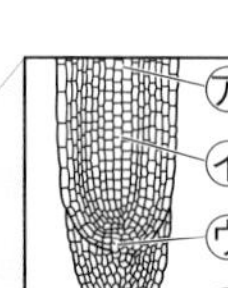

7点×3(21点)

(1) この実験で，タマネギの根の一部をうすい塩酸に入れてあたためた理由は2つある。1つは細胞分裂を止めるためであるが，もう1つの理由は何か。簡単に答えなさい。

(2) 図3は，タマネギとその根の断面の一部を拡大したものである。体細胞分裂のようすを観察するのに最も適しているのはどこか。㋐〜㋓から選びなさい。

(3) 体細胞分裂がさかんに行われている部分では，細胞の中に図2のAのように，ひものようなものが観察された。これを何というか。

1	
(1)	
(2)	
(3)	

2 右の図1のように，スライドガラスの上に砂糖水を加えた寒天溶液をたらし，寒天溶液が固まったら，ホウセンカの花粉を寒天の上に散布して顕微鏡で観察した。図2は，散布した直後の花粉のようすを，図3は，散布してから10分後の花粉のようすをスケッチしたものである。これについて，次の問いに答えなさい。

7点×3(21点)

図1

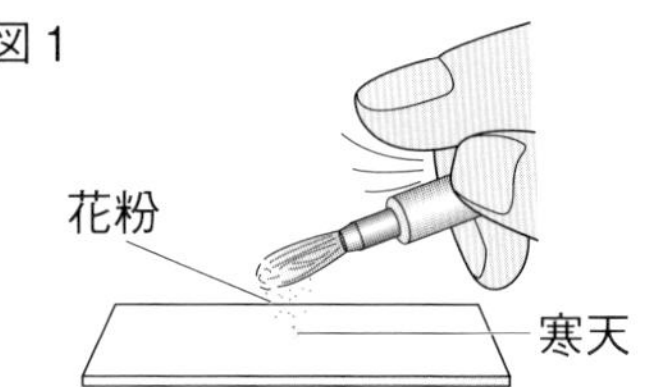

図2 図3

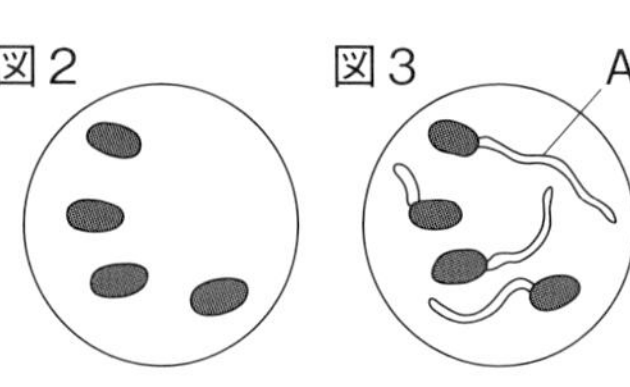

(1) 図3に示した花粉からのびているAを何というか。

(2) Aの中を，ある細胞が運ばれている。この細胞を何というか。

(3) ホウセンカは有性生殖によってなかまをふやす。有性生殖について述べたものを，次のア〜エから選びなさい。

ア コダカラベンケイの葉のふちに芽ができる。
イ ジャガイモのいもから芽や根が出る。
ウ マツがまつかさから落とした種子から芽が出る。
エ ミカヅキモが2つに分裂する。

2	
(1)	
(2)	
(3)	

目標 細胞分裂の順序をおぼえよう。無性生殖と有性生殖のちがいを理解しよう。遺伝の規則性を理解しよう。

自分の得点まで色をぬろう!
がんばろう! もう一歩 合格!
0 60 80 100点

3 右の図は，カエルの受精卵が細胞分裂をくり返しながら変化していくときのいろいろな時期を表したものである。これについて，次の問いに答えなさい。 7点×4(28点)

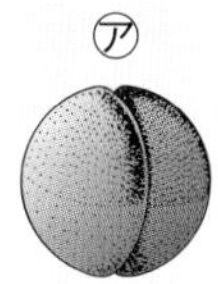

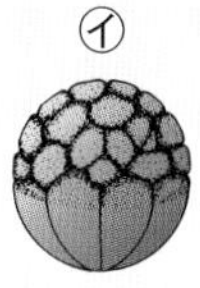

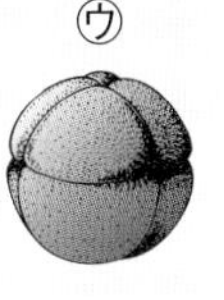

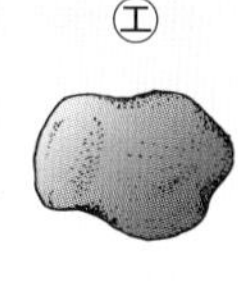

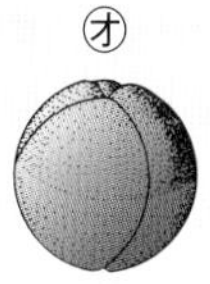

(1) 図の㋐～㋔を，㋐を最初にして，変化する順に並べなさい。

(2) 受精卵が細胞分裂をくり返しながら変化し，その生物に特有のからだを完成させていく過程を何というか。

(3) 受精卵が細胞分裂をくり返しながら，おたまじゃくしの形ができ始めるまでの間，次の①，②は，それぞれどうなるか。

① 細胞の数

② ひとつひとつの細胞の大きさ

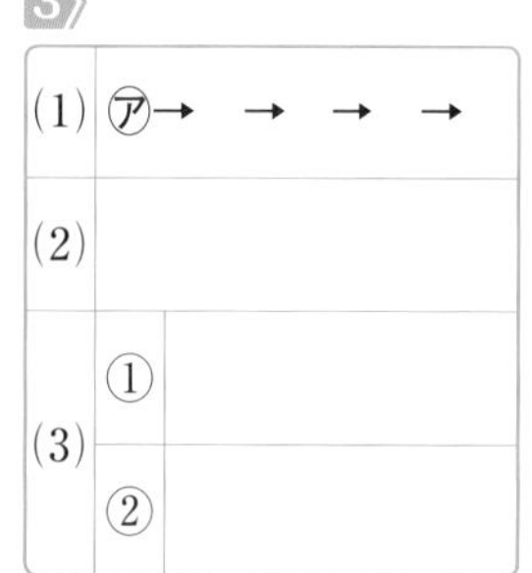

3		
(1)	㋐→　→　→　→	
(2)		
(3)	①	
	②	

4 次の文は，「生命のつながり」について発表した内容の一部である。これについて，あとの問いに答えなさい。 6点×5(30点)

右の図は，エンドウの種子の形に着目して，遺伝のしくみをまとめたもので，丸形の種子をつくる遺伝子をA，しわ形の種子をつくる遺伝子をaで表している。遺伝子の組み合わせがAAの丸形の種子をつくるエンドウの花粉を，遺伝子の組み合わせがaaのしわ形の種子をつくるエンドウのめしべに受粉させると，子は全て，遺伝子の組み合わせがAaの丸形の種子になった。さらに，子どうしを自家受粉させたところ，孫には，図の㋐～㋓の遺伝子の組み合わせをもつ種子ができた。

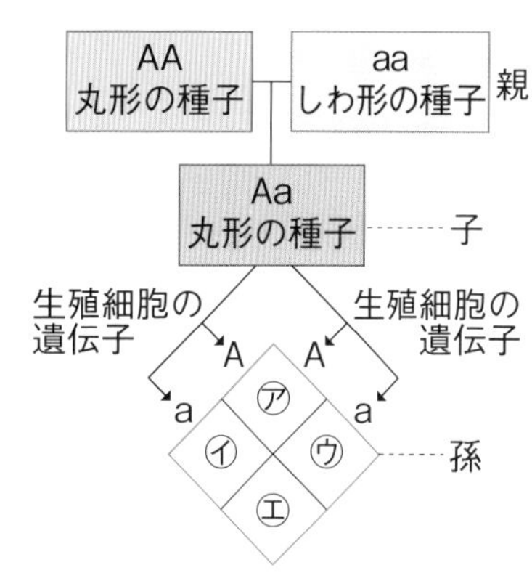

(1) 下線部のように，一方の親の形質だけが子に現れるとき，子に現れる形質を何というか。

(2) 減数分裂によって生殖細胞がつくられるとき，対になっている遺伝子が分かれて別の生殖細胞に入る。これを何の法則というか。

(3) 孫に現れる丸形の種子の数としわ形の種子の数との比を，最も簡単な整数の比で表しなさい。

(4) 孫に現れる丸形の種子のもつ遺伝子の組み合わせを，すべて答えなさい。

(5) 親から子，孫へと伝えられる遺伝子の本体を何というか。

4	
(1)	
(2)	
(3)	丸形：しわ形＝
(4)	
(5)	

終わったら後ろの，7，11，をやろう。

単元2

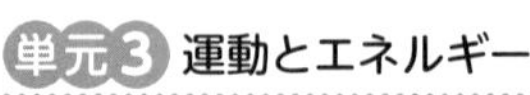

解答 p.15

第1章 物体の運動(1)

要点 (　)にあてはまる語句を，下の語群から選んで答えよう。

同じ語句を何度使ってもかまいません。

1 物体の運動の記録

教 p.134～137

(1) 一定時間ごとの移動距離(きょり)を，記録テープ上に連続的に記録する器具を(①　　　　)という。

(2) 記録タイマーは，一定の時間間隔(かんかく)ごとに記録テープに打点する器具である。東日本では1秒間に50回，西日本では1秒間に(②　　　　)回の点を打つことができる。

(3) 物体が速く動くと，一定時間ごとの移動距離は(③　　　　)なる。

(4) 速さは，物体が移動した(④　　　　)を移動にかかった時間で割って表す。

$$速さ〔m/s〕=\frac{移動距離〔m〕}{かかった時間〔s〕}$$

(5) 速さの単位には，(⑤　　　　)(記号m/s)や，(⑥　　　　)(記号cm/s)，キロメートル毎時(記号km/h)などがある。

2 物体の運動の速さの変化

教 p.138～139

(1) ある距離を，一定の速さで物体が移動したと考えたときの速さを(①★　　　　)という。

(2) スピードメーターが表示する速さのように，時間の変化に応じて刻々と変化する速さを(②★　　　　)という。

(3) 物体の運動について，横軸(じく)が時間，縦軸が速さのグラフが水平の場合，その物体は(③　　　　)の速さで運動しているか，止まっている。

(4) 物体が一定の速さで一直線上を進む運動を(④★　　　　)という。運動している物体に全く力がはたらかないと場合，等速直線運動(とうそくちょくせんうんどう)する。

(5) 等速直線運動を，横軸に時間，縦軸に移動距離をとったグラフに表すと，(⑤　　　　)を通る直線となり，移動距離は時間に(⑥　　　　)する。

まるごと暗記
速さ＝移動距離／かかった時間

ワンポイント
記録テープの打点の間隔が長いほど，運動が速い。

まるごと暗記
速さ
● 平均(へいきん)の速(はや)さ
⇨ある距離を一定の速さで移動したと考えた速さ。
● 瞬間(しゅんかん)の速(はや)さ
⇨刻々と変化する速さ。

まるごと暗記
等速直線運動
一定の速さで一直線上を進む運動。

ワンポイント
等速直線運動では，運動している物体の移動距離は時間に比例する。

語群
1 メートル毎秒／センチメートル毎秒／60／記録タイマー／距離／長く
2 等速直線運動／原点／比例／平均の速さ／瞬間の速さ／一定

★の用語は，説明できるようになろう！

同じ語句を何度使ってもかまいません。

□にあてはまる語句を，下の語群から選んで答えよう。

1 物体の運動の記録

教 p.134

運動の記録（東日本）

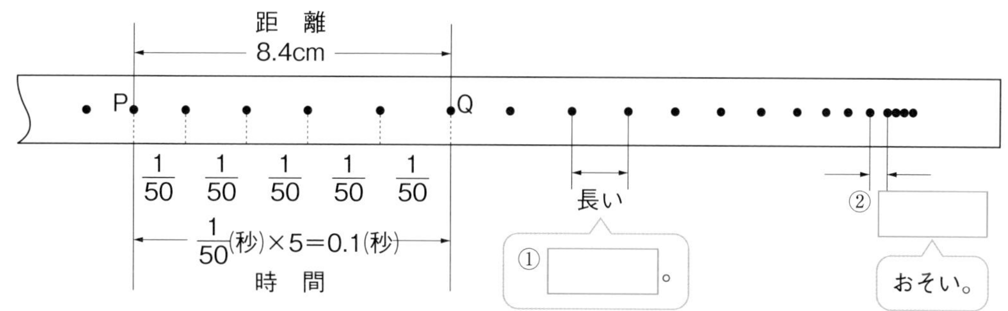

単元3

2 物体の運動の速さの変化

教 p.135〜139

水平面上で台車をおしたとき

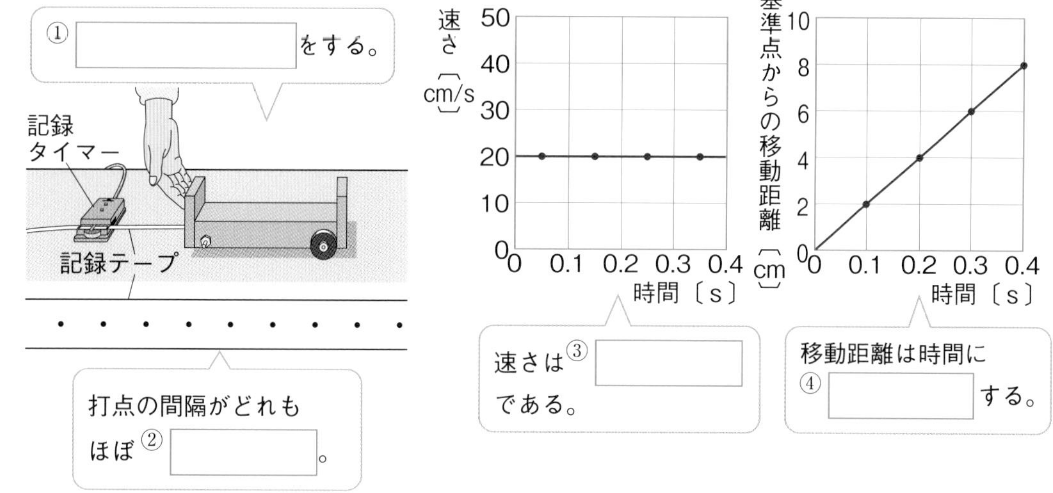

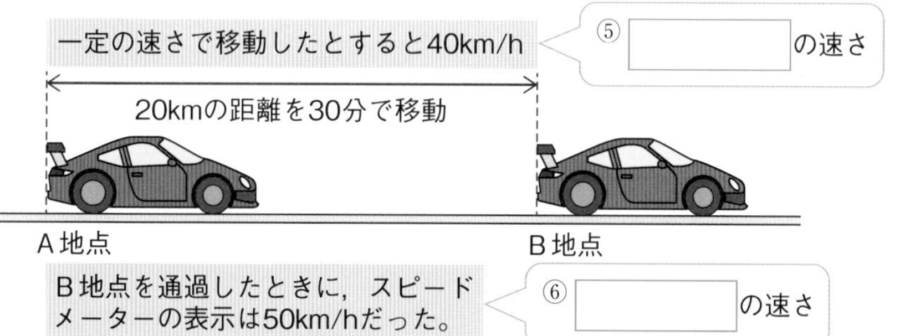

1 速い／短い

2 等速直線運動／平均／瞬間／一定／比例／同じ

わからない用語は，教科書の要点の★で確認しよう！

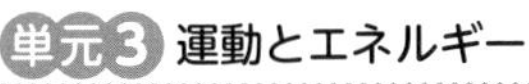

解答 p.15

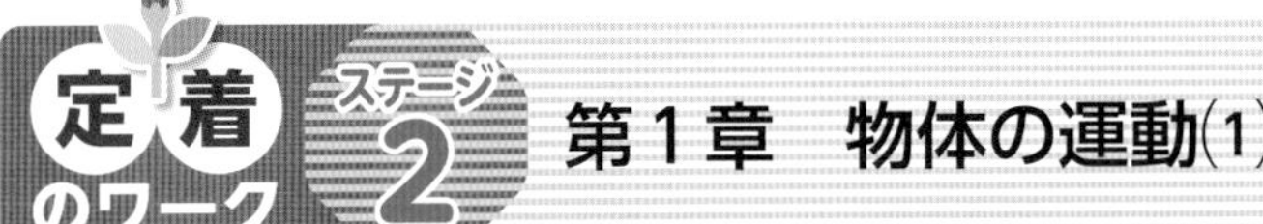

第1章　物体の運動(1)

1 教 p.135 実験1 **水平面上での台車の運動**　右の図1のように，記録タイマーを利用して，水平面上で，台車をおし出したときの運動のようすを記録した。これについて，次の問いに答えなさい。ただし，この記録タイマーは，1秒間に50打点するものとする。

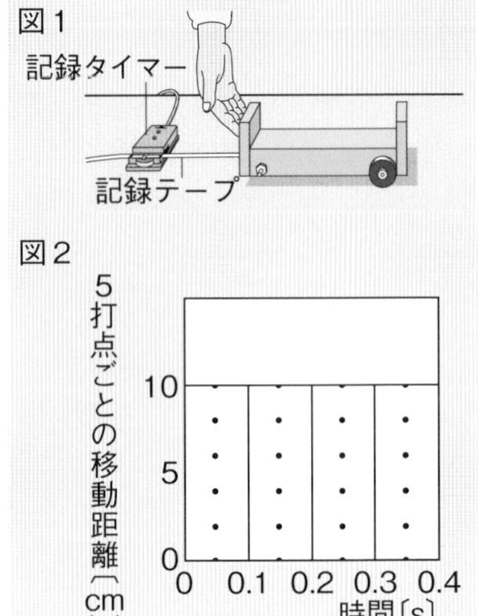

記述 (1)　図2の記録テープの打点の間隔は，どのようになっているか。ヒント

(　　　　　　　　　　)

(2)　図2は，台車をおし出した後，基準点から5打点ごとに記録テープを切ってはったものである。台車は5打点打つ間に何cm移動したか。

(　　　　　)

2 **記録タイマーによる運動の記録**　ある物体の運動を記録タイマーで記録した。グラフは，このときの記録テープを6打点ごとに切りとって順に並べたものである。これについて，次の問いに答えなさい。ただし，この記録タイマーは$\frac{1}{60}$秒ごとに打点するものとする。

(1)　この記録タイマーが6打点するのにかかる時間は何秒か。(　　　　　)

(2)　この記録タイマーは，1秒間に何打点するか。

(　　　　　)

(3)　右のグラフの㋐〜㋕の結果から，この物体の0.1秒間の移動距離と速さ(cm/s)を求めて，右の表の①〜⑫の欄にあてはまる数を答えなさい。

(4)　記録テープのようすから，この物体はどのような運動をしていたと考えられるか。次のア〜エから選びなさい。ヒント　(　　　)

ア　だんだん速くなる運動
イ　だんだんおそくなる運動
ウ　だんだん速くなり，その後だんだんおそくなる運動
エ　だんだんおそくなり，その後だんだん速くなる運動

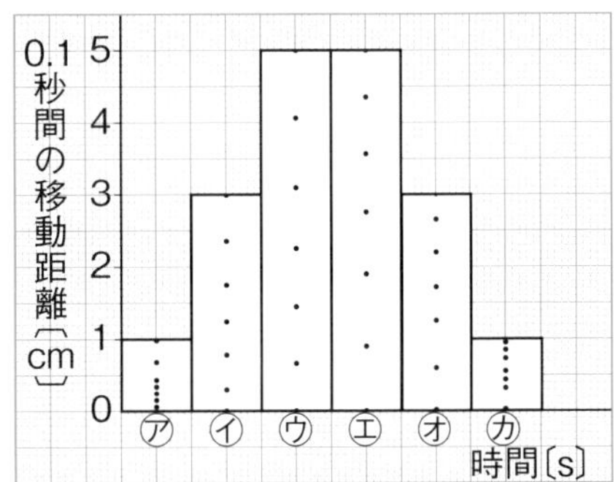

	0.1秒間の移動距離〔cm〕	速さ〔cm/s〕
㋐	①	②
㋑	③	④
㋒	⑤	⑥
㋓	⑦	⑧
㋔	⑨	⑩
㋕	⑪	⑫

1(1)打点の間隔が長くなっているか，短くなっているか，ほぼ同じかを答える。
2(4)打点の間隔がだんだん長くなるときは，だんだん速くなる運動をしている。

3 物体の速さの変化 右の図は，同じ位置から同時に動き出した物体の，時間とスタート地点からの位置を表している。これについて，次の問いに答えなさい。

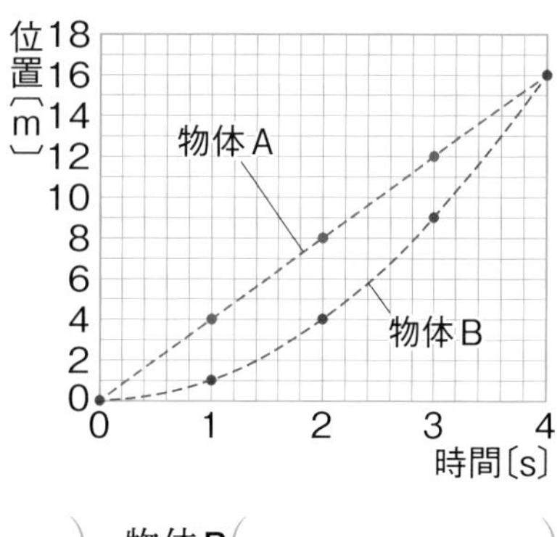

(1) 一定の速さで移動しているのは，物体A，物体Bのどちらか。 (　　　　)

(2) ごく短い時間に移動した距離から求めた，刻々と変化する速さを何というか。 (　　　　)

(3) 図から，物体A，物体Bの4秒間の平均の速さはそれぞれ何m/sか。ヒント 物体A(　　　　) 物体B(　　　　)

4 運動を表すグラフ 下の図は，水平面上を運動する物体を，ストロボ装置で撮影したものである。これについて，あとの問いに答えなさい。

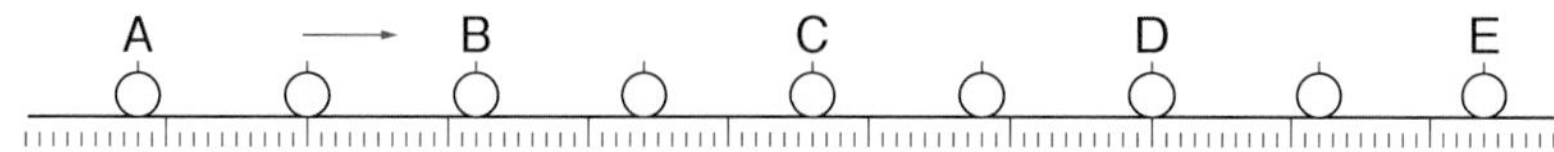

(1) 右の表は，上の図で点A～Eを通過した時間と点Aからの距離をまとめたものである。これをもとに，2点間の距離と2点間の速さを求め，表の㋐～㋗にそれぞれ書きなさい。

物体の位置	A	B	C	D	E
通過時間〔s〕	0	0.2	0.4	0.6	0.8
A点からの距離〔cm〕	0	24	48	72	96
2点間の距離〔cm〕	㋐	㋑	㋒	㋓	
2点間の速さ〔cm/s〕	㋔	㋕	㋖	㋗	

作図

(2) (1)の結果をもとに，時間と速さの関係を下のグラフ1に，時間と移動距離の関係を下のグラフ2にそれぞれ表しなさい。

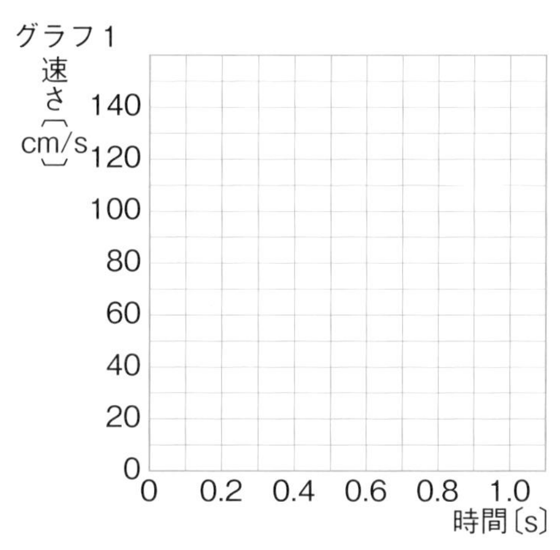

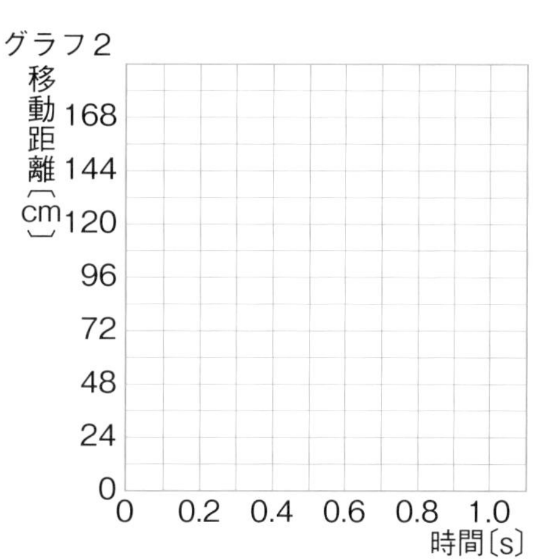

(3) このような物体の運動を何というか。 (　　　　)

3(3) 速さ＝$\frac{\text{移動時間}}{\text{かかった時間}}$ で求める。

解答 p.16

第1章 物体の運動(1)

30分 /100

1 物体の運動の速さについて，次の問いに答えなさい。 5点×3(15点)

(1) A市からB市までの高速道路220kmを自動車で走ったら2時間30分かかった。とちゅう，Cインターチェンジ付近でスピードメーターを見たら100km/hを示していた。

① A市からB市まで走ったときのこの自動車の平均の速さは何km/hか。次のア〜オから選びなさい。

ア 80km/h イ 82km/h ウ 84km/h エ 86km/h オ 88km/h

② Cインターチェンジ付近で見たスピードメーターの速さは，平均の速さに対して何というか。

(2) 高速道路で300kmの距離を平均の速さ80km/hで自動車で走ると，何時間何分かかるか。次のア〜エから選びなさい。

ア 3時間15分 イ 3時間30分 ウ 3時間45分 エ 3時間55分

(1) ①		②		(2)	

よく出る **2** 下の記録テープの図は，いろいろな物体の運動を記録タイマーで記録したときのものである。①〜④の記録テープの打点から，それぞれの物体の運動のようすを下のア〜カから選びなさい。また，その理由を下のa〜fから選びなさい。ただし，この記録タイマーは，いつも1秒間に50打点するものとする。 5点×8(40点)

①
②
③
④
←テープの引かれる向き

〔運動のようす〕

ア 速さが一定で，最もおそい。
イ だんだん速くなる。
ウ だんだんおそくなる。
エ だんだん速くなった後，だんだんおそくなる。
オ だんだんおそくなった後，だんだん速くなる。
カ 速さが一定で，②の2倍。

〔理由〕

a 打点の間隔が一定で，打点の数が最も多いから。
b 打点の間隔が一定で，②の2倍だから。
c 打点の間隔が長くなっていくから。 d 打点の間隔が短くなっていくから。
e 打点の間隔が長くなった後，短くなっていくから。
f 打点の間隔が短くなった後，長くなっていくから。

①	ようす		理由		②	ようす		理由		③	ようす		理由		④	ようす		理由	

3 右の図は，１秒間に60打点する記録タイマーで台車の運動を記録したテープの一部である。各打点を３打点ごとに区切り，最初からあ，い，う，え，おとした。次の問いに答えなさい。

あ　い　う　え　お
1.3 cm　3.2 cm　4.0 cm　4.0 cm　4.0 cm

5点×3(15点)

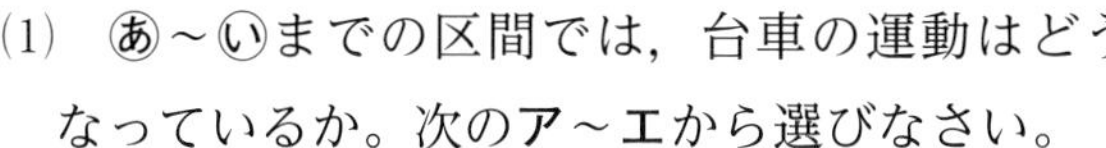

(1)　あ～いまでの区間では，台車の運動はどうなっているか。次のア～エから選びなさい。

ア　だんだんおそくなっている。　　**イ**　速さは変わらずに一定である。

ウ　だんだん速くなっている。　　**エ**　速くなったり，おそくなったりしている。

(2)　えの区間での速さは，何cm/sか。

(3)　う，え，おの区間で打点間の距離が等しい理由を，次のア～エから選びなさい。

ア　台車を運動方向に引く力の大きさが増したから。

イ　台車の運動方向に力がはたらかなかったから。

ウ　台車の運動方向に一定の大きさの力がはたらいたから。

エ　台車の運動方向に力がはたらいたり，はたらかなかったりしたから。

(1)		(2)		(3)	

4 右の図１のように，水平でなめらかな面上をすべらせたドライアイスの運動のようすを調べた。表は，手からはなれてからの時間と手からはなれた位置からのドライアイスの移動距離の関係を表したものである。これについて，あとの問いに答えなさい。　5点×6(30点)

時間〔s〕	0.1	0.2	0.3	0.4
移動距離〔cm〕	10	20	30	40

図１

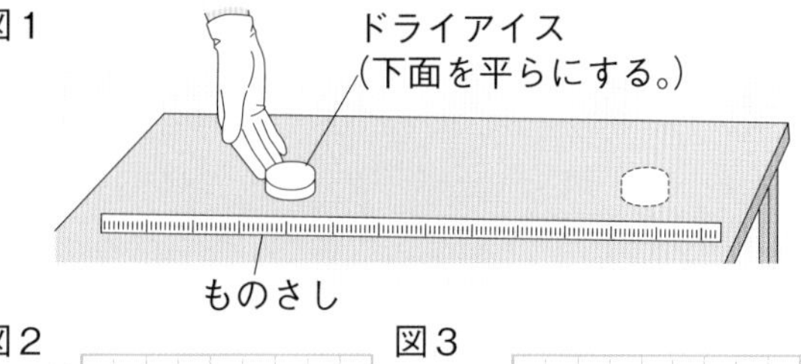

図２　移動距離〔cm〕 0 10 20 30 40　時間〔s〕 0 0.1 0.2 0.3 0.4

図３　速さ〔cm/s〕 0 50 100 150 200　時間〔s〕 0 0.1 0.2 0.3 0.4

(1)　表を参考にして，時間と移動距離の関係を表すグラフを図２にかきなさい。

(2)　時間と移動距離には，どのような関係があるか。

(3)　時間と速さの関係を表すグラフを図３にかきなさい。

(4)　このドライアイスが運動を始めてから，0.35秒後の速さは何cm/sか。

(5)　初めにドライアイスをおすときのおし方を，この実験のときよりも強くすると，時間と移動距離の関係を表すグラフの傾きは，(1)の場合と比べてどうなるか。

(6)　この実験のドライアイスのような運動を何というか。

(1)	図２に記入	(2)		(3)	図３に記入	(4)		(5)		(6)	

解答 p.17

第1章　物体の運動(2)

同じ語句を何度使ってもかまいません。

(　　)にあてはまる語句を，下の語群から選んで答えよう。

1 だんだん速くなる運動

教 p.140〜143

(1) 斜面を下る物体の運動は，だんだん(①　　　　)くなる。これは，斜面を下る物体には，運動する向き(斜面下向き)に(②　　　　)の力が加わり続けているからである。

(2) 台車にはたらく斜面下向きの力の大きさは，斜面の傾きが変わらなければ，斜面上のどの場所ではかっても(③　　　　)である。

(3) 斜面を下る台車にはたらき続けている力は，斜面の傾きが大きいほど(④　　　　)。

(4) **一定の力**がはたらく物体の速さは，力のはたらく向きに(⑤　　　　)の割合で増加する。

(5) 斜面の傾きが大きいときと小さいときを比べると，斜面の傾きが大きいほど，速さが増加する割合も(⑥　　　　)。

(6) 斜面の傾きが90°になると，静止した状態の物体は垂直に落下する。このときの運動を(⑦★　　　　)という。

(7) **自由落下**では，物体にはたらく力の大きさは，物体にはたらく(⑧　　　　)の大きさに等しくなる。

(8) 自由落下の間も常に一定の力がはたらき続けているため，物体は，(⑨　　　　)を増しながら落下する。

ワンポイント

斜面上にある物体の斜面に沿って下向きの力は，
- **同じ斜面では，位置に関係なく一定。**
- **斜面の傾きが大きいほど大きい。**

2 だんだんおそくなる運動

教 p.144〜145

(1) 斜面の下から手で台車をおし出して斜面を上らせると，台車の速さは一定の割合で(①　　　　)し，やがて，斜面を下り始める。

(2) 斜面上の物体には，どこでも斜面に沿って(②　　　　)向きの一定の力がはたらいている。このように，物体の運動の向きとは逆向きに一定の力がはたらき続けると，物体の速さは一定の割合で(③　　　　)する。

(3) 水平な面上を運動している台車がやがて止まるのは，運動の向きと逆向きに(④　　　　)力がはたらいたからである。

摩擦力が全くない水平面上を運動する物体は，等速直線運動をするよ。

ワンポイント

斜面を上る物体には，運動の向きと逆向きに一定の力がはたらく。
⇨**速さは一定の割合で減少する。**

プラスα

摩擦力がはたらくとき，摩擦力と同じ大きさの力を加え続けると，物体は一定の速さで移動する。

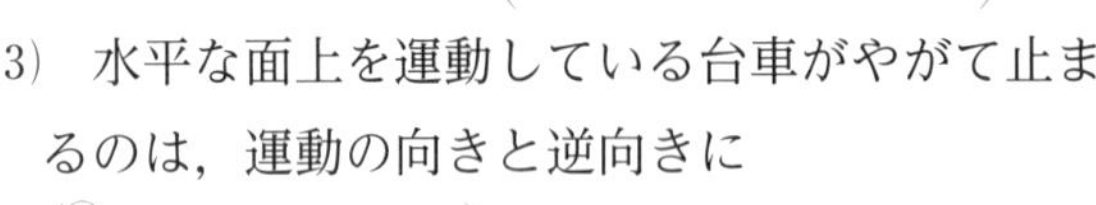

語群
1 速／同じ／一定／大きい／重力／自由落下／速さ
2 下／減少／摩擦

★の用語は，説明できるようになろう！

同じ語句を何度使ってもかまいません。

教科書の図　□にあてはまる語句を，下の語群から選んで答えよう。

1 だんだん速くなる運動

教 p.143〜144

●斜面の傾きが①□とき

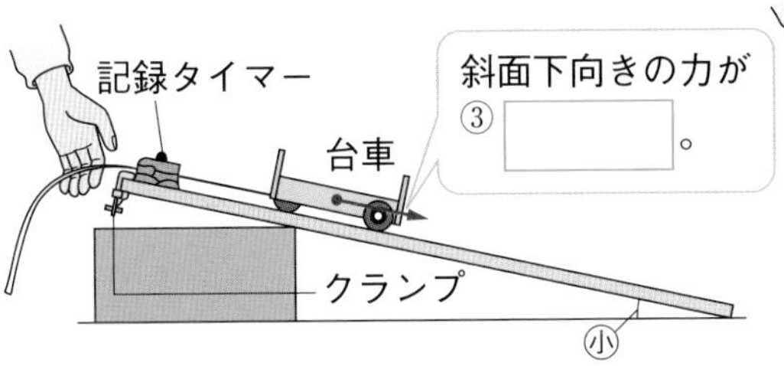

速さの増加する割合が⑤□。

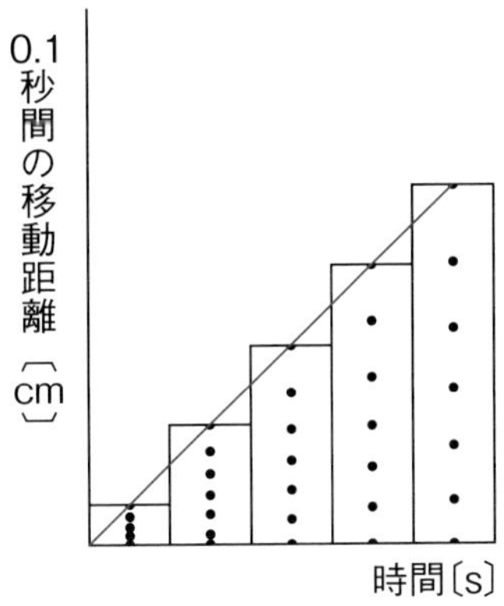

●斜面の傾きが②□とき

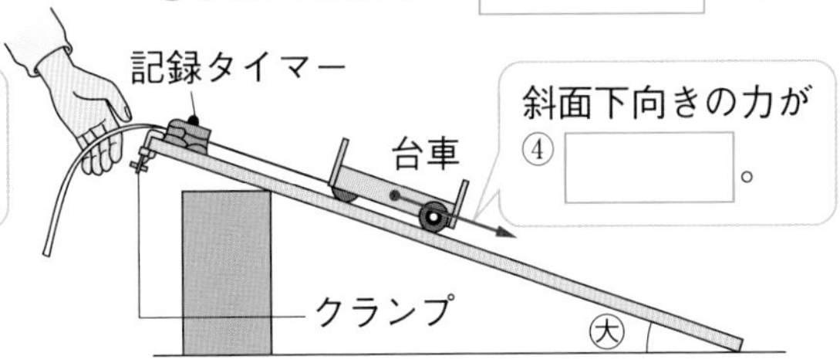

速さの増加する割合が⑥□。

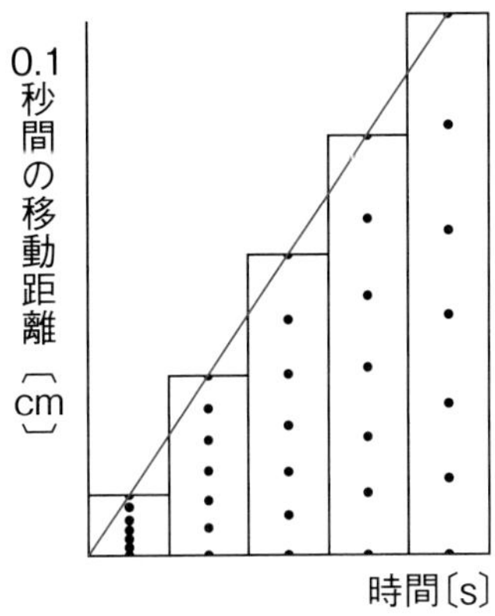

2 だんだんおそくなる運動

教 p.144〜145

●斜面を上る台車

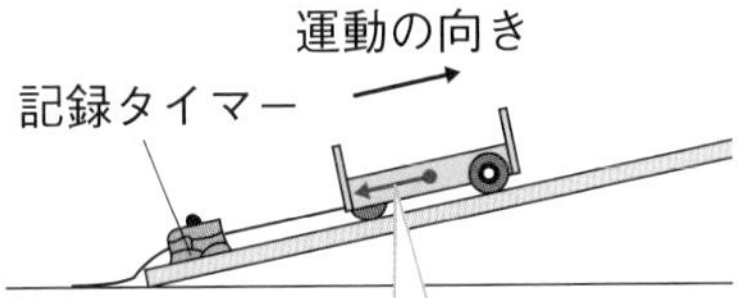

運動の向きと①□向きに一定の力がはたらく。

物体の速さは一定の割合で②□する。

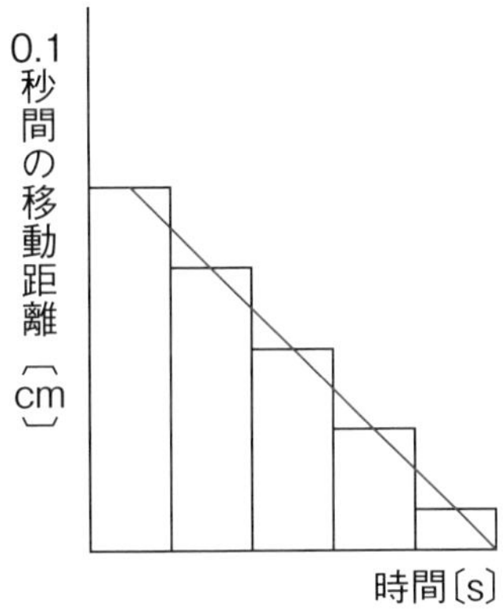

語群
1 大きい／小さい
2 逆／減少

わからない用語は，教科書の要点の★で確認しよう！

単元3

解答 p.17

定着のワーク ステージ2 第1章 物体の運動(2)−①

1 教 p.141 実験2 **斜面を下る台車の運動** 図1のように，斜面の傾きを変えて，物体の速さを1秒間に60打点する記録タイマーで調べた。図2は，その結果をグラフに表したものである。これについて，次の問いに答えなさい。

図1

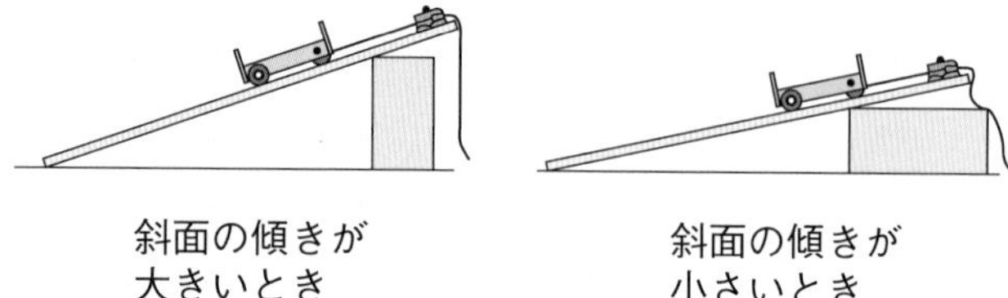

(1) 図2の記録テープの結果を見ると，打点の間隔は，時間の経過とともにどのようになっていることがわかるか。次の**ア**〜**ウ**から選びなさい。 (　　)

ア 短くなっている。
イ 長くなっている。
ウ 変化はない。

(2) 図2で，記録テープは何秒ごとに切りとったか。 (　　　　)

(3) 図2の結果①と結果②は，それぞれ斜面の傾きが大きいときと小さいときのどちらのものか。ヒント

結果①(　　　　)
結果②(　　　　)

図2

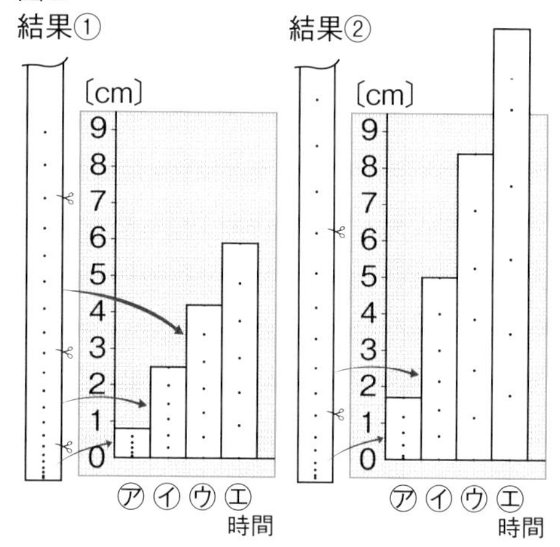

(4) ㋐，㋑，㋒，㋓の記録テープを比べると，同じ時間内に台車が斜面を下る距離について，どのようなことがいえるか。次の**ア**〜**ウ**から選びなさい。 (　　)

ア 変わらない。
イ だんだん短くなっている。
ウ だんだん長くなっている。

(5) この台車の速さについて，どのようなことがいえるか。次の**ア**〜**エ**から選びなさい。 (　　)

ア 速さに変化はない。 **イ** だんだんおそくなる。
ウ この結果だけでは何ともいえない。 **エ** だんだん速くなる。

(6) (5)で答えたようになるのはなぜか。次の**ア**〜**ウ**から選びなさい。 (　　)

ア 斜面を下ることをさまたげる力がはたらいているから。
イ 斜面を下る台車には力がはたらいていないから。
ウ 斜面を下る向きに力がはたらき続けているから。

ヒントの森
1(3)斜面の傾きが大きいほど，台車にはたらく斜面方向の力が大きくなるので，速さの変化は大きくなる。

❷ 物体が落下するときの運動

右の図は，静止している状態の物体を垂直に落下させたときのようすを，発光時間間隔0.04秒のストロボ写真で撮影したもので，㋐〜㋕は，0.04秒ごとの各区間を表している。これについて，次の問いに答えなさい。

(1) 図のように，物体が垂直に落下する運動を何というか。
（　　　　　　）

(2) (1)の運動では，物体にはたらく力は，何という力の大きさと等しいか。
（　　　　　　）

(3) 図の㋐〜㋕の区間のうち，次の①，②にあてはまるものはどれか。ヒント

① 平均の速さが，最も速い区間　（　　）

② 平均の速さが，最もおそい区間　（　　）

(4) ㋕の区間の移動距離は13cmであった。㋕の区間での平均の速さは，何cm/sか。　（　　　　）

㋐ ㋑ ㋒ ㋓ ㋔ ㋕

単元3

❸ 速さがおそくなる運動

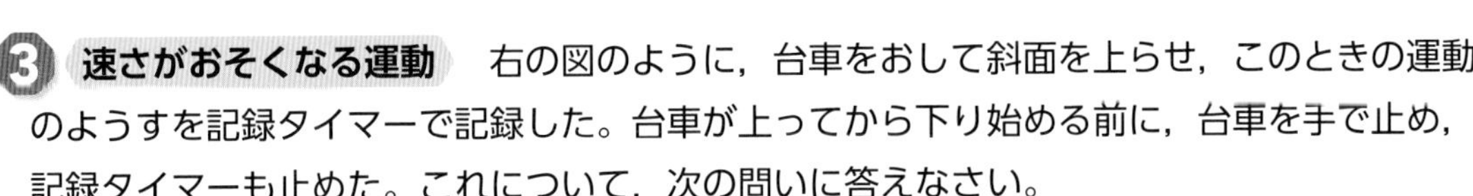

右の図のように，台車をおして斜面を上らせ，このときの運動のようすを記録タイマーで記録した。台車が上ってから下り始める前に，台車を手で止め，記録タイマーも止めた。これについて，次の問いに答えなさい。

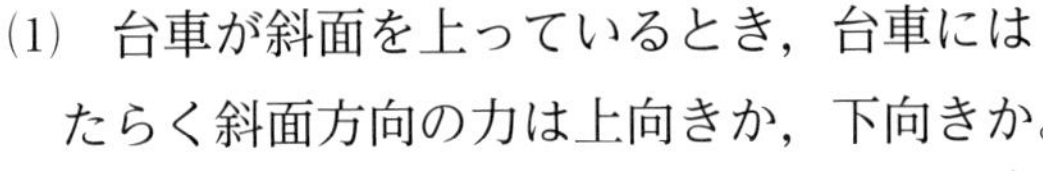

(1) 台車が斜面を上っているとき，台車にはたらく斜面方向の力は上向きか，下向きか。
（　　　　　　）

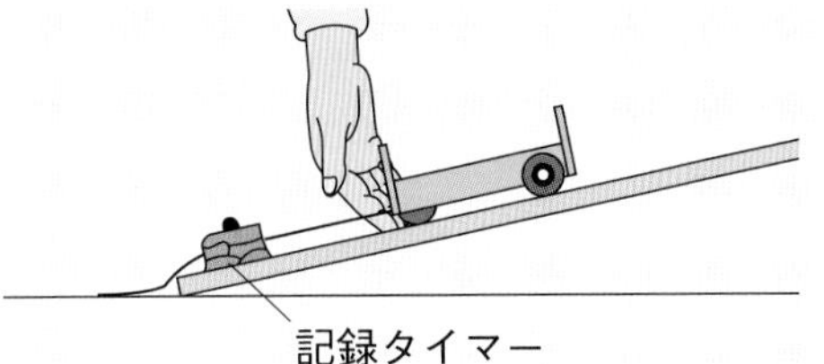

(2) (1)の力の向きは，台車の運動の向きと同じ向きか，逆向きか。（　　　　　）

(3) 台車が斜面を上っているとき，台車の速さはどのように変化するか。次のア〜ウから選びなさい。ヒント　（　　）

ア　一定の割合で増加する。

イ　一定の割合で減少する。

ウ　変わらない。

(4) このときの台車の速さと時間の関係を表したグラフはどのようになるか。次の㋐〜㋓から選びなさい。　（　　）

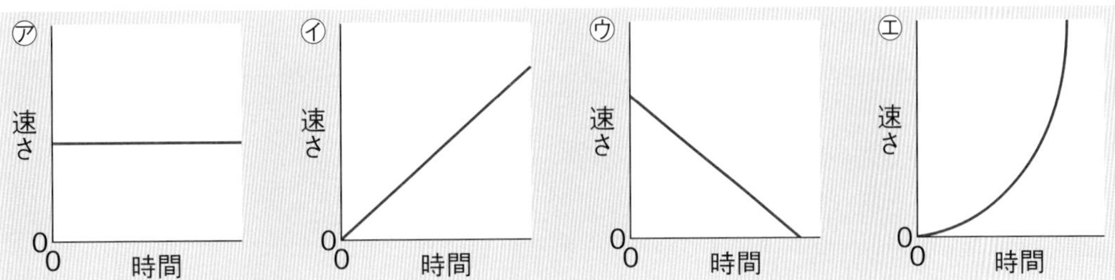

❷(3)一定時間(0.04秒)に移動する距離の大きいものほど，速い。
❸(3)台車の運動の向きと逆向きに力がはたらくため，だんだんおそくなる。

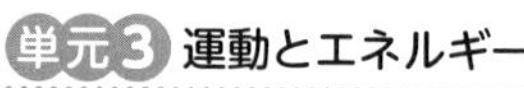

解答 p.17

定着のワーク ステージ2 第1章 物体の運動(2)－②

1 水平面上の物体の運動 運動の向きに力がはたらくときの，物体の速さの変化を調べるために，次のような手順で実験を行った。これについて，あとの問いに答えなさい。

手順1 下の図1のように，水平な机上に置いた台車にひもをつけ，このひもを滑車(かっしゃ)にかけ，ひもの端におもりaをつるした。台車には記録タイマーに通した記録テープをとりつけた。ただし，この記録タイマーは，1秒間に60打点するものとする。

手順2 台車から手をはなすと，台車が運動を始め，しばらくすると，おもりaは床について静止したが，台車は運動を続け，滑車に達した。

手順3 記録テープを，打点の重なっていない点を基準点として6打点ごとに切り，台紙にはった。図2は，台紙にはったものの一部を表したものである。ただし，記録された打点は省略してある。

手順4 おもりaとは質量の異なるおもりbを用いて，同様の実験を行った。図3は，その結果を表したものである。

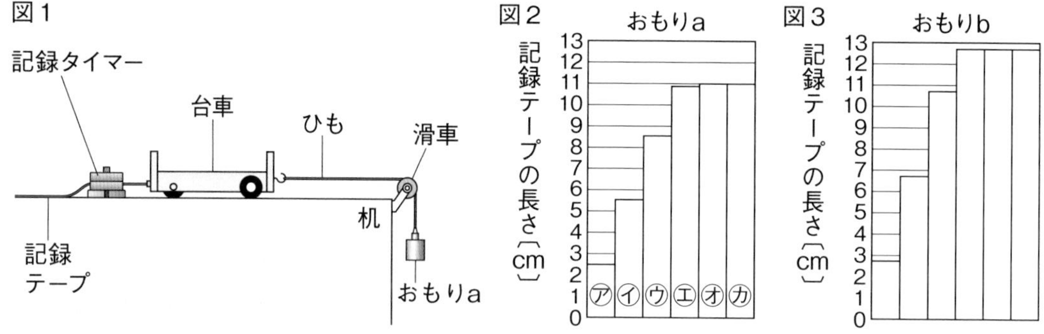

(1) 図2，図3のグラフの横軸は，何を表しているか。 (　　　　　)

(2) 図2の記録テープ㋐～㋓の区間では，台車の速さはどのようになっていったか。次のア～ウから選びなさい。ヒント (　　　)

ア 一定の割合で増加した。　　イ 一定の割合で減少した。

ウ ほとんど変化しなかった。

(3) おもりaが床についたと同時に打たれた打点は，図2の㋐～㋕のどの記録テープに記録されているか。記号で答えなさい。ヒント (　　　)

(4) この実験からわかることについて説明した次の文の(　)にあてはまる言葉を，下のア～ウから選びなさい。 ①(　　　) ②(　　　)

図3は，台車の移動距離の増加する割合が図2と比べて(①)ことから，ひもが台車を引く力が(②)ことがわかる。

〔 ア 小さくなっている　　イ 大きくなっている　　ウ 変化していない 〕

1(2) 1本の記録テープの長さは，0.1秒間に台車が移動した距離である。 (3)台車は，落下するおもりで引かれていたため，おもりが床につくと台車を引く力はなくなる。

2 教 p.141 実験 2 **斜面を下る物体の運動** 下の図1のように，1秒間に60打点する記録タイマーで斜面を下る物体の運動を調べたところ，図2のような記録テープが得られた。次の問いに答えなさい。

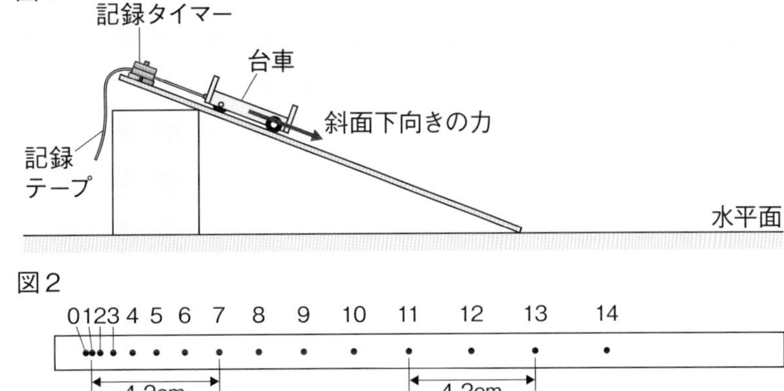

(1) 図2の打点1～7の間の平均の速さは何cm/sか。ヒント
（　　　　）

(2) 図2から，どのようなことがいえるか。次のア～エから選びなさい。
（　　　）

ア　打点1～7の平均の速さより，打点11～13の平均の速さの方がおそい。
イ　打点1～7の平均の速さより，打点11～13の平均の速さの方が速い。
ウ　打点1～7の平均の速さと，打点11～13の平均の速さは同じ。
エ　この記録テープでは，平均の速さを比べることができない。

(3) 図1よりも斜面の傾きを大きくして，同様の実験を行った。このときの結果について述べた次の文の(　)にあてはまる言葉を，下のア～オから選びなさい。
①（　　　　）②（　　　　）③（　　　　）

図1のときに比べて，台車にはたらく重力の大きさは(　①　)。また，台車にはたらく斜面下向きの力の大きさは(　②　)。したがって，記録テープの打点の間隔は，図1と比べて(　③　)。

〔ア　大きくなる　イ　小さくなる　ウ　長くなる
エ　短くなる　オ　変わらない〕

記述

(4) 台車に記録テープをつけずに図1の斜面を下らせたとき，下りきった後の水平面では台車の速さはだんだん減少した。台車の速さが減少したのは，水平面で台車にどのように力がはたらくからか。簡単に答えなさい。ヒント
（　　　　　　　　　　）

(5) 図1の斜面の傾きを大きくしていき，90°にしたところ，静止していた台車は垂直に落下した。
① このときの運動を何というか。（　　　　）
② 垂直に落下している台車の速さは，どのように変化するか。次のア～ウから選びなさい。（　　）
ア　大きくなる。　イ　小さくなる。　ウ　変わらない。
③ ②のようになるのは，物体にある力がはたらき続けているからである。この力を何というか。（　　　　）

ヒントの森
2(1)打点は0.1秒ごとに打たれている。平均の速さ＝移動距離÷かかった時間
(4)運動の向きとは逆向きに一定の力がはたらき続けると，速さは一定の割合で減少する。

第1章　物体の運動(2)

解答 p.18

/100

よく出る **1** 右の図1のように斜面を下る台車の運動を記録タイマーで記録したところ，図2のような結果となった。これについて，次の問いに答えなさい。ただし，記録タイマーは1秒間に60打点するものとする。

7点×7(49点)

(1) 記録タイマーが記録テープに6打点するのに，何秒かかるか。

(2) 図2の㋑の記録テープの長さは何cmか。

(3) 図2の㋑の記録テープが記録されたときの台車の平均の速さは何cm/sか。

図1

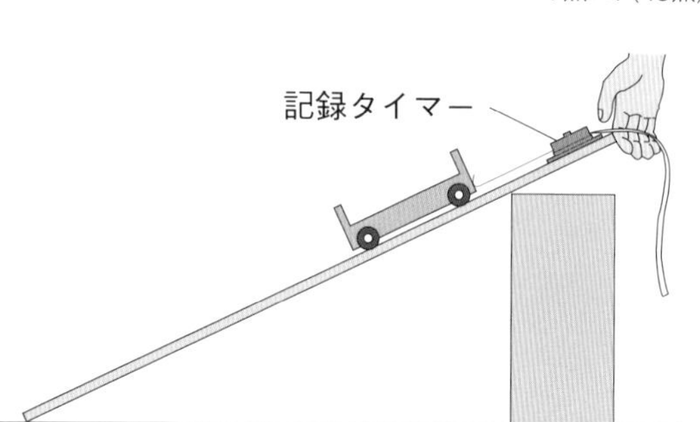

(4) 記録テープをもとにすると，台車は斜面上でどのような運動をしたと考えられるか。次のア〜ウから選びなさい。

ア　だんだん速くなる運動
イ　だんだんおそくなる運動
ウ　速さが変わらない運動

図2

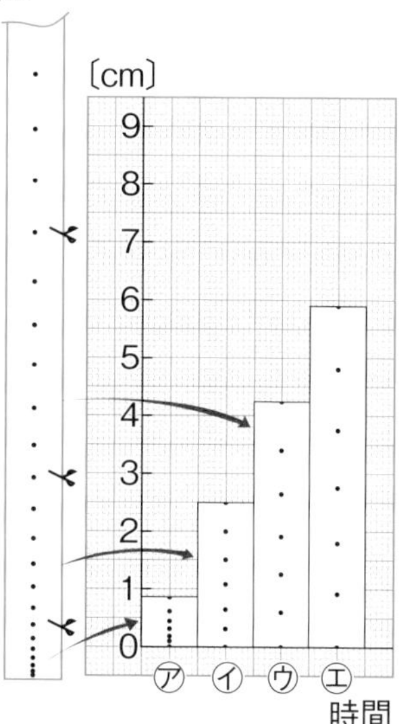

(5) 台車に斜面方向の力がはたらいているのはいつか。次のア〜ウから選びなさい。

ア　台車が動きだすときだけ
イ　台車が動きだしてから止まるまでの間
ウ　台車が斜面上にある間

(6) 台車にはたらいている斜面方向の力の大きさについていえることを，次のア〜ウから選びなさい。

ア　常に一定である。
イ　台車が斜面を下るにつれてしだいに大きくなる。
ウ　台車が斜面を下るにつれてしだいに小さくなる。

(7) 台車にはたらいている斜面方向の力と台車の速さの関係についていえることを，次のア〜ウから選びなさい。

ア　台車に力がはたらき続けると，台車の速さは増加する。
イ　台車に力がはたらき続けると，台車の速さは減少する。
ウ　台車にはたらく力と台車の速さは関係しない。

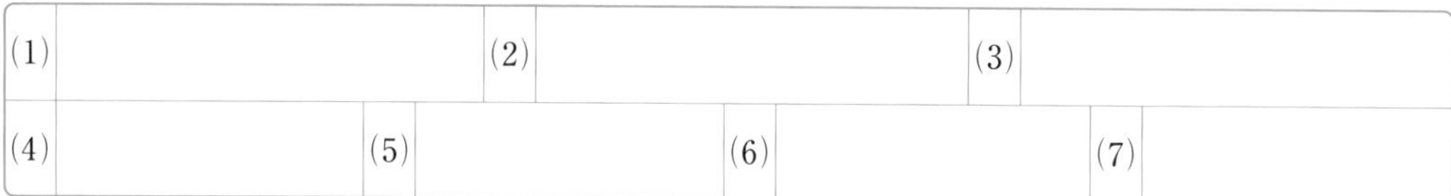

(1)		(2)		(3)		
(4)		(5)		(6)		(7)

2 斜面を下る台車の運動を調べるため，次の手順で実験を行った。あとの問いに答えなさい。 6点×4(24点)

手順1　図1のように，台車が斜面を下るようすを，1秒間に60打点する記録タイマーで記録した。

手順2　図2のように，打点の重なりのないP点から6打点ごとに㋐～㋔を台紙にはり，各テープの上端の打点を結び，図3のようなグラフを作成した。

手順3　斜面の角度を大きくして，手順1，2を行ったところ，図4のグラフが得られた。

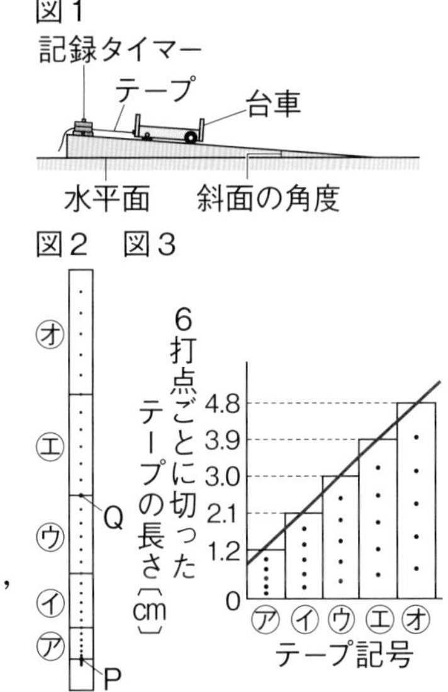

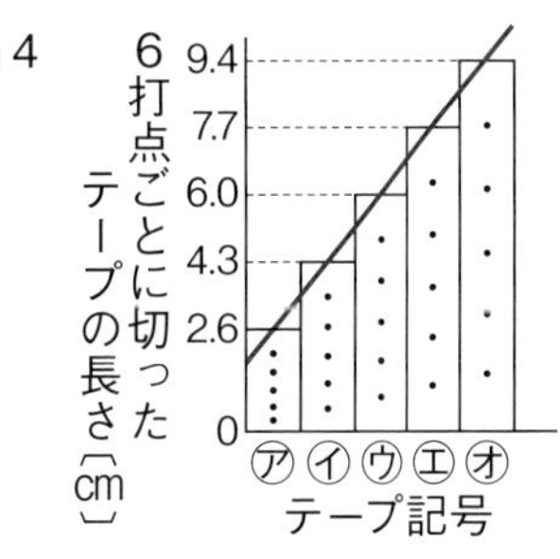

(1) 図2で，P点が打点されてからQ点が打点されるまでの，台車の平均の速さは何cm/sか。

(2) 図3，4からわかったことをまとめた。次の(　)にあてはまる言葉を答えなさい。

斜面を下る台車の速さは(①)とともに増加し，斜面の角度が大きい方が，台車の速さの増加する割合が(②)なる。

記述 (3) 図3，4で，㋐～㋔の上端の打点を結んだ線が直線になった理由を，「台車には斜面下向きに，」という書き出しで簡単に答えなさい。

(1)		(2)	①		②	
(3)						

3 右の図は，水平面上で木片をおし出し，木片の運動のようすを，1秒ごとに発光するストロボスコープで撮影し，模式的に表したものである。次の問いに答えなさい。 9点×3(27点)

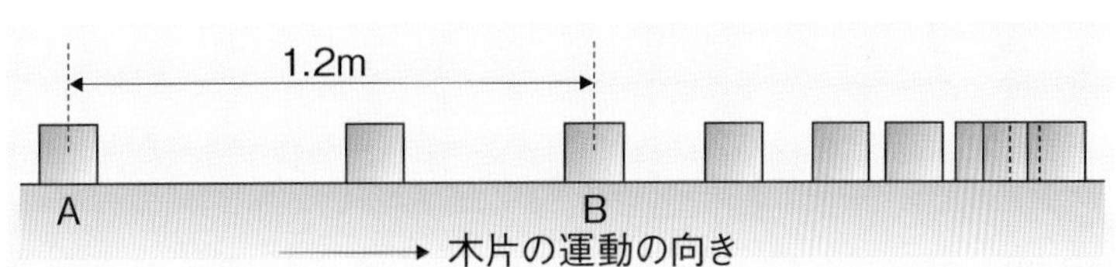

(1) AB間の平均の速さは何m/sか。

(2) 木片の運動について正しく述べたものを次のア～ウから選びなさい。

ア　だんだん速くなっていった。　**イ**　常に一定の速さで運動していた。

ウ　だんだんおそくなっていき，やがて止まった。

(3) 木片がこのように運動するのは，運動の向きと逆向きに力がはたらいたからである。運動の向きと逆向きの力とは何か。空気の抵抗以外で1つ答えなさい。

解答 p.19

第2章　力のはたらき方

（　　）にあてはまる語句を，下の語群から選んで答えよう。　同じ語句を何度使ってもかまいません。

1 力の合成と分解

教 p.148〜153

(1)　複数の力と同じはたらきをする１つの力を（①★　　　　　）といい，この力を求めることを★**力の合成**という。

(2)　２力が一直線上にあり，向きが同じ場合，合力の向きは２力の向きと同じ向きで，大きさは２力の大きさの（②　　　　　）となる。

(3)　２力が一直線上にあり，向きが逆の場合，合力の向きは力の大きい方の向きと同じ向きで，大きさは２力の大きさの（③　　　　　）となる。

(4)　２力が一直線上にない場合，合力の向きと大きさは２力を２辺とする**平行四辺形**の（④　　　　　）の向きと，長さで表される。

(5)　**１つの力を同じはたらきをする複数の力に分けること**を★**力の分解**といい，分けた力をもとの力の（⑤★　　　　　）という。

まるごと暗記
力の合成
複数の力を，同じはたらきをする１つの力に合わせ，その力を求めること。

まるごと暗記
力の分解
１つの力を同じはたらきをする複数の力に分けること。

2 慣性の法則，作用・反作用の法則

教 p.154〜157

(1)　力がはたらかないか，はたらいていても合力が０であれば，静止している物体は静止し続け，運動している物体は，そのままの速さで（①　　　　　）運動を続ける。これを（②★　　　　　）の法則といい，物体のもつこの性質を★**慣性**という。

(2)　１つの物体がほかの物体に力(**作用**)を加えたとき，同時に同じ大きさの逆向きの力(**反作用**)を受ける。これを（③★　　　　　）という。

まるごと暗記
作用・反作用の法則
ある物体がほかの物体に力を加えたとき，相手の物体から，一直線上にある同じ大きさ，逆向きの力を受けること。

ワンポイント
作用・反作用の２力は異なる物体に，つり合う２力は１つの物体にはたらく。

3 水中ではたらく力

教 p.158〜161

(1)　水中の物体にはたらく圧力を（①★　　　　　）という。**水圧**は，水にはたらく重力によって生じる。

(2)　水圧は，水面から深くなるほど，（②　　　　　）なる。

(3)　水圧は，あらゆる方向からはたらく。

(4)　水中の物体にはたらく上向きの力を（③★　　　　　）という。**浮力**は，物体の水中にある部分の（④　　　　　）が増すほど，大きくなる。また，浮力は水の深さには関係しない。

語群
1 合力／和／対角線／分力／差　2 慣性／等速直線／作用・反作用の法則
3 浮力／水圧／大きく／体積

★の用語は，説明できるようになろう！

同じ語句を何度使ってもかまいません。

□にあてはまる語句を，下の語群から選んで答えよう。

教 p.148〜151

2力が一直線上にあり，向きが同じとき

2力が一直線上にあり，向きが逆のとき

2力が一直線上にないとき

力A，力Bを2辺とする平行四辺形の③［　　］が合力となる。

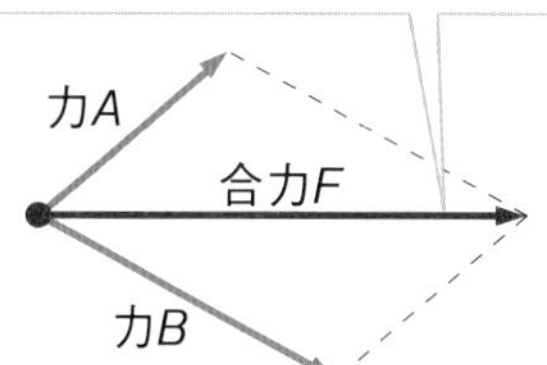

教 p.152

斜面上の物体にはたらく力の分解

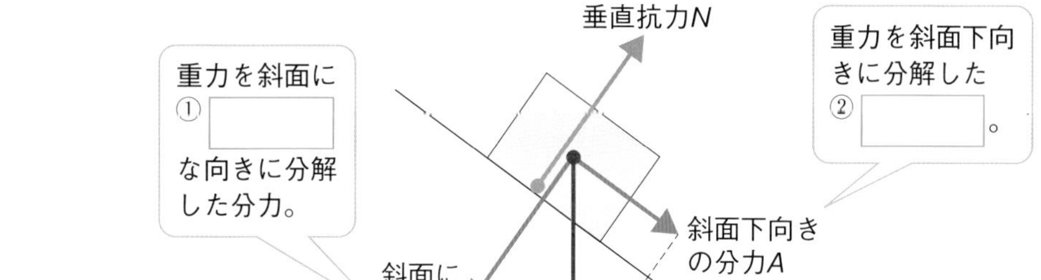

3 浮力の求め方

①は100gの物体にはたらく重力の大きさを1Nとして書こう。 教 p.159〜160

空気中の物体にはたらく重力　／　物体を水にしずめたとき

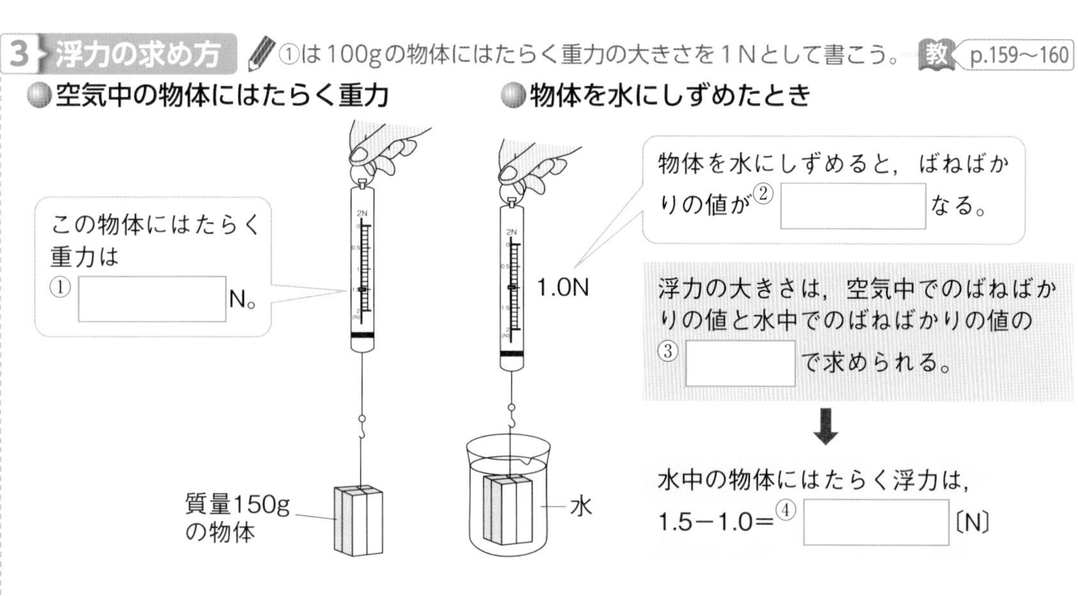

語群
1 a＋b／a－b／対角線　2 垂直／分力
3 0.5／1.5／小さく／差

わからない用語は，教科書の要点の★で確認しよう！

単元3

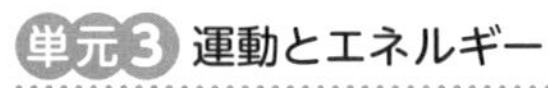

解答 p.19

定着のワーク ステージ2 第2章 力のはたらき方－①

作図 **1 力の合成** 次の図は，点Oにはたらいている２力を矢印で示したものである。図の①〜④の矢印で表した２力を合成し，その合力を矢印で示しなさい。

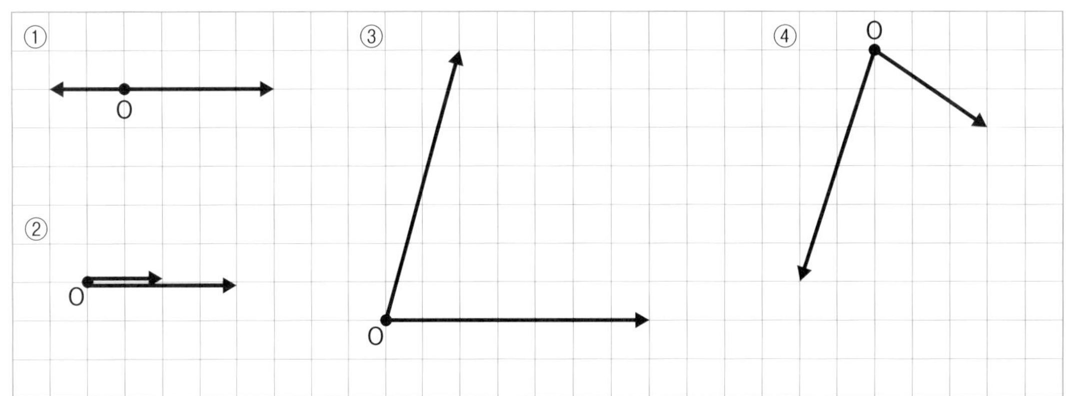

作図 **2 力の分解** 次の図の矢印で示した力を，２本の点線の向きに分解し，２つの分力を矢印で示しなさい。ヒント

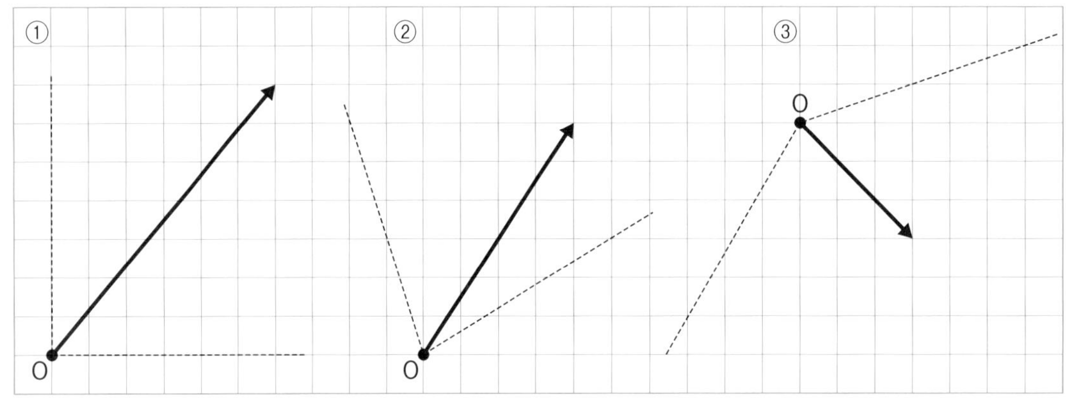

3 斜面上の物体にはたらく力 右の図は，斜面上の物体にはたらく重力と垂直抗力の関係を表したものである。これについて，次の問いに答えなさい。ヒント

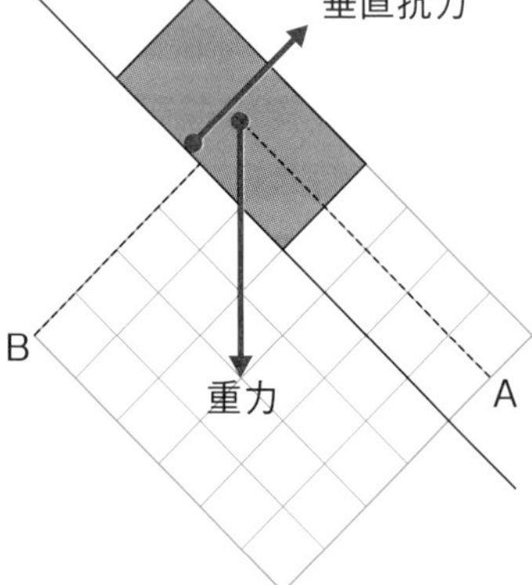

(1) 物体にはたらく重力を，斜面下向きの方向Aと，斜面に垂直な方向Bに分解し，それぞれの分力A，分力Bを矢印で示しなさい。

(2) 斜面の傾きを大きくすると，分力A，分力Bは，どうなるか。

❷矢印が対角線となる平行四辺形を作図する。
❸重力は，分力Aと分力Bを２辺とする平行四辺形の対角線になる。

4 作用・反作用の法則　右の図のように，Bのボートに乗っている人が，Aのボートをオールでおした。これについて，次の問いに答えなさい。

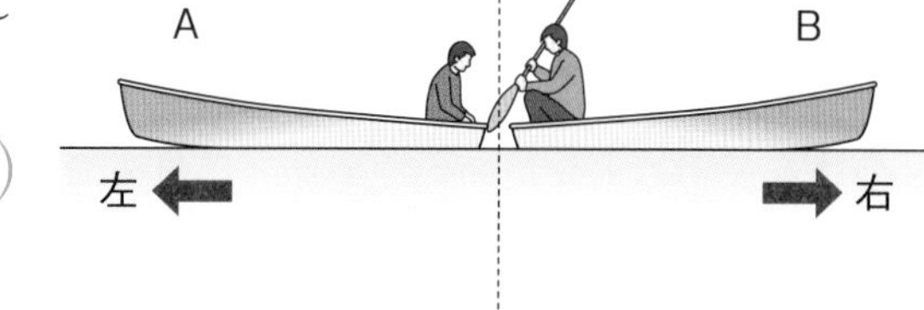

(1)　ボートはどのように動いたか。次のア～オから選びなさい。（　　　）

ア　Aのボートだけ左に動いた。
イ　Bのボートだけ右に動いた。
ウ　両方のボートが左に動いた。
エ　両方のボートが右に動いた。
オ　Aのボートは左に動き，Bのボートは右に動いた。

(2)　このように，1つの物体がほかの物体に力を加えたとき，必ず同時に，一直線上にある同じ大きさで逆向きの力を受ける。このことを何の法則というか。（　　　　　）

5 水圧　うすいゴム膜を張った透明なパイプを，右の図のA，Bのように水中にしずめたところ，ゴム膜はa～dのようにへこんだ。これについて，次の問いに答えなさい。

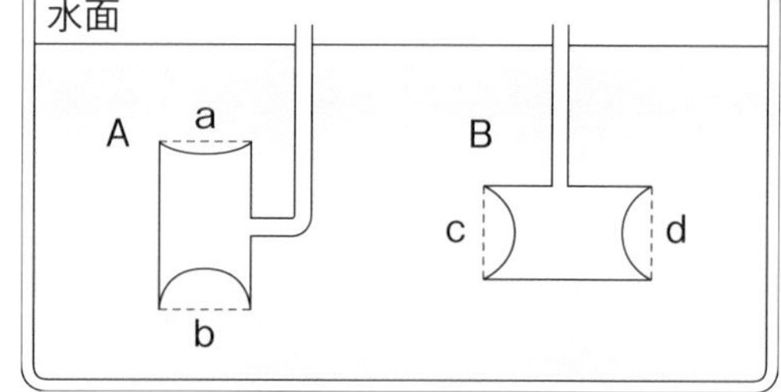

(1)　水圧は，水にはたらく何によって生じるか。（　　　　　）

(2)　図のAのa，bのようにゴム膜のへこみ方が異なるのは，水の深さが深いほど水圧がどうなるためか。ヒント（　　　　　）

(3)　図のA，Bのa～dのようにゴム膜がへこんだことから，水圧がどのような方向からはたらくことがわかるか。（　　　　　）

(4)　水中の物体にはたらく水圧を力の矢印で表したものとして適当なものを，右の図の㋐～㋒から選びなさい。ヒント（　　　）

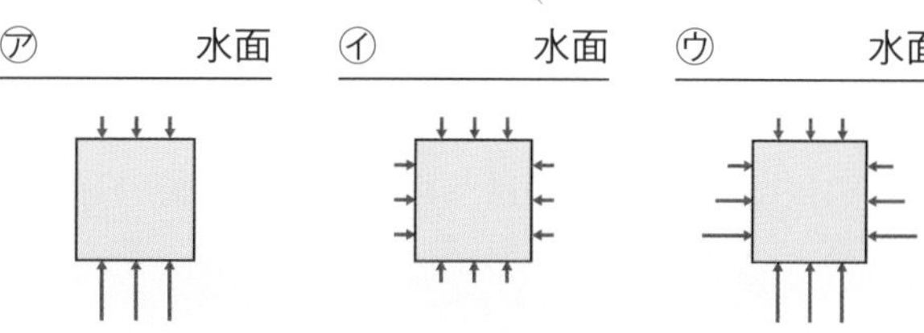

(5)　物体が水中に全て沈んでいるとき，浮力について適当なものを，次のア～ウから選びなさい。（　　　）

ア　水面に近いほど浮力は大きい。　　イ　底面に近いほど浮力は大きい。
ウ　深さには関係なく，一定である。

(6)　浮力を大きくしたいとき，水中にある物体の体積をどのようにすればよいか。（　　　　　）

5(2)bのゴム膜の方が大きくへこんでいる。
(4)矢印の向きと長さに着目する。

解答 p.20

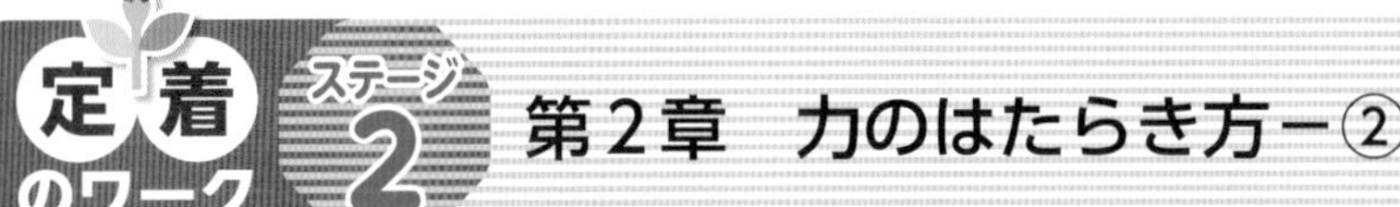

第2章　力のはたらき方－②

1 力の分解　下の図1，2は，傾きのちがう斜面上にある，同じ台車にはたらく重力の大きさを矢印で表したものである。これについて，次の問いに答えなさい。

作図

(1)　図1，2の台車にはたらく重力Wを，斜面下向きの方向Aと，斜面に垂直な方向Bに分解し，その分力A，分力Bを図に矢印で示しなさい。

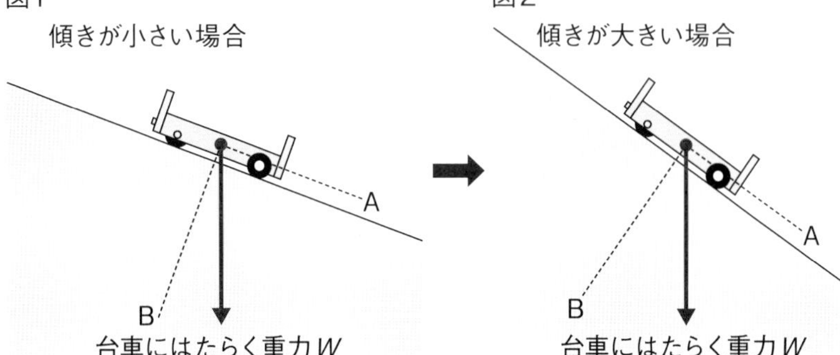

(2)　斜面の傾きを大きくすると，(1)で示した分力A，分力Bは，どのように変化するか。次のア～ウからそれぞれ選びなさい。ヒント　分力A(　　　)　分力B(　　　)

ア　大きくなる。　　イ　小さくなる。　　ウ　変わらない。

(3)　重力Wは，分力Aと分力Bを2辺とする平行四辺形の何となっているか。(　　　　　)

2 慣性の法則　右の図のように，一定の速さで走行している電車にAさんが乗っている。これについて，次の問いに答えなさい。

電車が進む方向→
Aさん

(1)　この電車がブレーキをかけたとき，Aさんのからだはどうなるか。次のア～ウから選びなさい。(　　　)

ア　電車の進行方向に傾く。

イ　電車の進行方向と逆向きに傾く。

ウ　どちらの向きにも傾かない。

(2)　(1)のようになるのは，物体がそれまでの運動の状態を続けようとするからである。物体がもつこのような性質を何というか。(　　　　　)

(3)　この電車が一度停止し，急に発進したとき，電車に乗っているAさんのからだはどうなるか。(1)のア～ウから選びなさい。(　　　)

(4)　電車が一定の速さで走行しているときに，Aさんが車内で真上に飛んだ場合，着地するのは，電車内のどの位置か。次のア～ウから選びなさい。ヒント　(　　　)

ア　飛ぶ前より後方の位置

イ　飛ぶ前より前方の位置

ウ　飛ぶ前と同じ位置

ヒントの森

1(2)斜面の傾きを大きくすると，斜面を下る台車の速さは速くなる。

2(4)飛んだ人も電車と同様に，電車の進行方向へ等速直線運動をしている。

3 水圧　右の図のように，あなをあけたペットボトルに水を入れ，あなから流れ出る水のようすを観察した。次の問いに答えなさい。

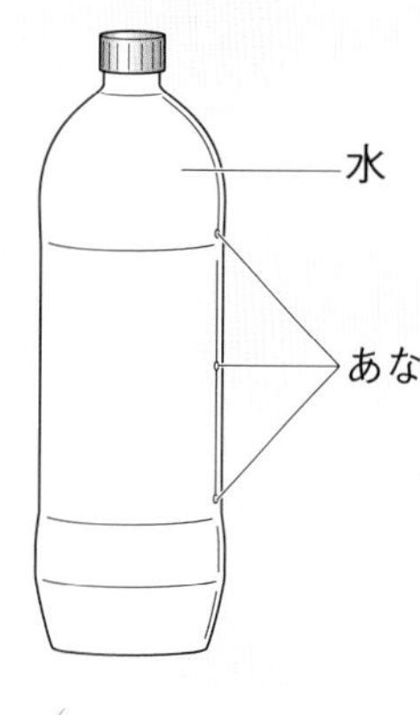

(1)　ペットボトルのあなから流れ出る水のようすとして適当なものを，次の㋐～㋒から選びなさい。ヒント　(　　　)

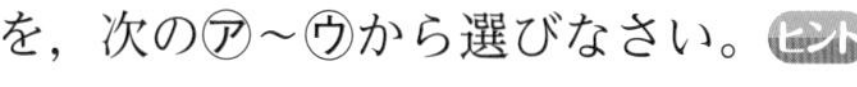

㋐
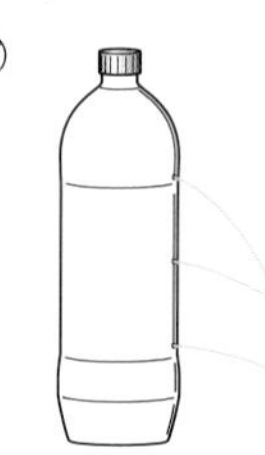

㋑
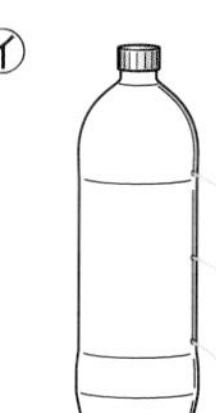

㋒

(2)　水の量が減ってきたとき，あなから流れ出る水の勢いはどうなるか。(　　　　　　)

(3)　次の水圧の説明について正しいものには○，まちがっているものには×をつけなさい。

①(　　　)　水圧は物体の左右の方向だけからはたらく。

②(　　　)　水圧はあらゆる方向からはたらく。

③(　　　)　水の深さが浅い場所ほど，水圧は小さい。

④(　　　)　水圧の大きさは，水の深さに関係しない。

4 浮力　右の図1は，いろいろな物体を水に入れたときのようすを示したものである。図2は，水中の物体にはたらく水圧のようすを力の矢印で表したものである。これについて，次の問いに答えなさい。

図1

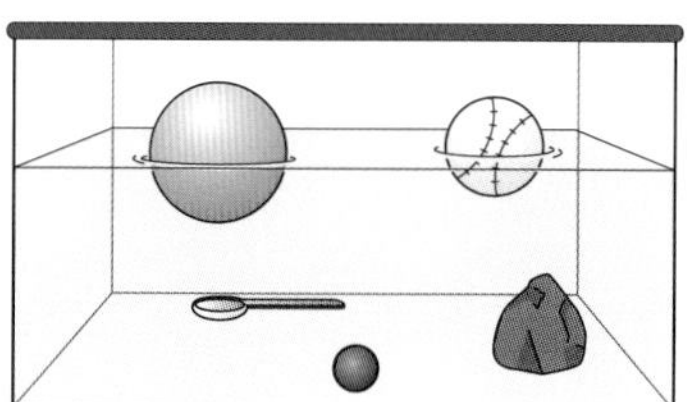

図2

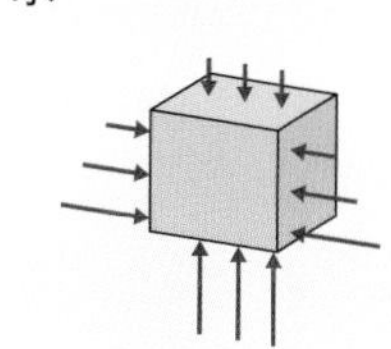

(1)　図1で，水中の物体が水にしずむ条件として適当なものを，次のア～エから選びなさい。(　　　)

ア　物体にはたらく重力よりも，浮力が大きければ水にしずむ。

イ　物体にはたらく浮力よりも，重力が大きければ水にしずむ。

ウ　物体にはたらく重力や浮力に関係せず，質量が大きければ水にしずむ。

エ　物体にはたらく重力や浮力に関係せず，質量が小さければ水にしずむ。

(2)　図1で，水にうかんでいる物体にはたらく重力と浮力の大きさの関係について正しく示したものを，次のア～ウから選びなさい。(　　　)

ア　重力の大きさ>浮力の大きさ　　イ　重力の大きさ<浮力の大きさ

ウ　重力の大きさ＝浮力の大きさ

(3)　次の文は，図2の水中の物体に浮力が生じる理由について述べたものである。(　)にあてはまる言葉を答えなさい。ヒント　①(　　　　　)　②(　　　　　)

図2の物体の下面にはたらく水圧は，上面にはたらく水圧よりも(①)。このため，水中にある物体には(②)向きの力がはたらく。この力が浮力である。

3(1)水圧が大きいほど，水は勢いよく流れ出る。

4(3)浮力は上面と底面にはたらく水圧の差によって物体にはたらく。

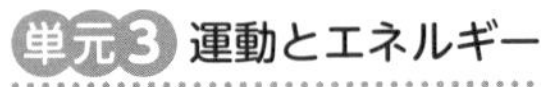

解答 p.21

第2章　力のはたらき方

30分　/100

1（レベルUP）５Nのおもりに２本のひもとばねばかりをつけ，右の図のようにして持ち上げたところ，ばねばかりは同じ値を示した。これについて，次の問いに答えなさい。　6点×2(12点)

(1)　２本のひもが引く力の合力は何Nか。

(2)　ばねばかりが示した値は何Nか。

(1)		(2)	

2（よく出る）右の図のように，斜面上の台車をばねばかりにつなぎ，台車を静止させた。これについて，次の問いに答えなさい。　3点×4(12点)

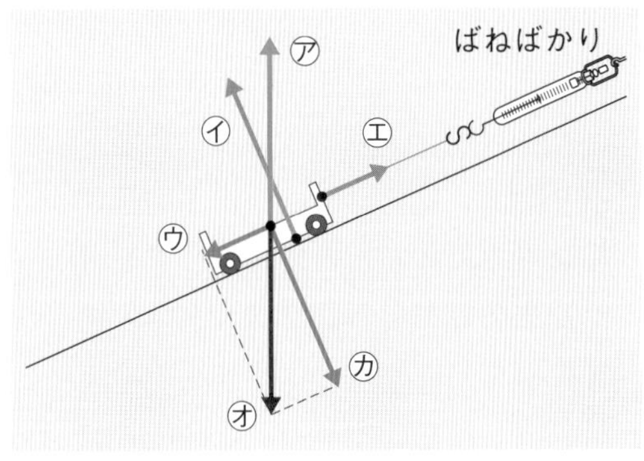

(1)　次の①〜③の力を表している矢印を，図のア〜カからそれぞれ選びなさい。

①　台車にはたらく重力

②　台車にはたらく重力の斜面下向きの分力

③　台車にはたらく重力の斜面に垂直な分力

(2)　台車にはたらく重力の斜面下向きの分力とつり合っている力を，ア〜カから選びなさい。

(1) ①		②		③		(2)	

3（よく出る）電車が動き始めたとき，乗っている人は進行方向と反対の向きに倒れそうになった。次の問いに答えなさい。　4点×4(16点)

(1)　電車に乗っている人が倒れそうになったのはなぜか。その理由を書いた次の文の(　)にあてはまる言葉を答えなさい。

(　①　)の法則により，からだが(　②　)し続けようとしたから。

(2)　この現象と同じ法則によるものを，次のア〜エから選びなさい。

ア　手で木の板を水中におしこむと，おし返された。

イ　サッカーボールを坂道に置くと，転がり始めた。

ウ　ボートに乗ってオールで岸をおすと，ボートが動きだした。

エ　机の上の紙の上に硬貨を置き，すばやく紙を引くと，硬貨は机の上に残った。

(3)　(2)で選んだ物体がもつ性質は，全ての物体に備わっている。この性質を何というか。

(1) ①		②		(2)		(3)	

4 右の図は，ローラースケートをはいているAさんとBさんが向かい合い，BさんがAさんをおすところである。これについて，次の問いに答えなさい。 6点×5(30点)

(1) Aさんは，どのようになるか。次のア～ウから選びなさい。
ア　左に動く。　イ　右に動く。　ウ　動かない。

(2) Bさんは，どのようになるか。(1)のア～ウから選びなさい。

(3) (2)のようになるのはなぜか。その理由を書いた次の文の(　)にあてはまる言葉を答えなさい。

BさんがAさんに力を加えると，Bさんは必ず同時にAさんから，一直線上にあり，(①)大きさで(②)向きの力を受けるから。

(4) (3)のような法則を何というか。

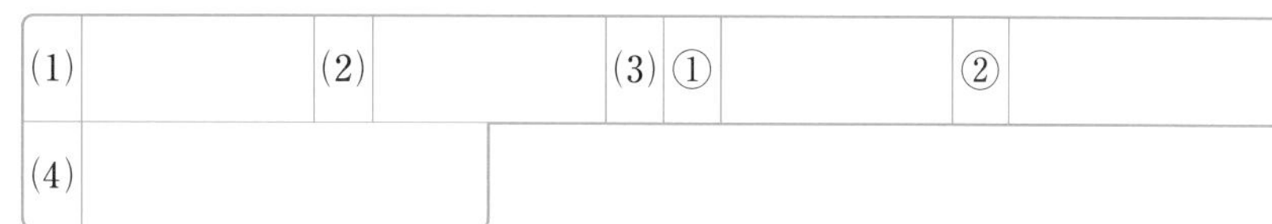

単元3

5 水中の物体にはたらく力について調べるため，次のような手順で実験を行った。これについて，あとの問いに答えなさい。 6点×5(30点)

手順1　図1のように異なる金属でできた体積が等しい物体㋐，㋑と，㋑と同じ金属でできていて体積が2倍の物体㋒を用意した。

手順2　物体㋐～㋒に細い糸をつけ，図2，3のように，空気中と水中で，それぞれの重さをばねばかりで測定し，その結果を表にまとめた。

物体	㋐	㋑	㋒
空気中での重さ〔N〕	8.5	2.9	5.8
水中での重さ　〔N〕	7.4	1.8	3.6

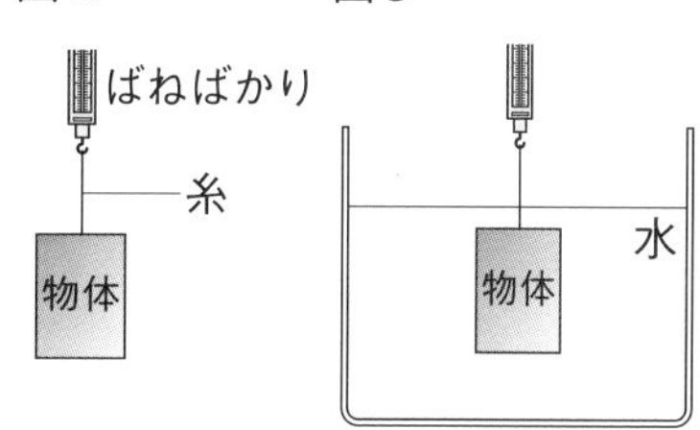

(1) 実験で，水中にある物体㋐～㋒にはたらく浮力の大きさはそれぞれ何Nか。

(2) 実験の結果から，水中の物体の体積と浮力の大きさにはどのような関係があることがわかるか。簡単に答えなさい。

(3) 図3のように，物体㋒を完全に水中に入れた状態から，物体をつるしている糸を切った。このとき，物体㋒はどうなるか。次のア～ウから選びなさい。
ア　水面にうき上がる。　イ　その位置にとどまる。　ウ　底にしずむ。

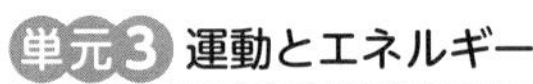

解答 p.22

第3章　エネルギーと仕事

教科書の要点

（　）にあてはまる語句を，下の語群から選んで答えよう。　同じ語句を何度使ってもかまいません。

1 さまざまなエネルギーと力学的エネルギー

教 p.164〜169

(1) 運動している物体がもっているエネルギーを（①★　　　　）という。物体の速さ，質量がそれぞれ大きいほど，大きさは大きくなる。

(2) 高い位置にある物体がもっているエネルギーを（②★　　　　）という。物体の位置(高さ)，質量がそれぞれ大きいほど，大きさは大きくなる。

(3) 位置エネルギーと運動エネルギーを合わせた総量を（③★　　　　）という。

(4) 外部からのはたらきかけがなければ物体のもつ力学的(りきがくてき)エネルギーの総量が一定に保たれることを（④★　　　　）という。

2 仕事(しごと)と力学的エネルギー

教 p.170〜179

(1) ★仕事の単位には（①　　　　）(記号 J)が使われ，仕事の大きさは，物体に加えた力と力の向きに移動させた距離との（②　　　　）で表される。

仕事〔J〕＝物体に加えた力〔N〕×力の向きに移動させた距離〔m〕

(2) 単位時間あたりにする仕事を（③★　　　　）といい，単位は（④　　　　）(記号 W)を使う。
└電力の単位と同じ。

$$\text{仕事率(しごとりつ)〔W〕}=\frac{\text{仕事〔J〕}}{\text{時間〔s〕}}$$

(3) 同じ状態になるまでの仕事の大きさは，道具を使うなど，仕事の方法を変えても同じである。これを（⑤★　　　　）という。

3 エネルギーの変換と保存

教 p.180〜183

(1) 物体の高温の部分から低温の部分へ熱が伝わる現象を伝導(でんどう)という。

(2) 液体などで物質が移動して全体に熱が伝わる現象を対流(たいりゅう)という。

(3) 熱源から空間をへだててはなれたところまで熱が伝わる現象を（①　　　　）という。

(4) エネルギーの変換の前後で，エネルギーの総量が変わらないことを，（②★　　　　）という。

まるごと暗記
- **運動エネルギー**
⇨運動している物体がもつエネルギー
- **位置エネルギー**
⇨高い位置にある物体がもつエネルギー

ワンポイント
仕事の大きさが0
- 移動しないとき
- 加えた力と移動の向きが垂直なとき

プラスα
エネルギー
- 力学的エネルギー
- 化学エネルギー
- 光エネルギー
- 電気エネルギー
- 核エネルギー
- 熱エネルギー

などがあり，別のエネルギーに**変換**して利用される。

まるごと暗記
熱の伝わり方
- 伝導
- 対流
- 放射(ほうしゃ)

語群
①力学的エネルギー／力学的エネルギーの保存／位置エネルギー／運動エネルギー
②ジュール／仕事率／ワット／仕事の原理／積　③エネルギーの保存／放射

★の用語は，説明できるようになろう！

同じ語句を何度使ってもかまいません。

□にあてはまる語句を，下の語群から選んで答えよう。

1 力学的エネルギーの保存

教 p.169

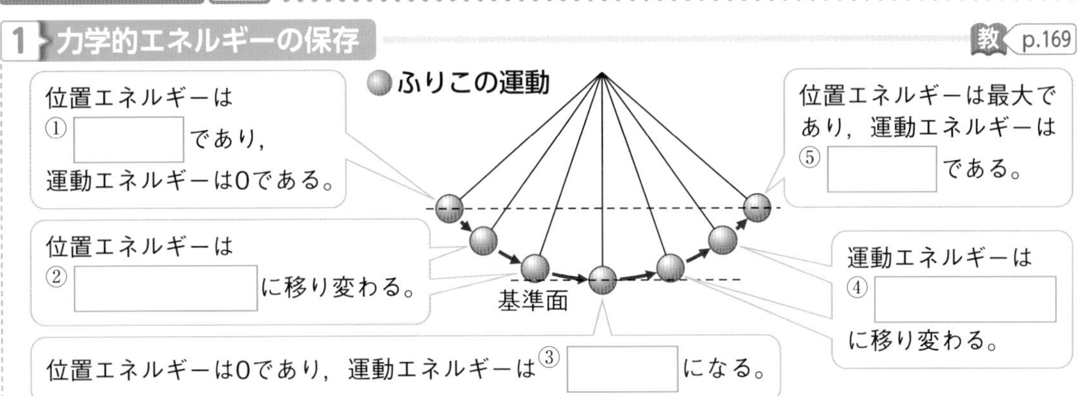

2 仕事の原理

教 p.170～179

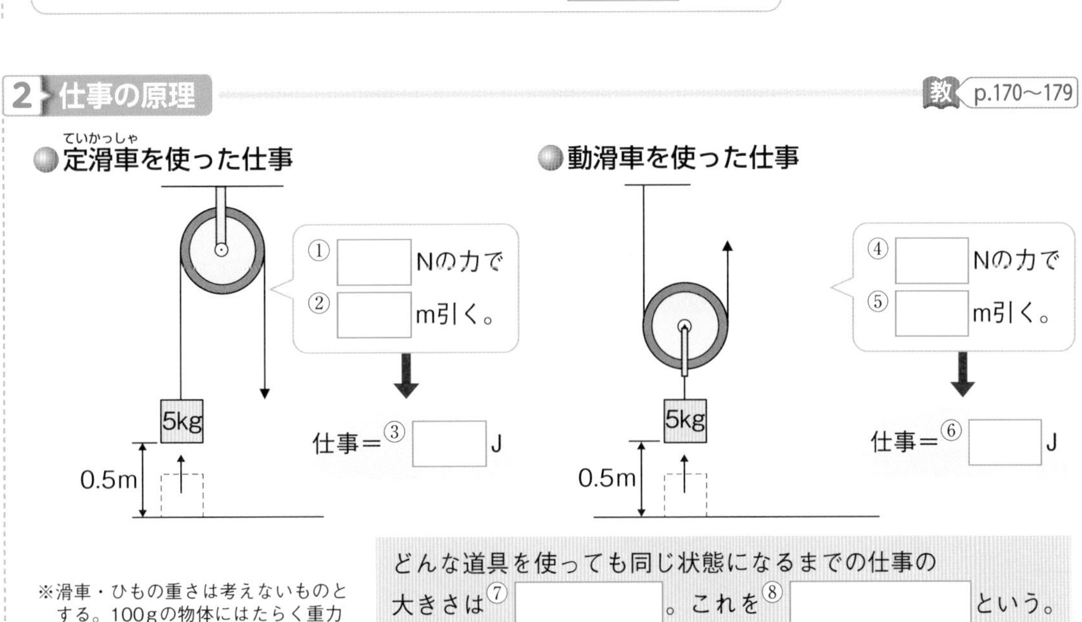

※滑車・ひもの重さは考えないものとする。100gの物体にはたらく重力の大きさを1Nとする。

どんな道具を使っても同じ状態になるまでの仕事の大きさは⑦□。これを⑧□という。

3 エネルギーの移り変わり

教 p.180

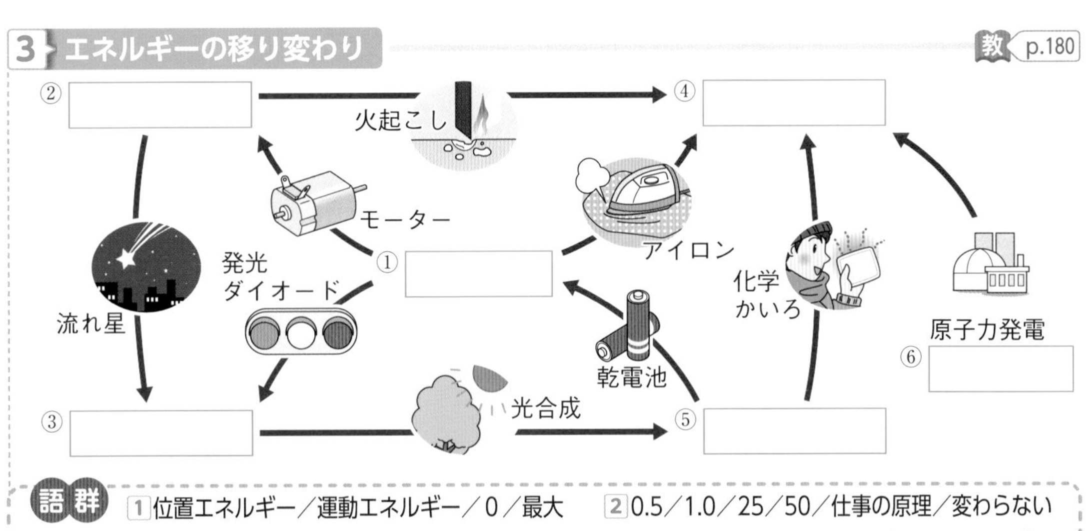

語群
1 位置エネルギー／運動エネルギー／0／最大　2 0.5／1.0／25／50／仕事の原理／変わらない
3 熱エネルギー／電気エネルギー／力学的エネルギー／化学エネルギー／光エネルギー／核エネルギー

わからない用語は，教科書の要点の★で確認しよう！

単元3

解答 p.22

第3章 エネルギーと仕事－①

1 物体のもつエネルギー 10個のペットボトルのキャップに1～10の番号をつけて下の図のように並べ，キャップを置く位置に円をかいて，粘土を少し入れたキャップ(質量小)をはじいて1のキャップに当て，はじいたキャップの速さと動いたキャップの数を記録した。はじく強さを変えて同様の操作をくり返し，さらに，はじくキャップを粘土をいっぱいまで入れたもの(質量大)に変え，同様の実験を行った。下の表は，そのときの結果である。あとの問いに答えなさい。ただし，動いたキャップは，円から少しでも出た場合，1個と数え，キャップはいつも同じ方向から同じ場所に当てたものとする。

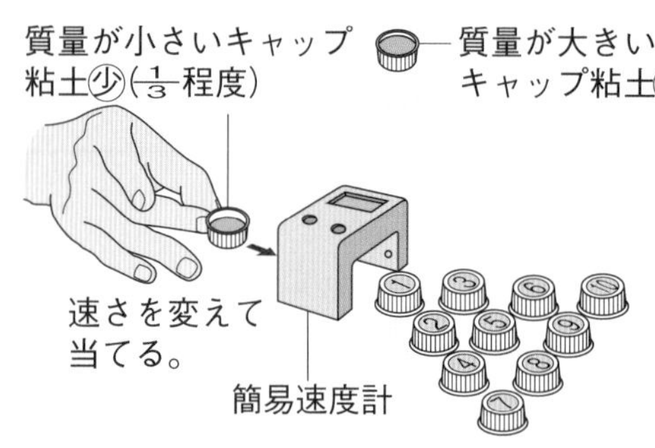

回数	質量小		質量大	
	キャップの速さ〔m/s〕	動いた個数	キャップの速さ〔m/s〕	動いた個数
1	1.1	2	0.8	3
2	0.7	1	1.1	6
3	2.3	5	0.5	1
4	1.8	4	1.7	10
5	0.9	2	1.3	8
6	1.3	3	1.2	7

(1) はじいたキャップの速さが速いほど，動いたキャップの個数はどうなるか。
（　　　）

(2) はじいたキャップの質量が大きいほど，動いたキャップの個数はどうなるか。
（　　　）

(3) はじいたキャップのように，運動している物体がもつエネルギーを何というか。
（　　　）

(4) この実験から，(3)のエネルギーについて，どのようなことがわかるか。次のア～エから選びなさい。ヒント（　　　）

ア 速さが速いほど大きくなるが，質量が大きくなっても変化しない。
イ 速さが速くなっても変化しないが，質量が大きいほど大きくなる。
ウ 速さが速いほど大きくなり，質量が大きいほど大きくなる。
エ 速さが速くなったり，質量が大きくなったりしても変化しない。

(5) 運動している物体と同様に，高い位置にある物体もエネルギーをもっているため，高い位置にある物体が落下することにより，ほかの物体を動かすことができる。このように，高い位置にある物体がもつエネルギーを何というか。（　　　）

(6) (5)のエネルギーについて説明した次の文の(　)にあてはまる言葉を答えなさい。
①（　　　）②（　　　）

物体の位置が(①)ほど，質量が(②)ほど，大きくなる。

1(4)この実験では，はじいたキャップの速さが速いほど，動いたキャップの数が多い。また，はじいたキャップの質量が大きいほど，動いたキャップの数が多い。

2 ふりこの運動　右の写真は，ふりこの運動をストロボスコープを使って撮影したストロボ写真である。次の問いに答えなさい。

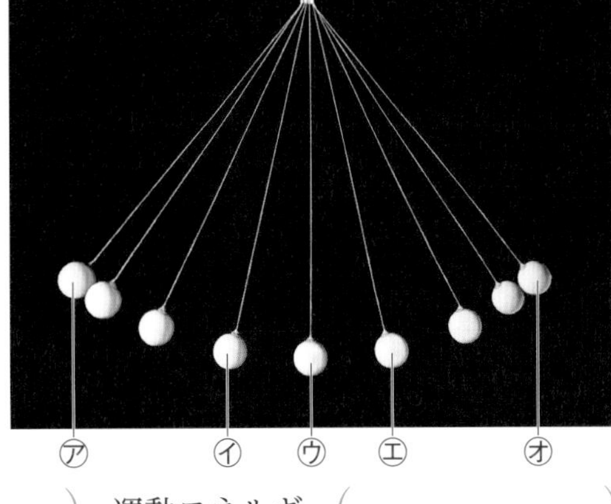

(1)　位置エネルギーが最大になっているのはどこか。図の㋐～㋔からすべて選びなさい。（　　　　）

(2)　運動エネルギーが最大になっているのはどこか。図の㋐～㋔からすべて選びなさい。ヒント（　　　　）

(3)　おもりが㋐から㋒へ移動するとき，おもりのもつ位置エネルギーと運動エネルギーの大きさは，それぞれどうなるか。

位置エネルギー（　　　　）　運動エネルギー（　　　　）

(4)　位置エネルギーと運動エネルギーを合わせた総量を何というか。（　　　　）

(5)　ふりこの運動についての説明として最も適当なものを，次のア～エから選びなさい。ただし，摩擦力や空気抵抗はないものとする。（　　）

ア　位置エネルギーと運動エネルギーの和が，常に一定に保たれている。

イ　位置エネルギーと運動エネルギーの差が，常に一定に保たれている。

ウ　位置エネルギーと運動エネルギーの積が，常に一定に保たれている。

エ　位置エネルギーと運動エネルギーのそれぞれの大きさが，常に一定に保たれている。

(6)　ふりこの運動などで，位置エネルギーと運動エネルギーが(5)のようになることを何というか。（　　　　）

3 仕事　右の図は，ロープを使って物体を引き上げるようすである。次の問いに答えなさい。

㋐ Aさん 1.5m 4kg　㋑ Bさん 3m 4kg　㋒ Cさん 3m 8kg

(1)　仕事の大きさを求めるには，物体に加えた力と何の積を計算すればよいか。（　　　　）

(2)　図の㋐～㋒の中で，最も仕事の大きさが大きいのはどれか。ヒント（　　）

4 熱の伝わり方　次の熱の伝わり方は，伝導，対流，放射のどれにあてはまるか。それぞれ答えなさい。

(1)　お湯を沸(わ)かすときの水の移動によるあたたまり方（　　　　）

(2)　鉄板焼きをするときの鉄板のあたたまり方（　　　　）

(3)　太陽の光が地面をあたためるときのあたたまり方（　　　　）

ヒントの森

❷(2)位置エネルギーが最小のとき運動エネルギーは最大になる。

❸(2)仕事の大きさは，㋐が60J，㋑が120J，㋒が240J。

解答 p.22

定着のワーク ステージ2 第3章 エネルギーと仕事－②

1 教 p.173 実験5 **物体のもつエネルギー** 次の実験を行い，小球のもつエネルギーについて調べた。あとの問いに答えなさい。ヒント

〈実験1〉同じ小球をいろいろな高さから転がして木片に当て，木片が動いた距離を調べ，グラフ1にまとめた。

〈実験2〉質量の異なる小球を同じ高さから転がして木片に当て，木片が動いた距離を調べ，グラフ2にまとめた。

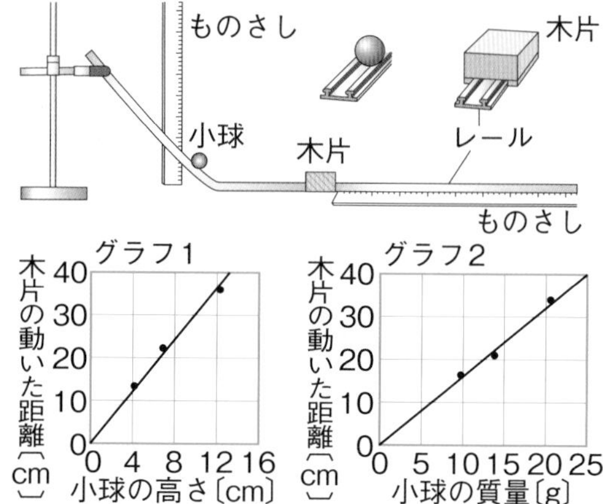

(1) グラフ1から，小球の高さと木片の動いた距離の関係について正しく述べている文を，次のア～ウから選びなさい。 (　　　)

ア 小球の高さが高いほど，木片の動いた距離は小さい。

イ 小球の高さに関係なく，木片の動いた距離は一定である。

ウ 小球の高さが高いほど，木片の動いた距離は大きい。

(2) グラフ2から，小球の質量と木片の動いた距離の関係について正しく述べている文を，次のア～ウから選びなさい。 (　　　)

ア 小球の質量が小さいほど，木片の動いた距離は大きい。

イ 小球の質量に関係なく，木片の動いた距離は一定である。

ウ 小球の質量が大きいほど，木片の動いた距離は大きい。

(3) 次の文の(　)にあてはまる言葉を答えなさい。ただし，(　)には同じ言葉が入る。 (　　　　　)

この実験で，木片の移動距離が大きいほど木片に対してした(　　)が大きいことがわかる。小球が衝突前にもっていた運動エネルギーは，初めにもっていた位置エネルギーが変換されたものである。力学的エネルギーの大きさは(　　)の大きさではかることができる。

2 **てこを使った仕事** 右の図のようにAさんはてこに20Nの力を加え，4kgの物体を20cm持ち上げた。100gの物体にはたらく重力の大きさを1N，てこの重さは考えないものとして，次の問いに答えなさい。

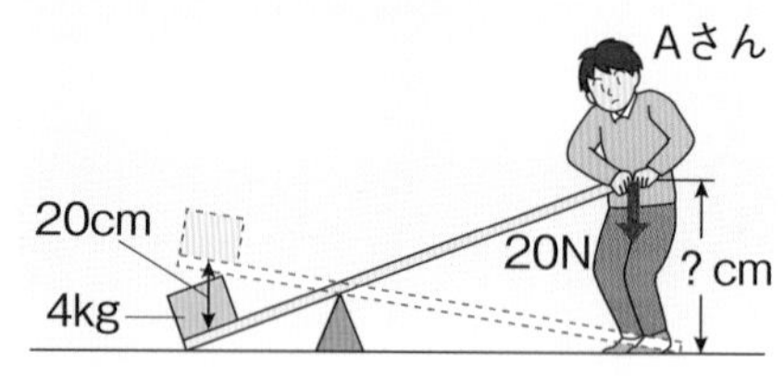

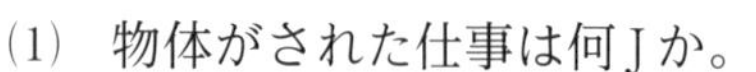

(1) 物体がされた仕事は何Jか。 (　　　　　)

(2) (1)のとき，Aさんはてこの端を何cm下げたか。 (　　　　　)

(3) Aさんがこの仕事を4秒かかってしたときの仕事率は何Wか。ヒント (　　　　　)

❶小球の高さが高いほど，小球の質量が大きいほど木片の動いた距離が大きいので，木片にした仕事が大きいとわかる。 ❷(3)仕事率は，1秒間あたりにした仕事の大きさである。

3 教 p.177 実験6 **仕事の原理** 右の図の①，②のようにして，400gの物体を2m持ち上げた。次の問いに答えなさい。ただし，質量100gの物体にはたらく重力の大きさを1Nとし，滑車やひもの重さは考えなくてよいものとする。

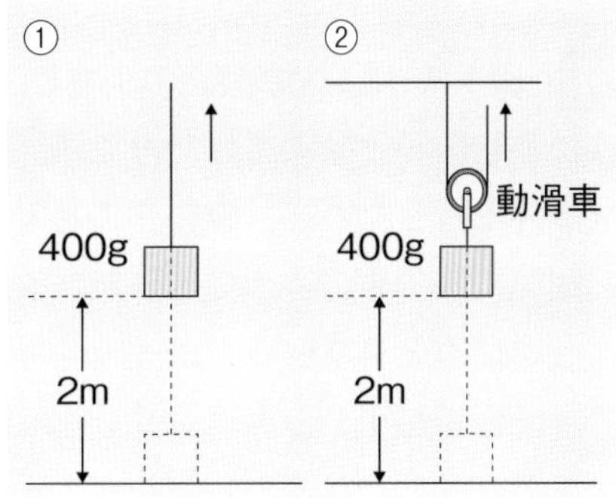

(1) このとき，ひもを引く力は，それぞれ何Nか。
①(　　　　) ②(　　　　)

(2) このとき物体にした仕事は，それぞれ何Jか。
①(　　　　) ②(　　　　)

(3) ①のように道具を使わなかったときと，②のように道具を使ったときの仕事の大きさが(2)のような結果となることを何というか。(　　　　)

4 **エネルギーの移り変わり** 右の図は，エネルギーがいろいろな形で移り変わるようすを表している。次の①～⑤は，図の㋐～㋘のどれにあてはまるか。

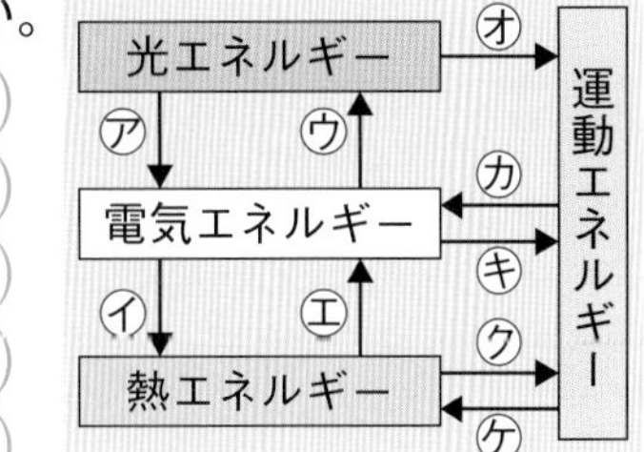

① アイロン (　　)
② 太陽電池 (　　)
③ モーター (　　)
④ 火起こし (　　)
⑤ 手回し発電機 (　　)

5 **エネルギーの変換効率** エネルギーの変換効率について調べるために，次の実験を行った。これについて，あとの問いに答えなさい。ただし，100gの物体にはたらく重力の大きさを1Nとする。

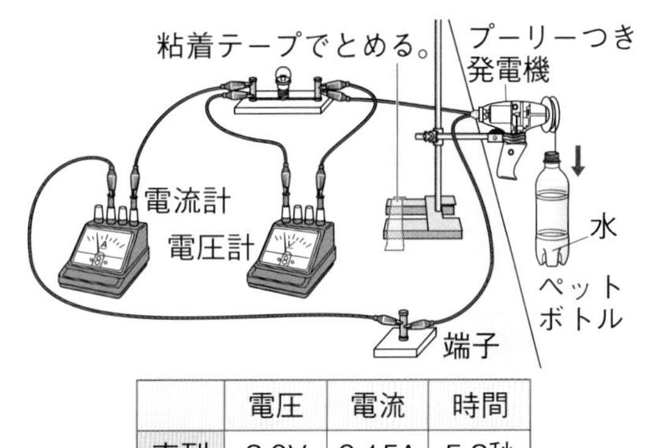

	電圧	電流	時間
直列	2.0V	0.15A	5.2秒

〈実験〉右の図のような装置をつくり，水を入れて500gにしたペットボトルを1.0mの高さまで巻き上げてから落下させ，そのときの電流，電圧，落下時間を測定した。これを5回くり返し，それぞれの平均値を求めて，右の表にまとめた。

(1) 重力がした仕事は何Jか。(　　　　)

(2) 発電した電気エネルギーは何Jか。(　　　　)

(3) 発電の効率(重力がした仕事に対して，発電した電気エネルギーの割合)は何%か。小数第1位を四捨五入して求めなさい。ヒント (　　　　)

(4) (3)のような結果になるのは，位置エネルギーが電気エネルギーに移り変わる過程で，摩擦などによって，電気エネルギー以外のエネルギーに変換されるためである。何というエネルギーに変換されるか。2つ答えなさい。(　　　　)(　　　　)

5(3)発電の効率〔%〕$= \dfrac{\text{発電した電気エネルギー〔J〕}}{\text{重力がした仕事〔J〕}} \times 100$

単元3

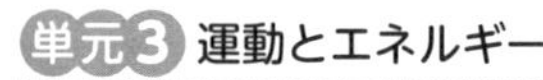

解答 p.23

第3章 エネルギーと仕事

30分 /100

1 図1のような摩擦力の小さい斜面PQ上で小球Aを静かにはなし，水平面上に静止している物体Bと衝突させたところ，物体Bは移動して停止した。この実験を，小球Aの高さを変えて行ったとき，物体Bの移動距離は，右の表のようになった。次の問いに答えなさい。 5点×4(20点)

図1 P 小球A 高さ 物体B Q 物体Bの移動距離

小球Aの最初の高さ〔cm〕	2.0	4.0	6.0	8.0	10.0
物体Bの移動距離〔cm〕	6.9	15.0	19.8	25.0	33.3

作図 (1) 表の結果をもとにして，小球Aの高さと物体Bの移動距離の関係を表すグラフを図2にかきなさい。

(2) 物体Bを30cm移動させるためには，小球Aを何cmの高さではなして衝突させればよいか。整数で答えなさい。

(3) 高いところに静止している小球Aがもつエネルギーを何というか。

(4) 物体Bに衝突したときに小球Aがもつエネルギーを何というか。

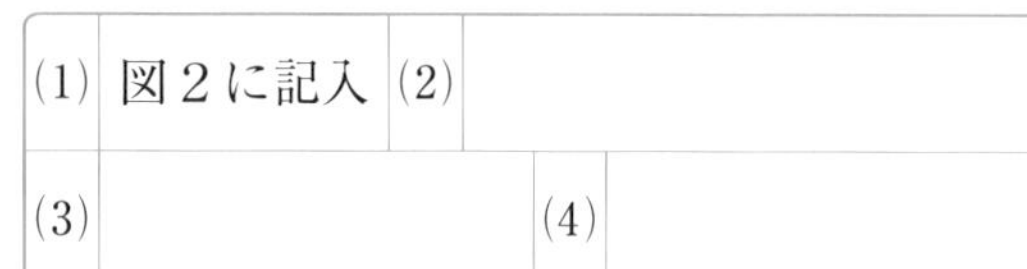

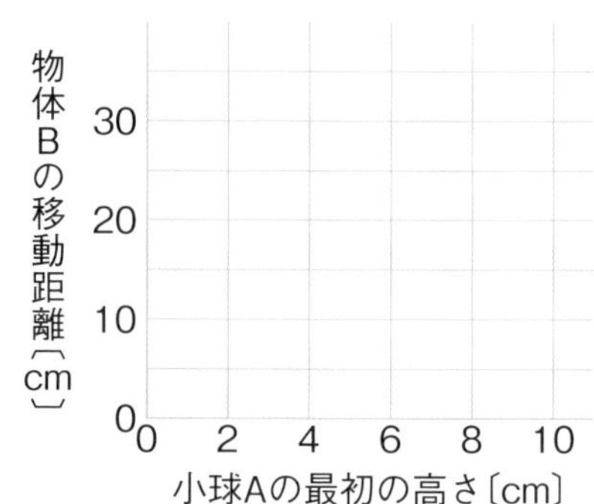

2 右の図のA点からジェットコースターが出発し，B点からE点を通ってF点に達した。次の問いに答えなさい。ただし，摩擦は考えないものとし，B点，C点，E点，F点は同じ高さであるものとする。 5点×4(20点)

A B C D E F

(1) 位置エネルギーが最大である点は，A～Fのどこか。

(2) 運動エネルギーが最大である点は，A～Fのどこか。すべて答えなさい。

(3) ジェットコースターがしだいに速くなり，運動エネルギーが大きくなる区間はどこか。次のア～オからすべて選びなさい。

ア AB間　イ BC間　ウ CD間　エ DE間　オ EF間

(4) ジェットコースターがしだいにおそくなる区間はどこか。次のア～オから選びなさい。

ア AB間　イ BC間　ウ CD間　エ DE間　オ EF間

よく出る **3** 右の図１のように，500gの荷物を直接手で１m引き上げた。次に，図２のような輪軸を使って500gの荷物を１m引き上げた。さらに，図３のような斜面を使って500gの荷物を５秒間で２m引き，１m高い位置まで引き上げた。これについて，次の問いに答えなさい。ただし，質量100gの物体にはたらく力の大きさを１Nとし，摩擦力は考えなくてよいものとする。

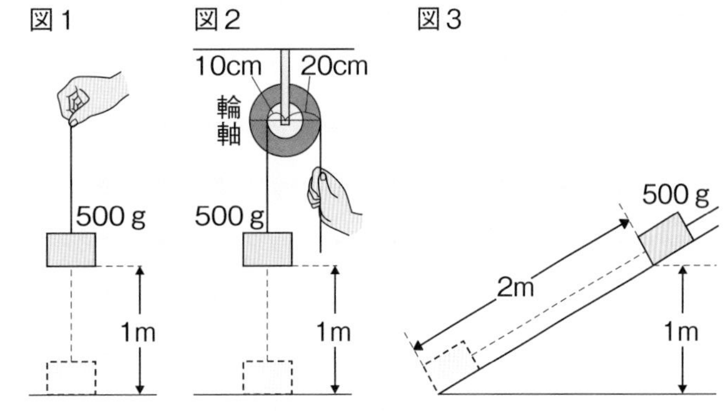

6点×４（24点）

(1) 図１で，荷物に対してした仕事は何Ｊか。

(2) 図２で，手がひもを引いた力は2.5Nであった。手がひもを引いた長さは何mか。

(3) 図３で，手がひもを引いた力は何Ｎか。

(4) 図３で，荷物に対してした仕事の仕事率は何Wか。

(1)		(2)		(3)		(4)	

4 エネルギーの移り変わりと保存について，次の問いに答えなさい。 6点×6（36点）

(1) 図１は，光電池とモーターを使っておもりを引き上げるようすを表している。エネルギーはどのように移り変わっているか。次の図の（　）にあてはまる言葉をそれぞれ答えなさい。

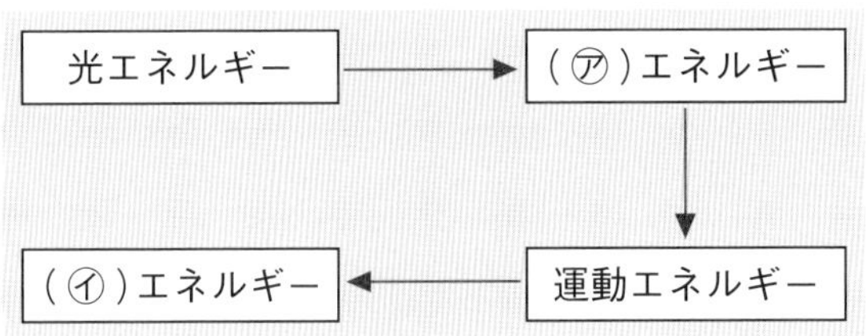

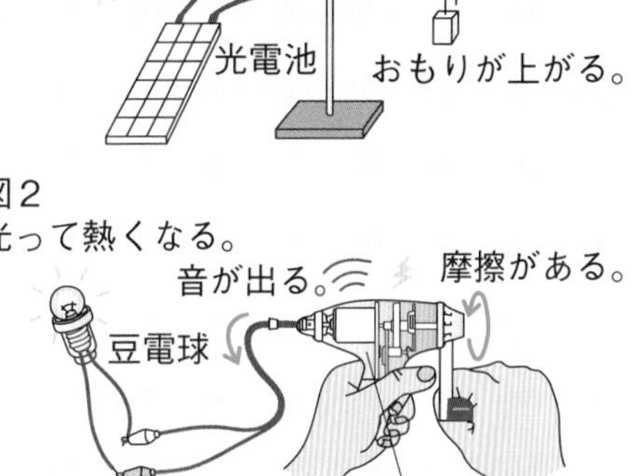

(2) 図２は，手回し発電機を使って，豆電球を光らせているようすである。このとき，起こっているエネルギーの移り変わりについて，次の図の（　）にあてはまる言葉をそれぞれ答えなさい。

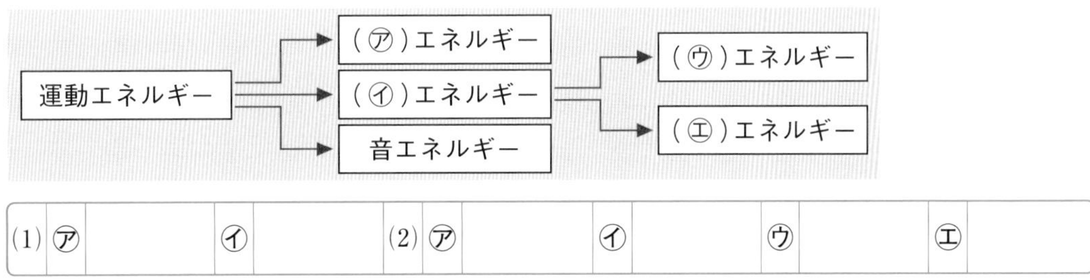

(1)	㋐		㋑		(2)	㋐		㋑		㋒		㋓	

単元3

単元3 運動とエネルギー

解答 p.24

/100

1 物体にはたらく力と運動について調べるため，次の操作で実験を行った。これについて，あとの問いに答えなさい。ただし，摩擦力や空気抵抗はないものとする。 7点×4(28点)

〈操作1〉図1のように，台車をなめらかな水平面に置き，記録テープを1秒間に60回打点する記録タイマーに通し，台車にとりつけた。

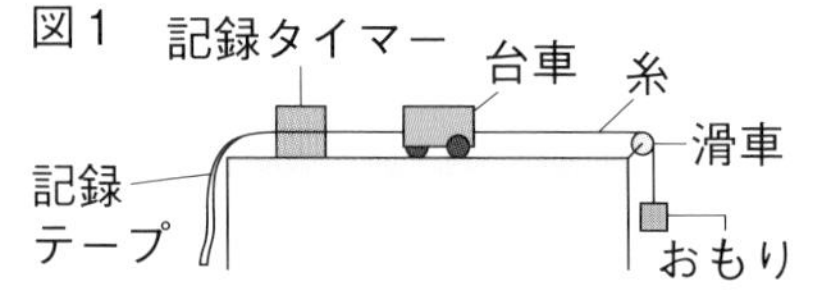

〈操作2〉おもりのついた糸を滑車に通し，台車にとりつけた。

〈操作3〉記録タイマーにスイッチを入れると同時に静かに台車から手をはなし，その後の台車の運動を記録テープに記録した。

〈操作4〉記録テープを0.1秒ごとに切りはなし，図2のように，左から順に台紙にはった(打点は省略してある)。

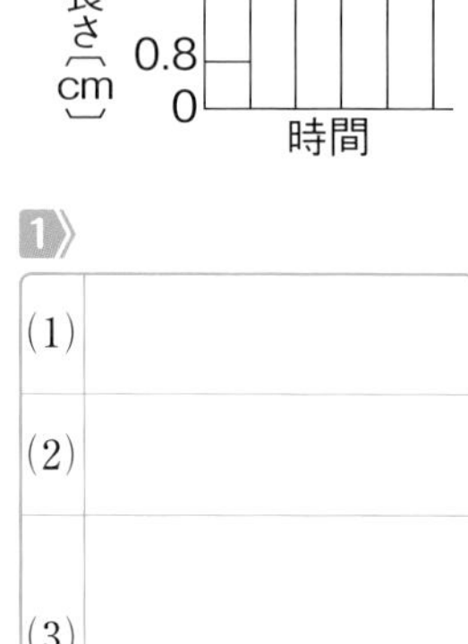

(1) 記録テープは，何打点ごとに切りはなせばよいか。

(2) 台車が動き始めてから0.4秒後から0.5秒後までの平均の速さは何cm/sか。

記述 (3) 台車の速さの変化を実験より大きくする方法を1つ答えなさい。ただし，図1と同じ水平面で行うものとする。

(4) 台車が動き始めた直後におもりにつけている糸が切れた。この後，台車はある運動を続ける。この運動を何というか。

1

(1)	
(2)	
(3)	
(4)	

2 図1は，池の岸についたボートをAさんとBさんが地面と平行にロープを引いて，池から引き上げようとしているようすを示したものである。次の問いに答えなさい。 6点×3(18点)

(1) Aさんは300Nの力でロープを引き，AさんとBさん2人の合力は400Nであった。図2は，Aさんの力と2人の合力を矢印で表したものである。図2にBさんの力を矢印でかき入れなさい。ただし，作図に使った線は消さずに残しておくこと。

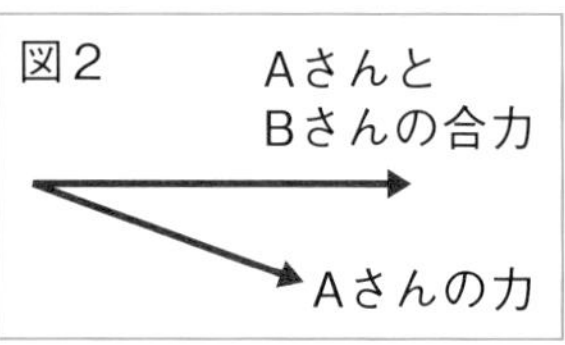

(2) この状態でボートを2m引いたとき，2人の合力がボートに対してした仕事は何Jか

(3) (2)の仕事をするのに20秒かかったときの仕事率は何Wか。

2

(1)	図2に記入
(2)	
(3)	

目標 仕事と仕事率を求めることができるようにしよう。運動している物体の力学的エネルギーがどのように変換されるか理解しよう。

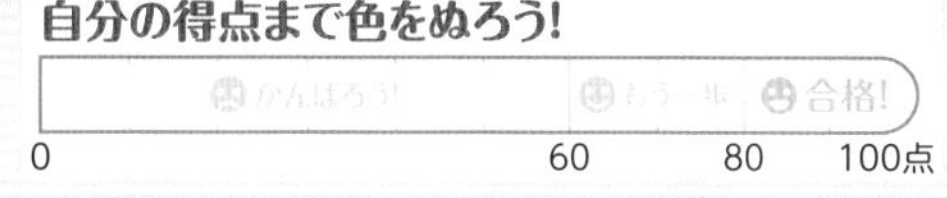

3 右の図1のように，天井の点Oに固定した糸におもりAをつけてつるすと，おもりAはRの位置に静止した。その後，図2のように，糸がたるまないようにしながら，おもりAを点Pの位置まで手で持ち上げ，静かに手をはなすと，おもりAは点Q，点Rを通り，点Pと同じ高さの点Sまでふれた。次の問いに答えなさい。ただし，摩擦力や空気抵抗は考えないものとする。 6点×4(24点)

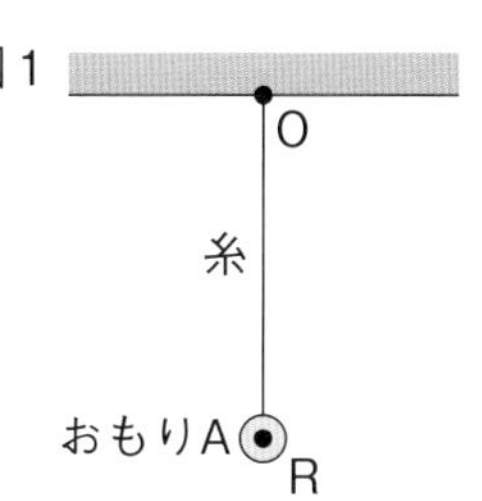

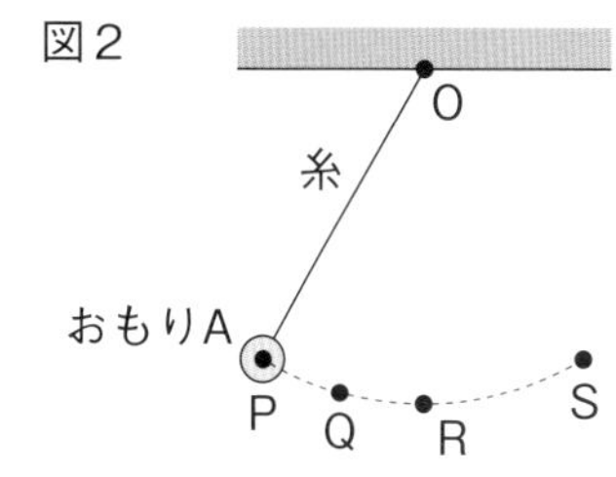

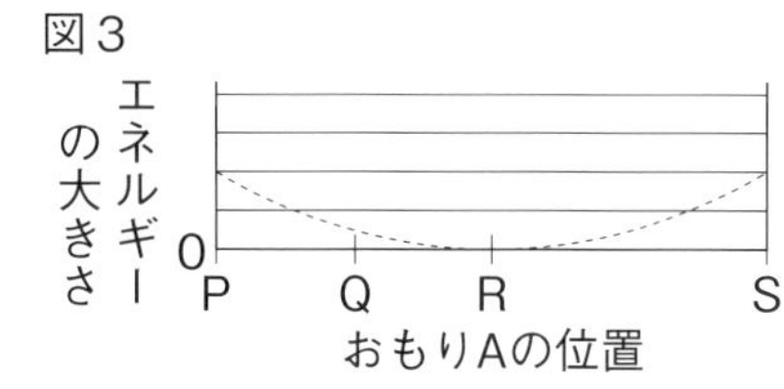

(1) ∠POQと∠QORは，等しい角度であった。おもりAが点Pの位置から点Qの位置にいくまでの時間をt_1，おもりAが点Qの位置から点Rの位置にいくまでの時間をt_2とすると，t_1とt_2の関係はどうなるか。次のア～ウから選びなさい。

ア $t_1=t_2$　イ $t_1<t_2$　ウ $t_1>t_2$

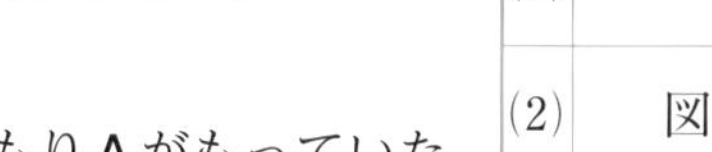

作図 (2) おもりAがP，Q，R，Sを通るとき，おもりAがもっていた位置エネルギーは図3の破線のように変化した。このとき，運動エネルギーはどのように変化するか。図3に実線でかきなさい。

(3) おもりAを同じ大きさで質量が大きいおもりBに変え，図2と同じように点Pまで持ち上げて，静かに手をはなした。おもりBが点Rを通過するときの速さと，そのときもっている運動エネルギーは，おもりAのときと比べてそれぞれどうなるか。

3

(1)		
(2)	図3に記入	
(3)	速さ	
	運動エネルギー	

4 日常生活で使ういろいろな道具は，あるエネルギーを別のエネルギーに変換して利用している。次の(1)～(5)に示したエネルギーの変換が行われているのは，下のア～コのどれか。最もあてはまるものを選びなさい。 6点×5(30点)

(1) 弾性エネルギー⟶運動エネルギー

(2) 化学エネルギー⟶熱エネルギー⟶運動エネルギー

(3) 電気エネルギー⟶光エネルギー

(4) 運動エネルギー⟶電気エネルギー⟶光エネルギー

(5) 化学エネルギー⟶熱エネルギー

ア 電球　イ マイクロフォン　ウ アイロン
エ 扇風機　オ スピーカー　カ 光電池
キ ロケット　ク 石油ストーブ　ケ 弓矢
コ 自転車の発電機とライト

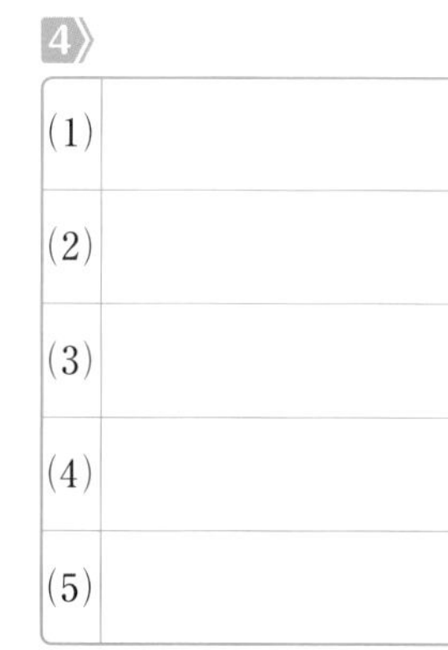

4

(1)	
(2)	
(3)	
(4)	
(5)	

終わったら後ろの，1，2，3，8，9，10，12，13をやろう。

解答 p.25

確認のワーク ステージ1

プロローグ　星空をながめよう
第1章　地球の運動と天体の動き(1)

教科書の要点

同じ語句を何度使ってもかまいません。

(　　)にあてはまる語句を，下の語群から選んで答えよう。

1 太陽

教 p.194〜199

(1) 太陽や夜空の星々のように，自ら光や熱を出してかがやいている天体を(①★　　　　)という。

(2) 太陽の表面には黒い斑点があり，(②★　　　　)という。

(3) 太陽を観察すると，黒点の位置と形が変化することから，太陽が球体であり(③★　　　　)していることがわかる。

2 太陽の1日の動き

教 p.202〜205

(1) 天体の位置や動きを表すための，観測者を中心とした見かけ上の球体の天井を(①★　　　　)という。

(2) 天球における，観測者の真上の点を★**天頂**，天頂と南北を結ぶ線を★**子午線**という。

(3) 地球は，北極と南極を結ぶ軸である(②★　　　　)を中心に，1日に1回自転している。

(4) 太陽などの天体が，天頂の南側で子午線を通過することを(③★　　　　)といい，そのときの高度を★**南中高度**という。

(5) 太陽の1日の動きは，地球が地軸を中心に1日に1回西から東へ自転していることによる見かけの動きである。太陽のこのような運動を太陽の(④★　　　　)という。

3 地球の自転と方位，時刻

教 p.206〜207

(1) 日本から見た北は常に(①　　　　)の方向である。

(2) 地球は北極側から見ると，(②　　　　)回りに自転している。

4 星の1日の動き

教 p.208〜211

(1) 北の空の星は(①　　　　)を中心に，反時計回りに回転しているように見える。

(2) 東の空の星は右ななめ上の方向に，西の空の星は(②　　　　)ななめ下の方向へ移動しているように見える。

(3) 星の見え方の変化も地球の自転による見かけの動きである。

まるごと暗記 **自転**
天体が中心を通る線を軸として自ら回転すること。

まるごと暗記 **南中**
天体が，天頂より南側で子午線を通過すること。太陽が南中した時刻を南中時刻という。

ワンポイント
天体が南中したとき，1日のなかでその天体の位置が最も高くなる。

プラスα
南半球では，北の空で太陽が最も高くなる。

まるごと暗記 **日周運動**
地球の自転による，天体の1日の見かけの動き。

語群
1 恒星／自転／黒点　2 南中／地軸／天球／日周運動
3 北極点／反時計　4 右／北極星

★の用語は，説明できるようになろう！

同じ語句を何度使ってもかまいません。

□にあてはまる語句を，下の語群から選んで答えよう。

1 太陽の表面のようす

教 p.197〜199

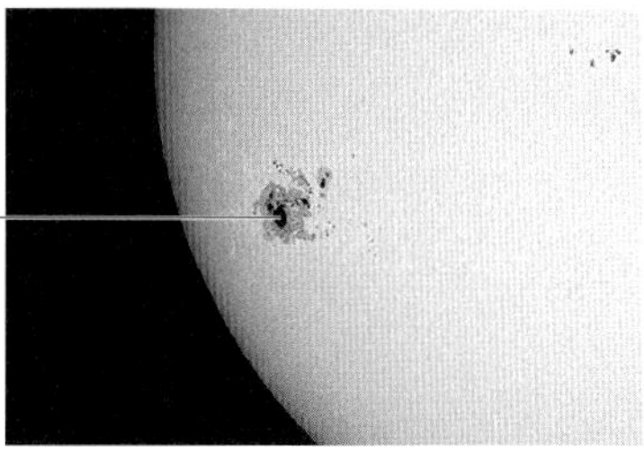

①□

周囲より温度が②□い。

③□

日食のときに見える。

2 天体の位置の表し方

教 p.202〜203

天体の位置の表し方

天体S ①□

②□

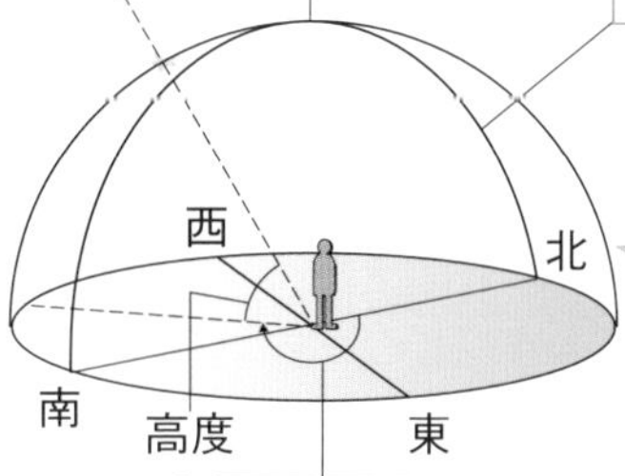

西　北　南　高度　東

④□角

天体Sの高度は地平線から天体までの③□で表す。

天体の⑤□のはかり方

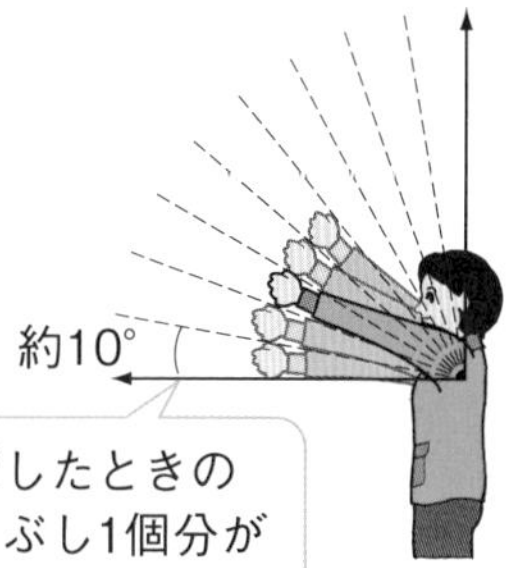

約10°

手をのばしたときのにぎりこぶし1個分が角度約10°にあたる。

3 星の1日の動き

教 p.210

①□の空では，右ななめ上に移動する。

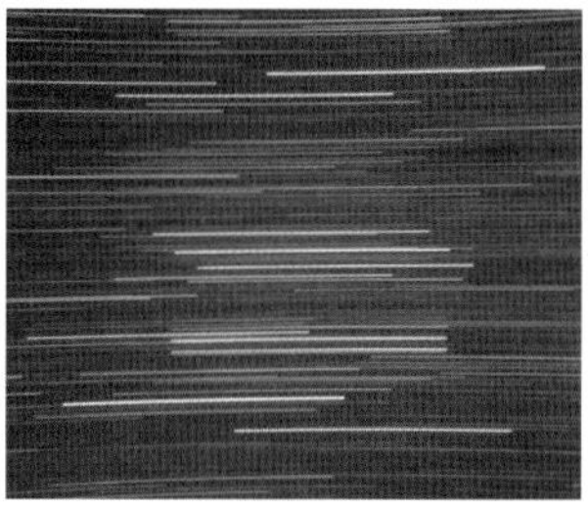

②□の空では，東から西へ移動する。

③□の空では，右ななめ下に移動する。

④□の空では，⑤□を中心に反時計回りに回転する。

語群
1 コロナ／低／黒点　2 角度／方位／子午線／天頂
3 北／南／東／西／北極星

わからない用語は，教科書の要点の★で確認しよう！

単元4

解答 p.25

定着のワーク ステージ2 プロローグ　星空をながめよう－①
第1章　地球の運動と天体の動き(1)－①

1 教 p.197 観察1 **太陽の黒点の観察**　天体望遠鏡を使って太陽の表面を観察するために，右の図のように準備し，観察したようすをスケッチした。ただし，記録用紙上の方位は，太陽が円から外れていく方向を西としている。次の問いに答えなさい。

記述 (1)　天体望遠鏡を使って太陽を観察するときに，絶対にしてはいけないことは何か。
(　　　　)

(2)　図2は，12月22日と24日の14時に観察した太陽のスケッチである。記録用紙にかかれた黒い斑点は何か。(　　　　)

(3)　黒い斑点の部分の温度は，周囲と比べて高いか，低いか。ヒント (　　　　)

(4)　図2から黒い斑点は，時間とともに記録用紙上をどちらからどちらの方位に移動したといえるか。(　　　　)

(5)　黒い斑点が時間の経過とともに移動することから，この太陽は自ら回転していることがわかる。この回転運動のことを何というか。(　　　　)

図1

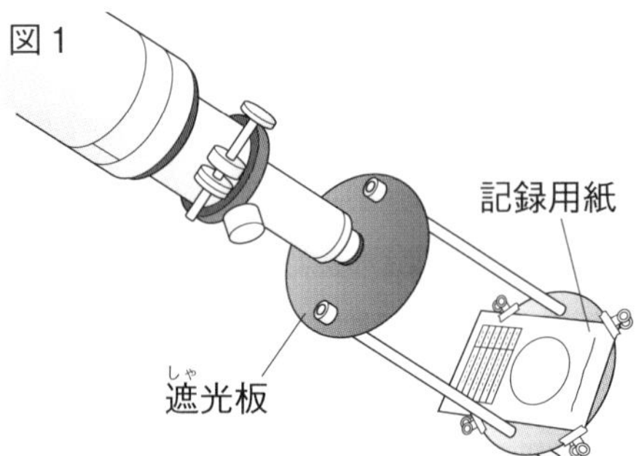

図2

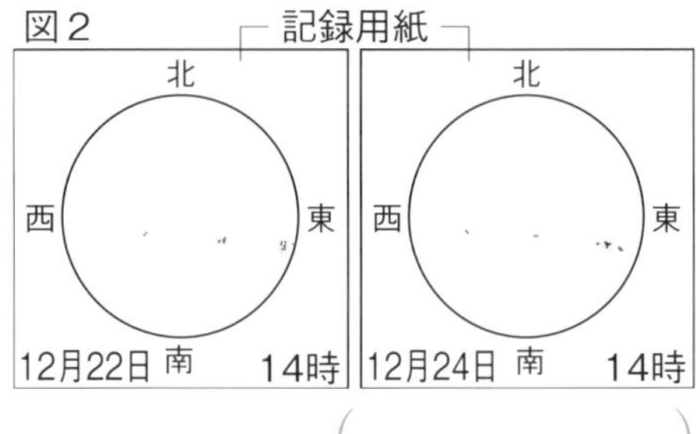

2 教 p.203 観察2 **太陽の1日の動き**　太陽の1日の動きについて調べるために，次のような手順で観察した。これについて，あとの問いに答えなさい。

手順1　図1のようにして，太陽の位置を1時間ごとに，透明半球に記録する。
手順2　印をつけた点をなめらかな線で結ぶ。

図1　図2

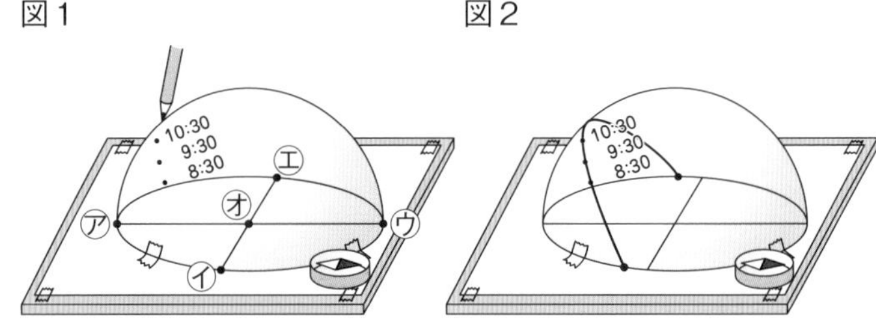

(1)　図1の㋐〜㋔のうち，透明半球の北と西はどれか。　北(　　　)　西(　　　)

(2)　太陽の位置を透明半球に記録するとき，サインペンの先のかげを図1の㋐〜㋔のうち，どこに合わせるか。ヒント (　　　)

記述 (3)　図2で，点の間の距離はどこも同じだった。このことから，太陽の動く速さについて，どのようなことがいえるか。(　　　　)

(4)　地球の自転による太陽の1日に見かけの動きを太陽の何というか。(　　　　)

ヒントの森
❶(3)太陽の表面の温度は約6000℃，黒い斑点の部分は約4000℃。
❷(2)透明半球につけた印は，円の中心から見た太陽の位置を示している。

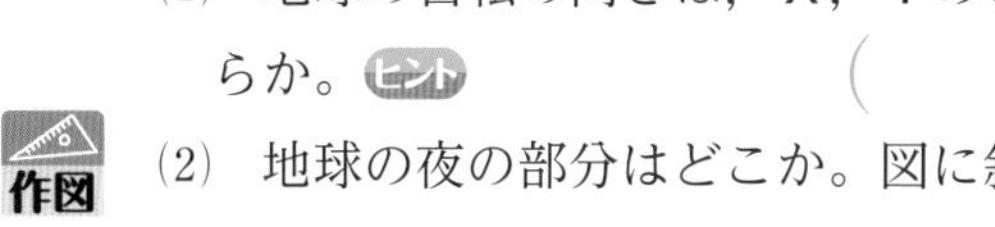

3 地球上の各地の方位 右の図は，北極点の真上から見た地球と各地の方位を表したものである。次の問いに答えなさい。

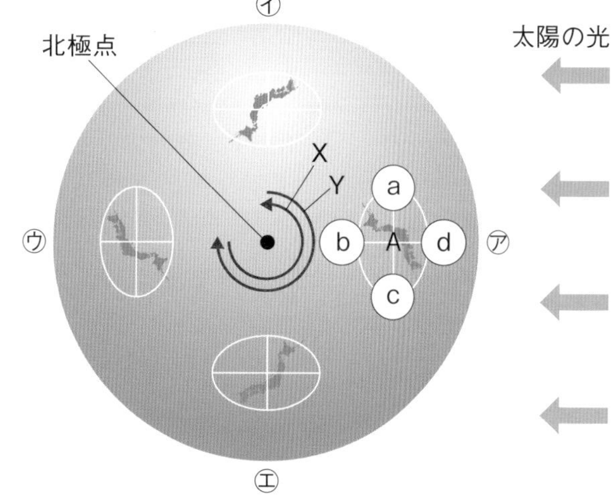

(1) 地球の自転の向きは，X，Yのどちらか。ヒント （　　　）

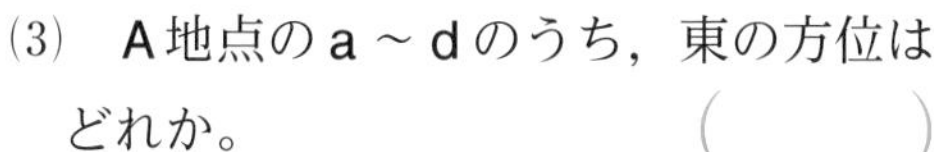

作図 (2) 地球の夜の部分はどこか。図に斜線で示しなさい。

(3) A地点のa～dのうち，東の方位はどれか。 （　　　）

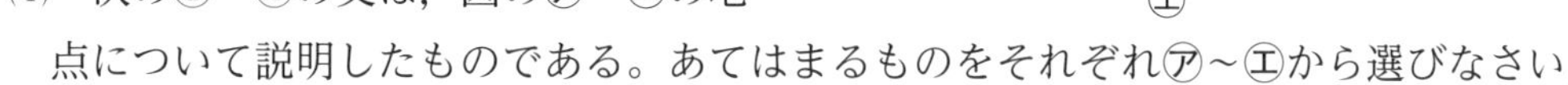

(4) 次の①～④の文は，図の㋐～㋓の地点について説明したものである。あてはまるものをそれぞれ㋐～㋓から選びなさい。

① 東の空に太陽が見えるので，朝をむかえている。 （　　　）

② 南の空に太陽が見えるので，昼である。 （　　　）

③ 西の空に太陽が見えるので，夕方である。 （　　　）

④ 太陽が見えないので，夜である。 （　　　）

(5) 地球は北極と南極を結ぶ軸を中心として１日に１回転する。この軸を何というか。

（　　　）

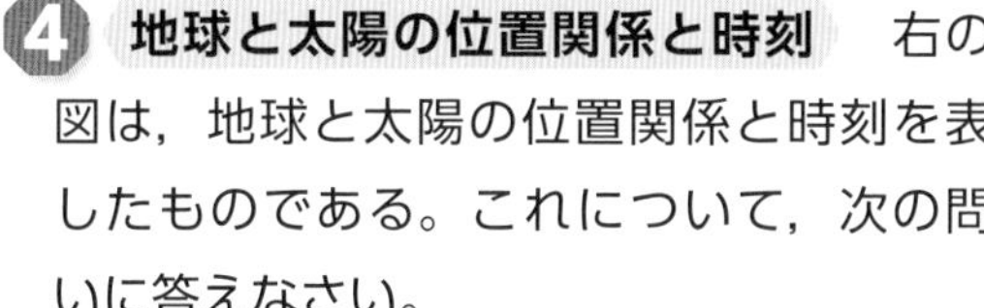

4 地球と太陽の位置関係と時刻 右の図は，地球と太陽の位置関係と時刻を表したものである。これについて，次の問いに答えなさい。

北極点　A　太陽の光　東京　B　午後０時　自転の向き　C

(1) 図では，東京が正午(午後０時)を示している。このとき，A～Cは，それぞれ何時を示しているか。次のア～オから最も適当なものを選びなさい。

A（　　　） B（　　　） C（　　　）

ア 午前６時　　イ 午前９時

ウ 午後12時(午前０時)　　エ 午後６時　　オ 午後９時

(2) 日本では，太陽が，兵庫県明石市(東経135°)の子午線を通るときを正午(午後０時)としている。東京の子午線を太陽が通る時刻は，下線部より前か後か。（　　　）

(3) 東京とイギリスの時差を９時間とすると，午前10時に東京を飛び立った飛行機がイギリスのロンドンに到着するのは，現地時間の何時と考えられるか。ただし，東京からイギリスのロンドンまでは，直行の飛行機で13時間かかるものとする。ヒント

（　　　）

ヒントの森　3(1)地球は，北極側から見て反時計回りに自転している。　4(3)午前10時に東京を飛び立った飛行機は，日本時間の23時に到着し，現地時間より９時間おそい。

単元4

定着のワーク ステージ2 プロローグ 星空をながめよう－② 第1章 地球の運動と天体の動き(1)－②

1 方位の表し方 下の図は，春分のころの地球に太陽が当たっているようすを地球儀を使って表したもので，日本の位置に東西南北の方位を示す紙がはってある。これについて，あとの問いに答えなさい。

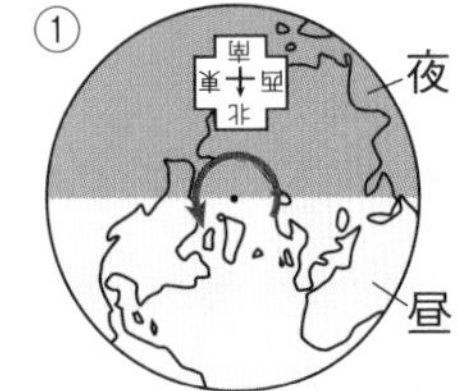

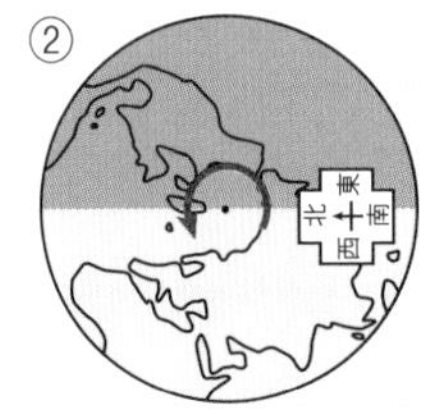

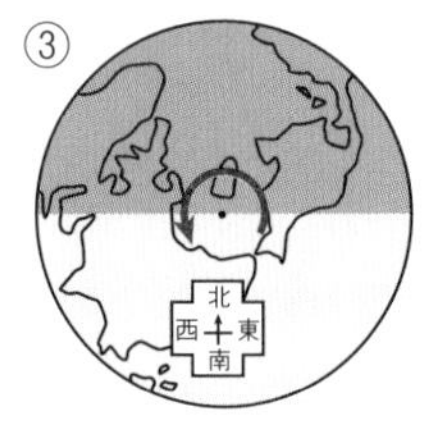

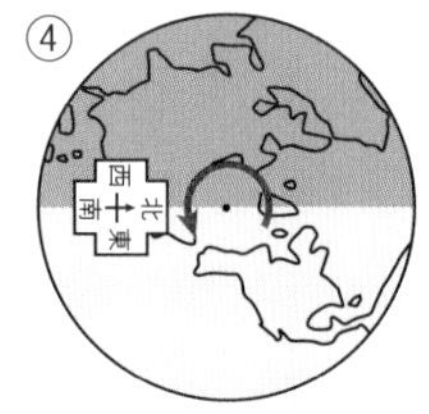

(1) ①〜④のとき，日本では，太陽はどの方位に見えるか。次のア〜オからそれぞれ選びなさい。

①( ) ②( ) ③( ) ④( )

ア 東　イ 西　ウ 南　エ 北　オ 太陽は見えない。

(2) 日本が午後6時なのは，①〜④のどのときか。番号で答えなさい。ヒント ( )

(3) 日本が午前6時なのは，①〜④のどのときか。番号で答えなさい。ヒント ( )

2 教 p.209 観察3 **星の1日の動き方** 右の図1のような記録用紙に各方位の星の動きを記録し，図2のように透明半球にはりつけた。次に記録用紙から1日の天球全体の星の動きを推測し，透明半球の内側からなぞった。次の問いに答えなさい。

図1

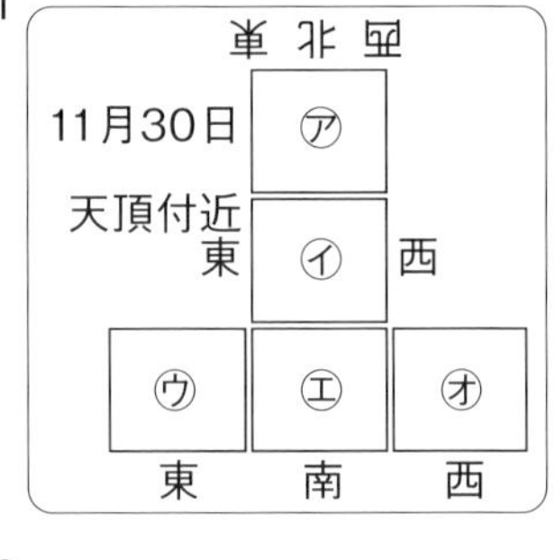

(1) 下の図のA〜Dは，図1の㋐〜㋔のどの記録用紙を表したものか。ヒント

A( ) B( )
C( ) D( )

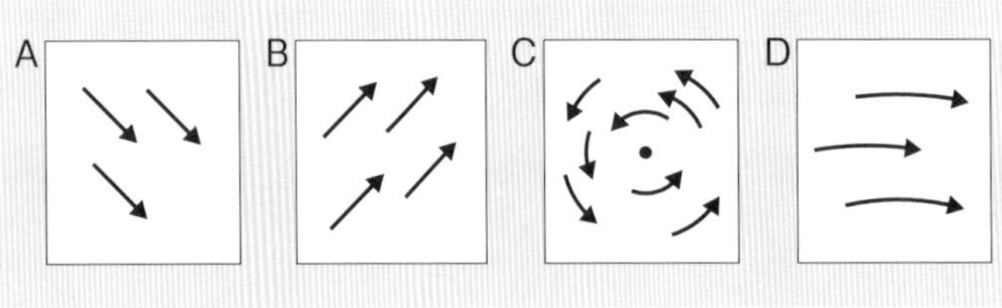

(2) 図2のaの位置には，㋐〜㋔のうちどの記録用紙をはりつければよいか。 ( )

(3) この観察で記録用紙に記録したような，星の1日の見かけの動きを何というか。

( )

(4) 星がこの観察のように動いて見える理由を，「地球」という言葉を使って簡単に答えなさい。( )

❶(2)(3)午後6時の地点は，これから夜になり，午前6時の地点は，これから昼になる。
❷(1)㋑は観測者の真上の点(天頂)付近である。

❸ 星の１日の動き 右の写真は，日本のある地点で撮影した，東・西・南・北の空に見える星の動きである。次の問いに答えなさい。

⑴ 図の①～④は，それぞれどの方位の星の動きか。

①(　　　　　　) ②(　　　　　　)
③(　　　　　　) ④(　　　　　　)

⑵ ①では，ほかの星の動きとちがい，ほとんど動くことのない星Aが見られた。この星を何というか。(　　　　　　)

⑶ 北の空の星は，時計回り・反時計回りのどちらに動いて見えるか。(　　　　　　)

⑷ 南の空の星は，太陽の動きと同じであるといえるか。ヒント (　　　　　　)

⑸ 南の空の星は，東から西・西から東のうち，どちらの方向へ動いて見えるか。

(　　　　　　)

⑹ 東の空の星が移動する方向は，右ななめ上・左ななめ上のどちらか。ヒント

(　　　　　　)

⑺ 西の空の星が移動する方向は，右ななめ下・左ななめ下のどちらか。ヒント

(　　　　　　)

⑻ 天球上の星がこのように動いて見えるのは，地球の何という運動によるものか。

(　　　　　　)

⑼ 夜空の星々や太陽は自ら光や熱を出してかがやいている。このような天体を何というか。

(　　　　　　)

記述 ⑽ 地球から星までの距離は「光年」という単位を使って表す。１光年とはどのような距離か。簡単に答えなさい。

(　　　　　　　　　　　　　　　　　　)

北斗七星やカシオペヤ座から，どうやって北極星を見つけられるのかな。

単元4

❸⑷太陽は，東の空からのぼり，南の空を通って西へしずむ。⑹⑺日本付近では，星は，太陽の動きと同じように，右ななめ上の方向に移動し，右ななめ下の方向に移動して見える。

解答 p.26

プロローグ　星をながめよう
第1章　地球の運動と天体の動き(1)

30分　/100

よく出る **1** 右の図は，日本のある地点での太陽の動きを透明半球にかきこんだものである。次の問いに答えなさい。　2点×10(20点)

(1) A，Bは，それぞれどの方位を表しているか。

(2) 観測者を表す点はどれか。記号で答えなさい。

(3) 透明半球は，どのような場所に置くとよいか。

(4) F，G，H，Iは，2時間ごとに調べた太陽の位置を表している。それぞれの間隔(かんかく)は，どのようになっているか。

(5) 日の出の位置は，図のどこか。記号で答えなさい。

(6) 太陽は，図の㋐，㋑のどちら向きに動くか。

(7) EF，FG間の長さをはかったところ，EF＝3 cm，FG＝4 cmであった。Fの点を記入したのが午前8時としたとき，日の出の時刻は午前何時何分か。

(8) 太陽が天頂より南側で子午線を通過することを何というか。

(9) (8)のときの∠AOHを，何というか。

(1)	A		B		(2)		(3)		(4)	
(5)		(6)		(7)		(8)		(9)		

2 右の図は，北半球のある地点での星の動きを表している。次の問いに答えなさい。　4点×11(44点)

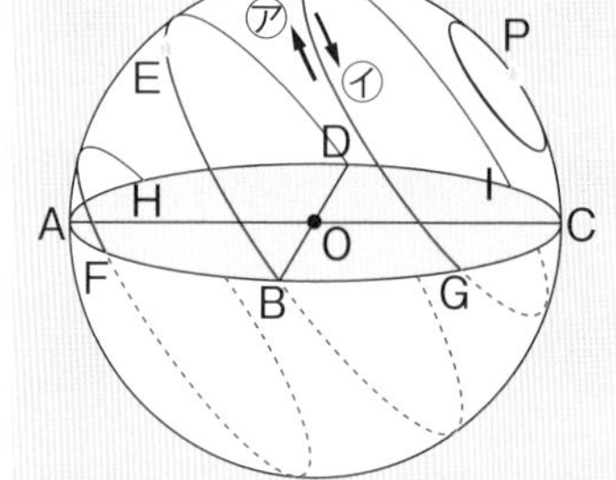

(1) 図のように，星や太陽が丸い天井にはりついていて，地平線の下にもこの丸い天井がある1つの大きな球面を考えたとき，この大きな球面を何というか。

(2) A〜Dはそれぞれどの方位を表しているか。

(3) Pにある星の名称は何か。

(4) Eの星は，どの方位からのぼってきたか。A〜Dの記号で答えなさい。

(5) 星は㋐，㋑のどちら向きに動くか。

(6) 天球の回転による星や太陽の動きは，地球のある運動による見かけの動きである。この地球の運動を何というか。

(7) Eの星が再びもとの位置にもどってくるのに，およそ何時間かかるか。

(8) (7)から考えて，星は1時間に何度動いて見えるか。

(1)		(2)	A		B		C		D		(3)	
(4)		(5)		(6)		(7)		(8)				

よく出る **3** 下の図は，各方位の星の動きを表している。あとの問いに答えなさい。 2点×9（18点）

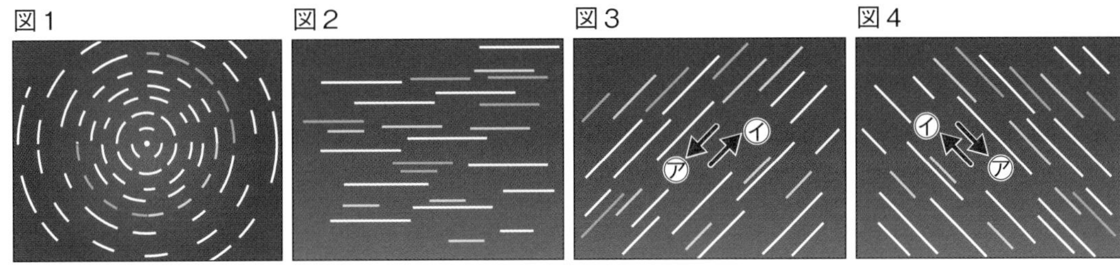

⑴ 図1～4は，それぞれどの方位を示しているか。

⑵ 図1の中心付近にある星の名称は何か。

⑶ 図1の星が動いた向きは，時計回り，反時計回りのどちらか。

⑷ 図3では，星は㋐，㋑のどちら向きに動いているか。

⑸ 図4では，星は㋐，㋑のどちら向きに動いているか。

⑹ 星は全体としてどの方位からどの方位に向かって動いているか。

⑴	図1		図2		図3		図4		⑵	
⑶			⑷		⑸				⑹	

4 右の図は，天体の1日の動きが地球の運動によって起こっていることを説明するために，天体の動きと地球の運動を模式的に表したものである。次の問いに答えなさい。 3点×6（18点）

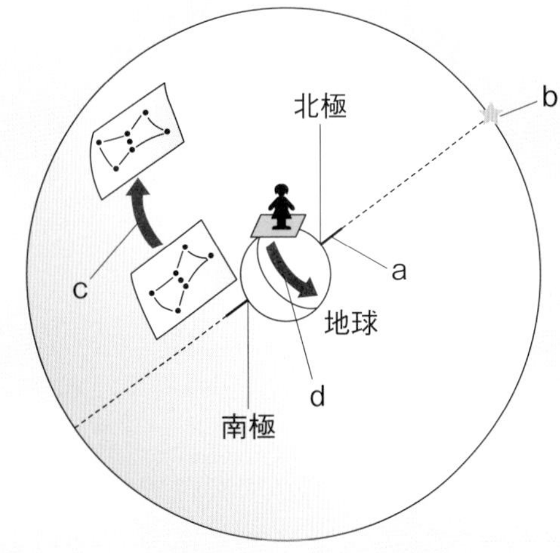

⑴ 南極と北極を結ぶaの線は，何を表しているか。

⑵ 星bは，⑴の延長線上にある。この星を何というか。

⑶ cの矢印は，地球から見たオリオン座の動く向きである。どの方位への動きを示しているか。次のア～エから選びなさい。

ア 東から西　イ 西から東　ウ 北から南　エ 南から北

⑷ dの矢印は，地球が動く向きを示している。どの方位への動きを示しているか。⑶のア～エから選びなさい。

⑸ 地球のdの動きを何というか。

⑹ 星の見かけの動きが起こるのは，cとdのどちらによるものか。

⑴		⑵		⑶	
⑷		⑸		⑹	

解答 p.27

第1章　地球の運動と天体の動き(2)

同じ語句を何度使ってもかまいません。

(　　)にあてはまる語句を，下の語群から選んで答えよう。

1 天体の1年の動き

教 p.212〜217

(1) 地球は，太陽のまわりを**1年間**かかって1周する。この運動を(①★　　　　)という。

(2) ある日の20時に南中した星は，それより10日後の20時に見ると，真南よりもわずかに(②　　　　)にずれていることがわかる。

(3) 1月1日の20時に，オリオン座は南南東に見えた。2月1日の20時には，オリオン座は南に見える。このように，同じ時刻に見える星座の位置は，1か月で約(③　　　　)°，1日で約(④　　　　)°東から西へ移動していく。

(4) (3)のような，地球の公転による**見かけの動き**を，天体の(⑤　　　　)という。

(5) 太陽は，**星座の間を西から東**へ移動し，1年後にもとの位置にもどる。この天球上の**太陽の通り道**を(⑥★　　　　)という。

(6) 12月には，太陽はさそり座の方向にあるので，さそり座を見ることはできない。しかし，半年後の6月には，午前0時ごろ，(⑦　　　　)の空に見える。

2 地軸の傾きと季節の変化

教 p.218〜221

(1) 地球は公転面に対して垂直な方向から地軸を約(①　　　　)°傾けたまま**公転している**ので，太陽の南中高度が，夏至(げし)のころは(②　　　　)く，冬至(とうじ)のころは低い。

(2) 日の出と日の入りの位置は，夏至のころは北寄りになり，冬至のころは(③　　　　)寄りになる。また，春分・秋分には，太陽は真東からのぼり，(④　　　　)にしずむ。

(3) 日本列島付近では，昼(太陽の光を受ける時間)の長さは，夏至のころに(⑤　　　　)く，冬至のころに短い。また，春分・秋分のころには，昼と夜の長さがほぼ(⑥　　　　)になる。

(4) 日本列島付近では，夏は昼の長さが長く，太陽の南中高度が高いため，地表があたためられやすく，気温が(⑦　　　　)りやすい。冬は，その逆である。

まるごと暗記
公転
天体がほかの天体のまわりを回転すること。

まるごと暗記
年周運動
地球の公転による天体の見かけの動き。

プラスα
黄道付近にある12の星座をまとめて，**黄道12星座**という。

ワンポイント
季節の変化は南中高度の変化によって，同じ面積に当たる太陽の光の量と昼の長さ(太陽の光を受ける時間)が変化することによって生じる。

ワンポイント
南中高度(北緯35°)
●夏至の南中高度
90°−(緯度−23.4°)
●冬至の南中高度
90°−(緯度+23.4°)
●春分・秋分の南中高度
90°−緯度

語群
❶西／公転／1／30／年周運動／黄道／南
❷23.4／高／上が／長／真西／南／同じ

★の用語は，説明できるようになろう！

同じ語句を何度使ってもかまいません。

教科書の図　□にあてはまる語句を，下の語群から選んで答えよう。

1 太陽の背後にある星座　教 p.214〜215

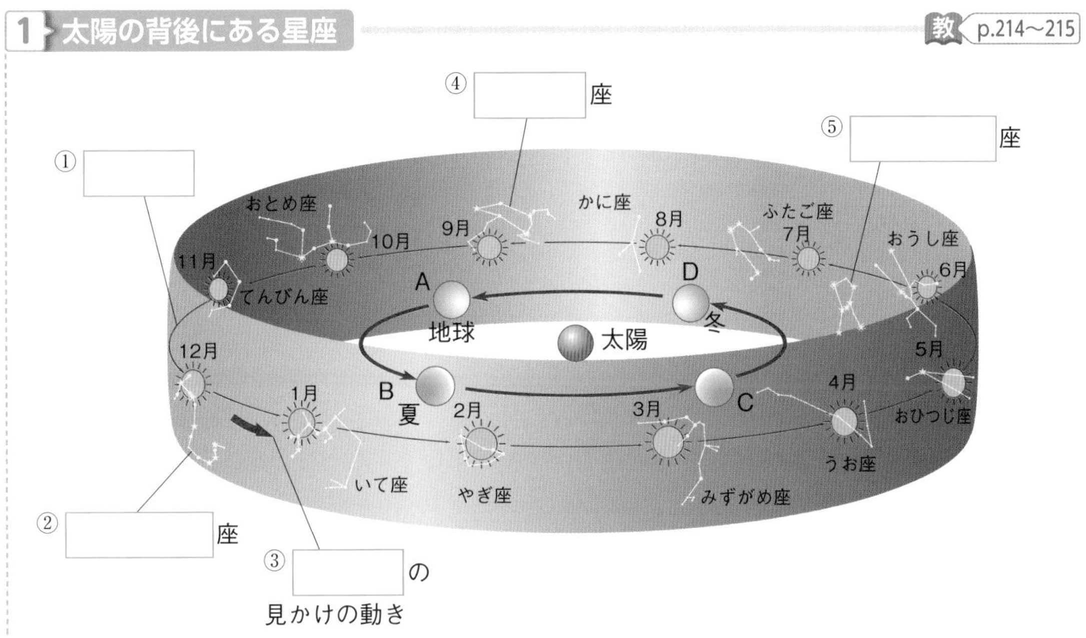

2 季節による太陽の動き　教 p.220

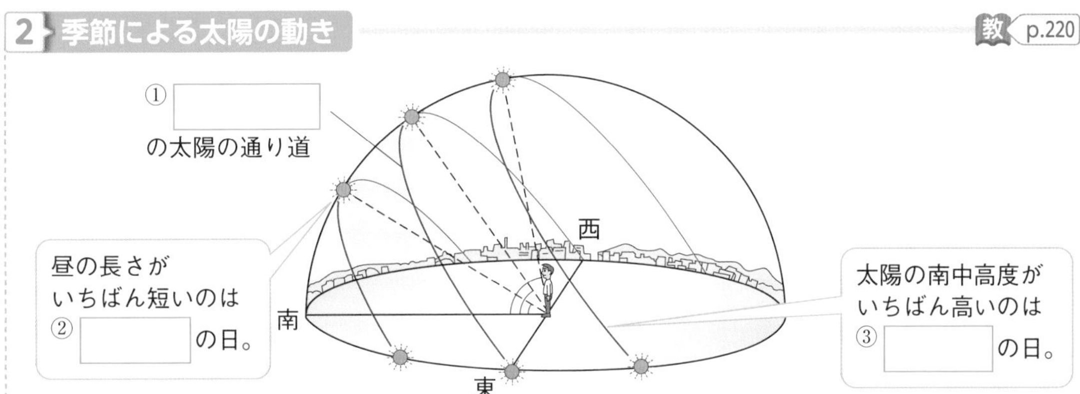

3 季節による地球の位置　②，④には夏至か冬至かを書こう。　教 p.221

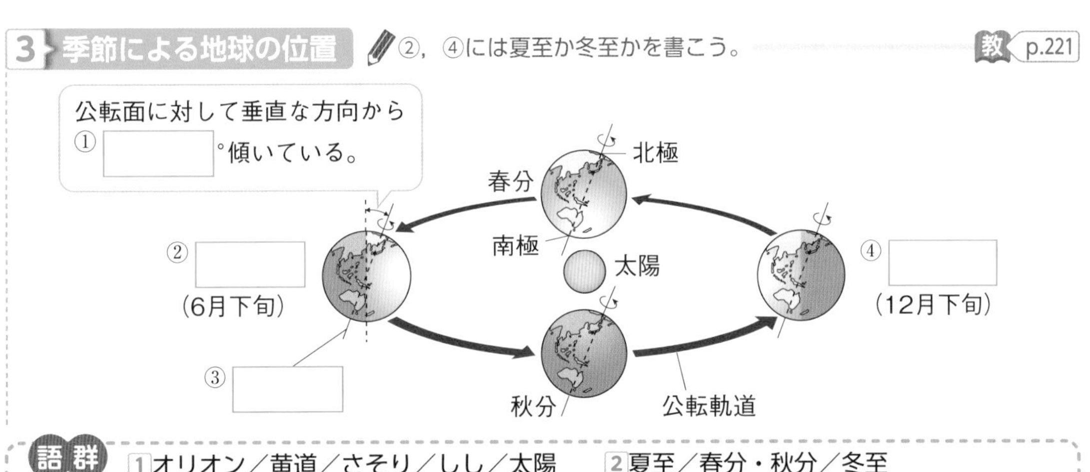

語群
1 オリオン／黄道／さそり／しし／太陽　2 夏至／春分・秋分／冬至
3 23.4／地軸／夏至／冬至

わからない用語は，教科書の要点の★で確認しよう！

解答 p.27

第1章 地球の運動と天体の動き(2)－①

1 教 p.213 実習1 **星座の1年の動き** 下の図は，地球の公転と見える星座を調べるために，星座をかいた紙と太陽と地球のモデルを用いてつくったモデルである。あとの問いに答えなさい。

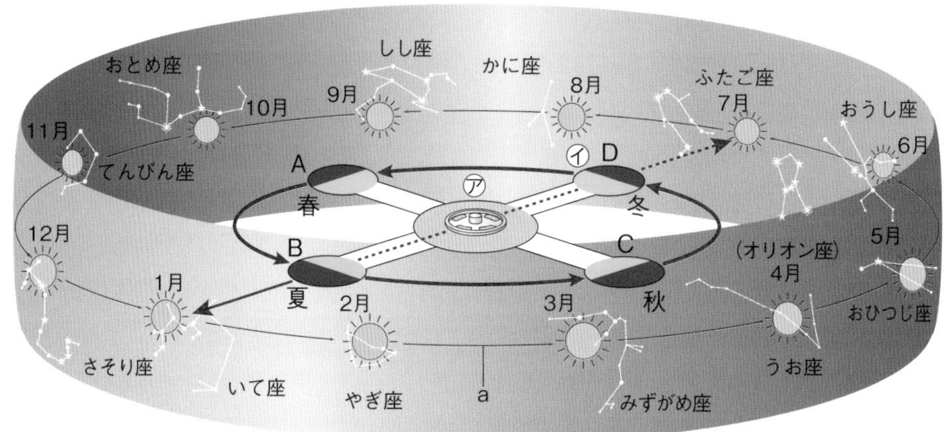

(1) 図のモデルで，㋐と㋑はそれぞれ何を表しているか。

㋐(　　　　　) ㋑(　　　　　)

(2) 地球が太陽のまわりを，1年を周期として回転する運動を何というか。ヒント

(　　　　　)

(3) (2)によって生じる天体の見かけの動きを何というか。 (　　　　　)

(4) 上の図で，aは天球上の太陽の見かけの通り道である。この通り道の名前を答えなさい。

(　　　　　)

(5) 太陽はaをどのように動くか。次のア，イから選びなさい。 (　　)

ア 東から西へ動く。 イ 西から東へ動く。

(6) 上の図で，夏の位置に地球があるとき，真夜中に見ることのできる星座を，次のア～クから3つ選びなさい。ヒント (　　)(　　)(　　)

ア さそり座 イ おひつじ座 ウ かに座 エ やぎ座
オ おうし座 カ ふたご座 キ しし座 ク いて座

(7) (6)のとき，地球から見て，太陽はどの星座の方向にあるか。次のア～エから選びなさい。

(　　)

ア みずがめ座 イ ふたご座 ウ しし座 エ いて座

(8) (7)の星座を真夜中，南の空に見ることができるのは，地球がA～Dのどの位置にあるときか。

(　　)

(9) ある季節に見られるある星座を，その季節の間毎日同じ時刻に観察すると，日がたつにつれてどのように位置が変わるか。(5)のア，イから選びなさい。 (　　)

ヒントの森

❶(2)地球が公転していることにより，天体が東から西へ動いているように見える。
(6)真夜中に見える星座は，太陽と反対側にある。

2 太陽の南中高度や昼の長さの１年間の変化　右の図１は，東京での太陽の南中高度と月平均気温の１年間の変化を表している。また，図２は，東京での日の出，日の入りの時刻の１年間の変化を表している。これについて，次の問いに答えなさい。

図１

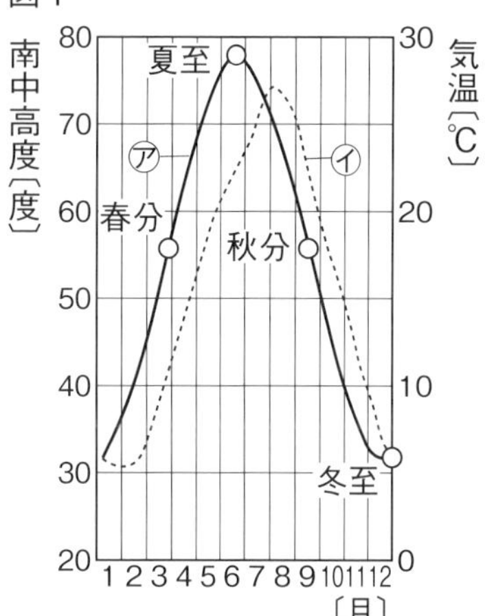

図２

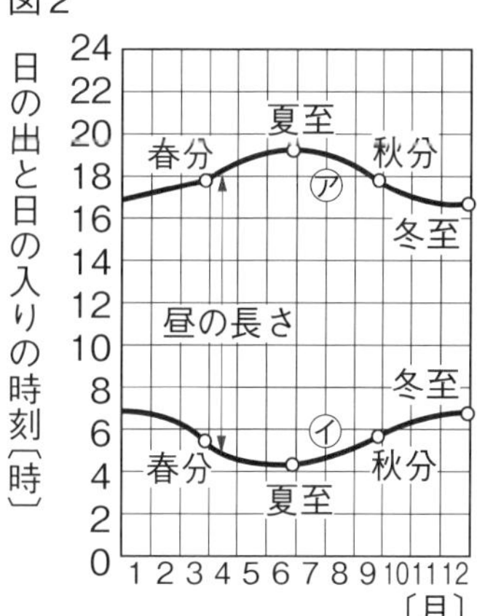

(1)　図１で，㋐，㋑は，それぞれ太陽の南中高度と月平均気温のどちらを表しているか。

㋐(　　　　　　)　㋑(　　　　　　)

(2)　夏至のときと，冬至のときの太陽の南中高度として最も適当なものをそれぞれ次の**ア**～**ウ**から選びなさい。

夏至(　　　　)　冬至(　　　　)

ア　32°　　**イ**　55°　　**ウ**　78°

(3)　太陽の南中高度と月平均気温を比べたとき，どのようなことがいえるか。次の**ア**～**ウ**から選びなさい。ヒント

(　　　　)

ア　月平均気温が最高または最低となるのは，太陽の南中高度が最高または最低となるときよりはやい。

イ　月平均気温が最高または最低となるのは，太陽の南中高度が最高または最低となるときよりおそい。

ウ　月平均気温が最高または最低となるのと，太陽の南中高度が最高または最低となるのとは関係がない。

(4)　図２で，日の出の時刻を示す曲線は㋐，㋑のどちらか。
ヒント

(　　　　)

(5)　夏至，秋分，冬至の昼の時間の長さは，それぞれおよそ何時間か。整数で答えなさい。

夏至(　　　　　　)
秋分(　　　　　　)
冬至(　　　　　　)

(6)　季節の変化が起こるのはなぜか。次の文の(　)にあてはまる言葉を答えなさい。

①(　　　　　　)　②(　　　　　　)　③(　　　　　　)

地球が公転面に対して垂直な方向から(　①　)を傾けて太陽のまわりを公転しているため，夏には(　②　)の長さが長く，南中高度が(　③　)くなり，気温が上がる。また，冬には，どちらも反対になり，気温が上がりにくい。

夏と冬では何の長さがちがっているのかな？

気温の変化は太陽のエネルギーと大きく関係しているんだね。

2(3)１日の気温を考えたとき，正午ごろ太陽の高度が最も高くなり，その後午後２時ごろ気温が最も高くなる。　(4)縦軸の時刻から判断することができる。

解答 p.28

第1章 地球の運動と天体の動き(2)－②

1 教 p.219 実習2 **季節による昼と夜の長さの変化** 季節ごとの昼と夜の長さの変化と公転との関係について，次の手順で調べた。これについて，あとの問いに答えなさい。

手順1 北極点の位置に印をつけ，日本の緯度(いど)と同じところに線をかいた発泡(はっぽう)ポリスチレンの球を同じように傾けて，電球のまわりに配置する。

手順2 A～Dのそれぞれの位置で，光が当たっている部分の線の長さを調べる。

手順3 地軸が公転面に垂直になるようにして，**手順1**，**2**と同じようにして，昼と夜の長さを比べる。

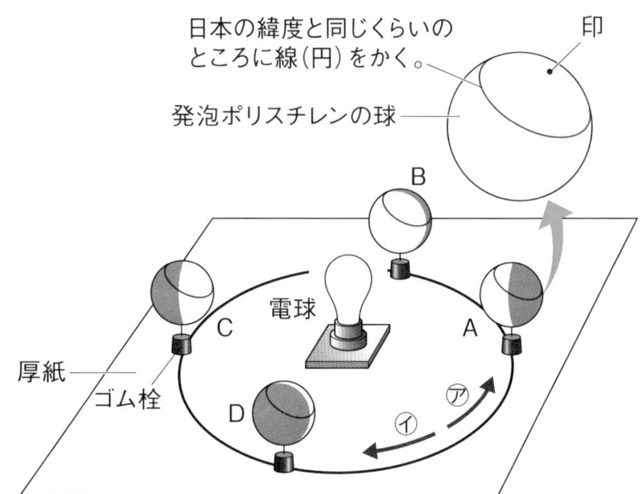

(1) 地球の公転の向きは，図の㋐，㋑のどちらか。ヒント （　　）

(2) 図のA～Dは，それぞれどの季節の地球の位置を表しているか。春，夏，秋，冬で答えなさい。ヒント A（　　） B（　　） C（　　） D（　　）

(3) 図のA～Dの位置のとき，昼の長さはどのようになるか。次のア～ウから選びなさい。ただし，同じものを何度選んでもよいものとする。

A（　　） B（　　） C（　　） D（　　）

ア 昼の長さの方が夜の長さより長くなる。

イ 昼の長さの方が夜の長さより短くなる。

ウ 昼の長さと夜の長さがほぼ同じになる。

(4) **手順3**では，地軸が公転面に垂直になるようにして，昼と夜の長さを比べた。この場合，図のA～Dの位置で，昼の長さはどのようになるか。(3)のア～ウから選びなさい。ただし，同じものを何度選んでもよいものとする。ヒント

A（　　） B（　　） C（　　） D（　　）

(5) 次の文の(　)にあてはまる言葉を答えなさい。

①（　　） ②（　　）

地球が(①)を傾けたまま(②)することによって，昼と夜の長さが変化し，季節の変化が生じる。

1 (1)(2)地球は，北極側から見て，反時計回りに公転している。(4)地軸が公転面に垂直になるようにすると，光が当たっている部分の線の長さは全て同じになる。

2 太陽の日周運動の変化　右の図は，東京において夏至，春分・秋分，冬至の太陽の動きを観測したものである。これについて，次の問いに答えなさい。

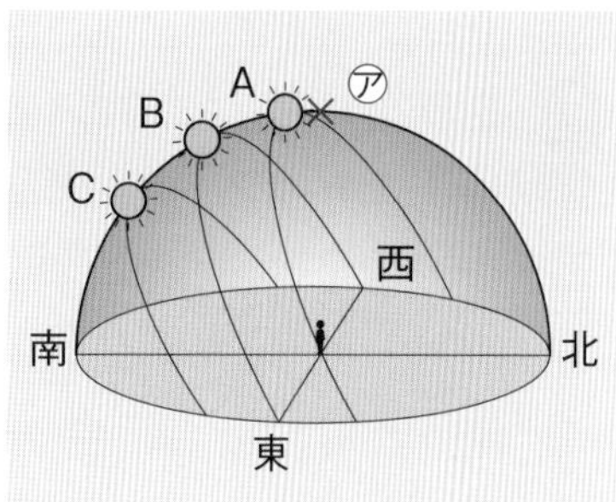

(1) 観測者の真上の点である天球上の㋐を何というか。（　　　　）

(2) 太陽が真東からのぼり，真西にしずむBは，夏至，春分・秋分，冬至のいつか。ヒント（　　　　）

(3) A～Cのうち，昼の長さが最も長いのはどの日か。記号で答えなさい。（　　）

(4) A～Cのうち，南中高度が最も低いのはどの日か。記号で答えなさい。（　　）

よく出る 3 季節による太陽の南中高度のちがい　下の図は，北緯35°の地点での，季節による太陽の南中高度のちがいを，地軸の傾きから説明しようとしたものである。あとの問いに答えなさい。

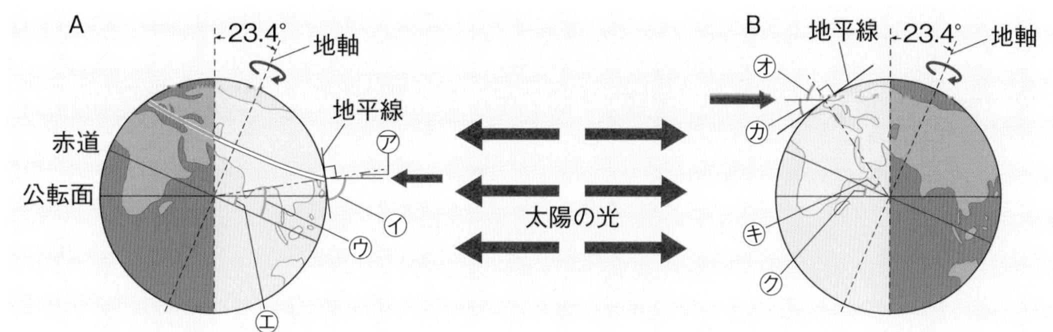

(1) 上の図は，夏至と冬至の南中したときのようすを表している。冬至を表しているのは，A，Bのどちらか。（　　）

(2) ㋐～㋗のうち，南中高度を表しているものはどれか。すべて選びなさい。（　　　　）

(3) ㋐～㋗のうち，大きさが35°であるものはどれか。すべて選びなさい。（　　　　）

(4) ㋐～㋗のうち，大きさが23.4°であるものはどれか。すべて選びなさい。（　　　　）

(5) 次のア～ウは，春分・秋分，夏至，冬至の南中高度を求める式である。春分・秋分，夏至，冬至にあたる式はどれか。記号で答えなさい。ヒント

春分・秋分（　　）　夏至（　　）　冬至（　　）

ア　90°－(35°＋23.4°)

イ　90°－(35°－23.4°)

ウ　90°－35°

2(2)太陽が真東からのぼり真西にしずむ日は，昼と夜の長さがほぼ同じになる。

3(5)北緯35°での南中高度は，夏至では78.4°，冬至では31.6°，春分・秋分では55°となる。

解答 p.29

第1章 地球の運動と天体の動き(2)

/100

1 右の図は，太陽のまわりを公転する地球と日本から見える代表的な四季の星座の位置関係を示したものである。次の問いに答えなさい。 3点×7（21点）

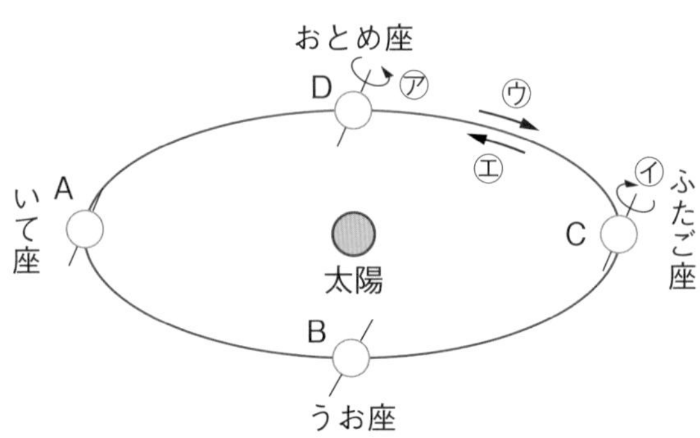

(1) 地球の自転の向きと公転の向きはどれか。図の㋐〜㋓からそれぞれ選びなさい。

(2) 地球がAの位置にあるとき，日本付近で一晩じゅう見ることができる星座はどれか。

(3) 地球がBの位置にあるとき，日本付近で日の出前に南の空に見える星座はどれか。

(4) 地球がCの位置にあるとき，日本付近で見ることができない星座はどれか。

記述 (5) (4)のようになる理由を簡単に答えなさい。

(6) 図の星座は1年間に太陽が天球上を動く通り道に並んでいる。この通り道を何というか。

(1)	自転		公転		(2)		(3)		(4)	
(5)							(6)			

2 右の図は，東京における太陽の南中高度と平均気温を月ごとに1年間にわたって調べ，その結果をグラフにまとめたものである。次の問いに答えなさい。 6点×6（36点）

(1) グラフのA〜Dの中で，春分を表しているものを答えなさい。

(2) グラフから，春分における太陽の南中高度を答えなさい。

(3) 最高気温を記録したのは何月か。

(4) グラフから，冬至における太陽の南中高度を答えなさい。

(5) 最低気温を記録したのは何月か。

(6) グラフから，夏至と冬至の，太陽の南中高度の差を求めなさい。

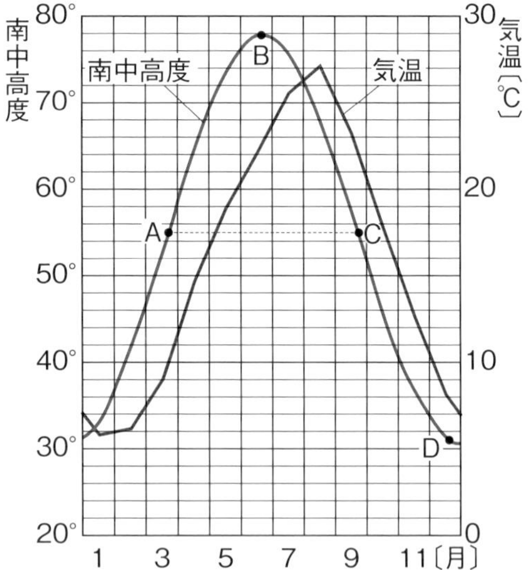

(1)		(2)		(3)		(4)		(5)		(6)	

よく出る **3** 右の図は，日本のある地点で，３月のある日の太陽の１日の動きを，透明半球上に記録したものである。次の問いに答えなさい。 5点×3(15点)

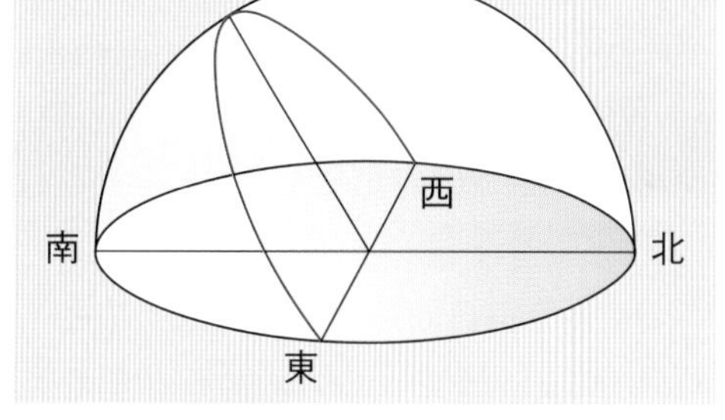

記述 (1) 図より，この日の昼と夜の長さはどのようであるといえるか。簡単に答えなさい。

(2) 図のような太陽の動きが観察されたのは，いつか。次のア～エから選びなさい。

ア 春分　　イ 夏至

ウ 秋分　　エ 冬至

(3) ３か月後に，同じ場所で太陽の１日の動きを記録したものはどれか。次の㋐～㋓から選びなさい。

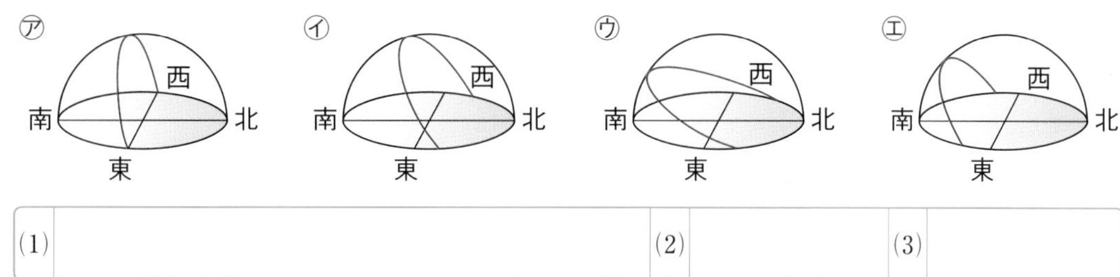

(1)		(2)		(3)	

4 図１は，地球における季節による太陽の光の当たり方のちがいを示したもので，図２は，太陽の光が地面に当たる角度と温度変化について調べたようすである。次の問いに答えなさい。 4点×7(28点)

図１ A 赤道 35° a 太陽 B b 北極 35° 南極 赤道

図２

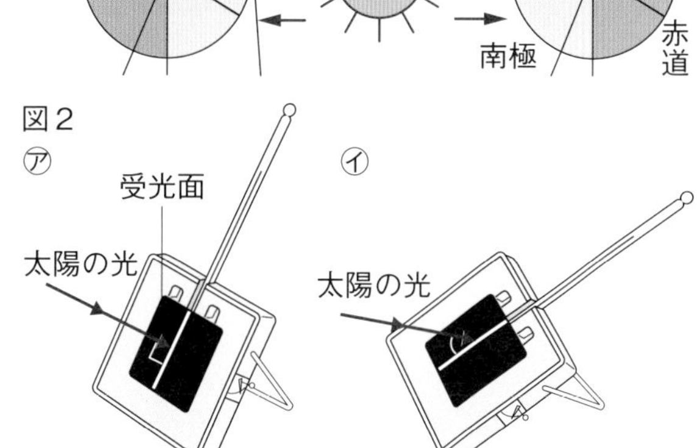

(1) 図１のA，Bのうち，日本付近での昼の長さが長いのはどちらか。

(2) 図１のA，Bのうち，日本付近での南中高度が低いのはどちらか。

(3) 図１のBの日本付近の昼ごろと同じような太陽の光の当たり方をしているのは，図２の㋐，㋑のどちらか。

(4) 図２で，温度上昇が大きいのは，㋐，㋑のどちらか。また，その理由を答えなさい。

(5) 図１のA，Bのときの北緯35°の地点での南中高度a，bは何度か。ただし，地軸の公転面に対して垂直な方向に立てた線に対する傾きを23.4°とする。

(1)		(2)		(3)	
(4)	記号		理由		
(5)	a		b		

単元4

解答 p.30

第2章　月と金星の見え方

同じ語句を何度使ってもかまいません。

教科書の要点　(　　)にあてはまる語句を，下の語群から選んで答えよう。

1 月の満ち欠け，日食(にっしょく)・月食(げっしょく)

教 p.224〜229

(1) 月を毎日同じ時間に観察すると，少しずつ(①　　　　)を変えながら，西から東へ位置を変えていく。

(2) 月は北極側から見て，**反時計回り**に地球のまわりを公転している。

(3) 月は球体で，自ら光を出すのではなく，(②　　　　)の光を反射して光っている。

(4) 月の表面の半分には常に太陽の光が当たっているが，日によって地球，月，太陽の位置関係が変化するため，月の見え方が変わる。

(5) 月は地球のまわりを公転している天体である。月は地球の(③★　　　　)である。

(6) 地球から見て，月が太陽に重なると，**太陽がかくされる**。この現象を(④★　　　　)という。

(7) 月が**地球のかげに入る**現象を(⑤★　　　　)という。

(8) 日食や月食は，月，太陽，地球が一直線に並んだときに見られる。

2 金星の見え方

教 p.230〜233

(1) 金星は，太陽の光を反射して光っていて，満ち欠けする。

(2) 金星は，星座の中を惑(まど)うように見え，(①★　　　　)という天体の1つである。

(3) 金星と地球の距離は公転によって変化するため，地球から見た金星の大きさは変化する。地球に近いとき，(②　　　　)く見えて，欠け方が大きい。また，地球から遠いとき，(③　　　　)く見えて，欠け方が小さい。金星が満ち欠けしながら，大きさが変わって見えるのは，金星が地球の内側を公転する惑星(わくせい)だからである。

(4) 地球よりも内側を公転する金星は，常に(④　　　　)に近いところにあるため，朝夕の限られた時間にしか観察できない。

(5) 水星や金星は地球の内側を公転する天体である。このような天体を(⑤★　　　　)という。

(6) 火星，木星，土星，天王星，海王星は地球の外側を公転する天体である。このような天体を(⑥★　　　　)という。

まるごと暗記
- **衛星**(えいせい)　**惑星**のまわりを公転する天体。
- **惑星**(わくせい)　恒星のまわりを公転する天体。

ワンポイント
太陽の直径は月の約400倍，地球と太陽の距離は地球と月の距離の約400倍である。そのため，月と太陽が同じくらいの大きさに見える。

プラスα
日食は
太陽ー月ー地球
月食は
太陽ー地球ー月
の順に並ぶと見られる。

まるごと暗記
- **内惑星**(ないわくせい)　水星，金星
- **外惑星**(がいわくせい)　火星，木星，土星，天王星，海王星

語群
1 形／月食／日食／太陽／衛星
2 大き／小さ／太陽／内惑星／外惑星／惑星

★の用語は，説明できるようになろう！

同じ語句を何度使ってもかまいません。

□にあてはまる語句を，下の語群から選んで答えよう。

1 月の満ち欠け

教 p.226

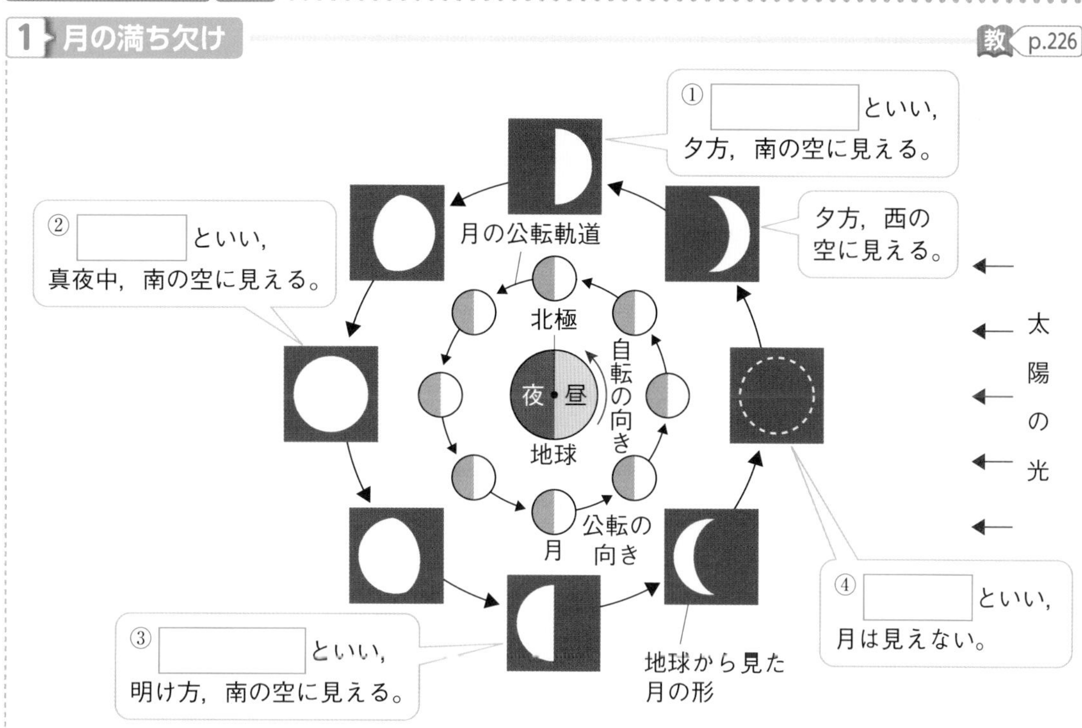

2 金星の見え方

①，③には夕方か明け方，⑥，⑦には日の入りか日の出を書こう。

教 p.233

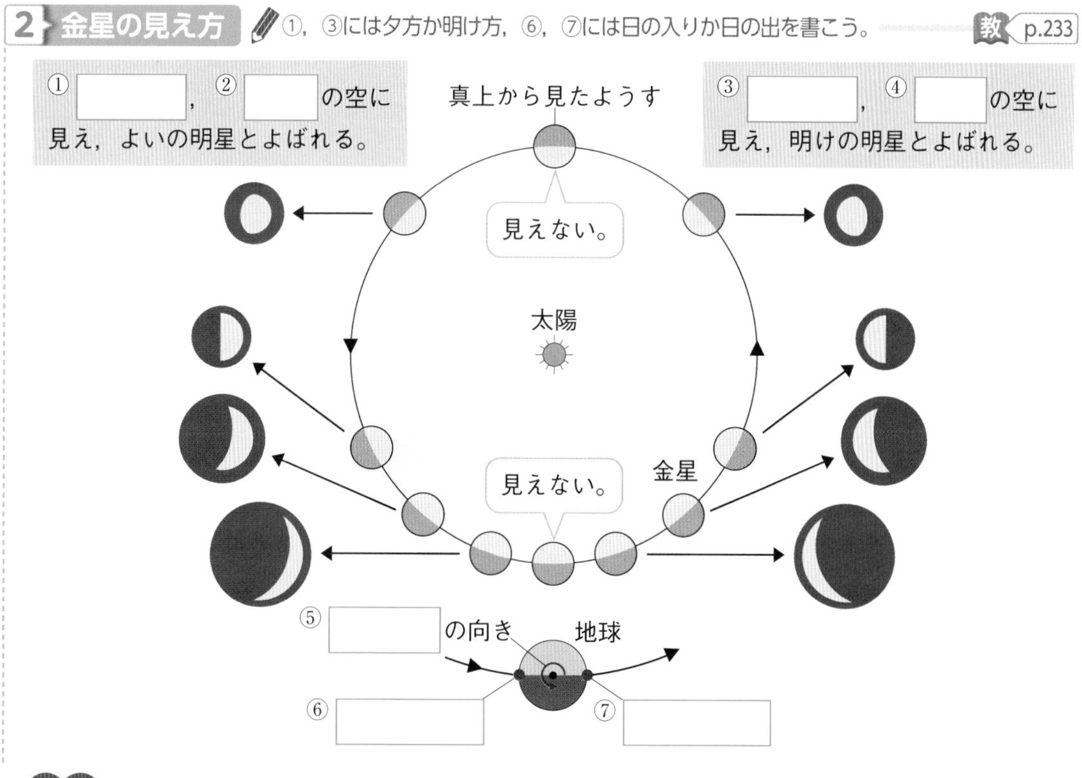

語群
1 新月／上弦の月／満月／下弦の月
2 明け方／夕方／日の出／日の入り／東／西／自転

わからない用語は，教科書の要点の★で確認しよう！

単元4

解答 p.30

定着のワーク ステージ2 第2章 月と金星の見え方

1 月の満ち欠け 下の図1は，月の満ち欠けのようすを，図2は，地球の北半球側から見たときの地球・太陽・月の位置関係を示したものである。あとの問いに答えなさい。

図1

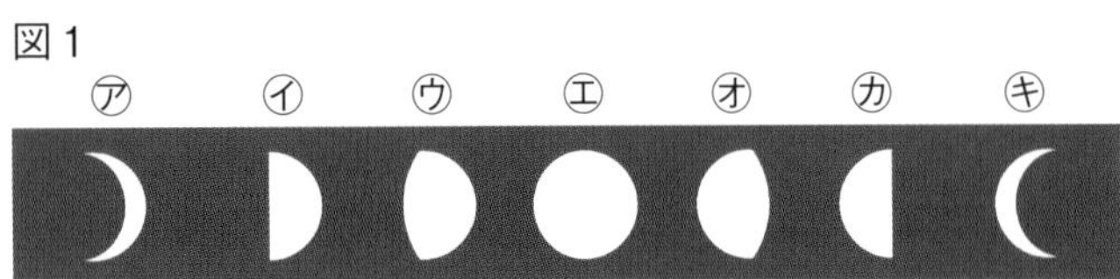

図2

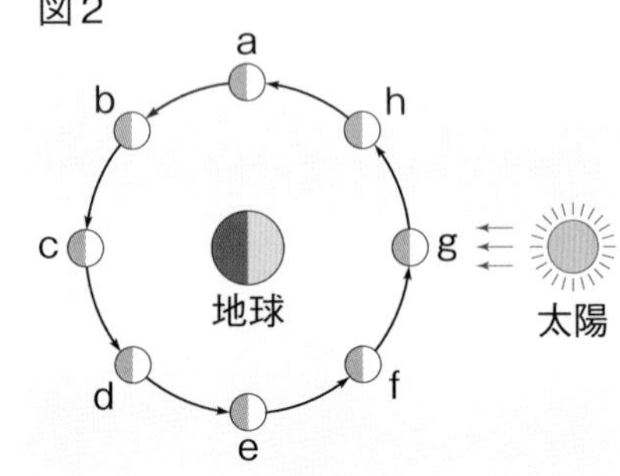

(1) 月のように惑星のまわりを公転する天体を何というか。 (　　　)

記述 (2) 月が光って見えるのはなぜか。簡単に答えなさい。

ヒント (　　　)

(3) 図1のア〜キは，図2のa〜hのどの位置にあるときのものか。

ア(　　) イ(　　) ウ(　　) エ(　　) オ(　　) カ(　　) キ(　　)

(4) 毎日同じ時刻に月を観察すると，月はどちらからどちらの方位へ位置を変えるか。 (　　　)

2 日食・月食 右の図は，日食や月食の起こり方を説明した図である。次の問いに答えなさい。

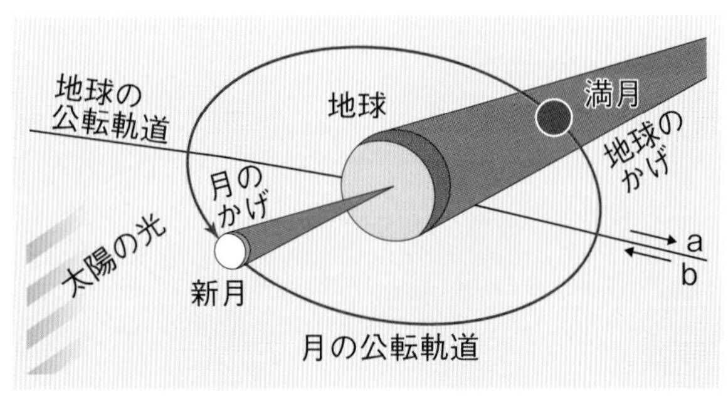

(1) 地球はa，bのどちらに進むか。

ヒント (　　　)

(2) 太陽・月・地球の順に並んだとき，月が太陽をかくすことがある。このような現象を何というか。 (　　　)

(3) 太陽・地球・月の順に並んだとき，月が地球のかげに入ることがある。このような現象を何というか。 (　　　)

(4) 次の文の(　)にあてはまる言葉を答えなさい。

①(　　　) ②(　　　)

天体がほかの天体に完全にかくされることを(①)，部分的にかくされることを(②)という。

(5) 日食や月食は，それぞれ新月，満月のいずれのときに起こるか。

日食(　　　) 月食(　　　)

記述 (6) 日食や月食が起こるのは，新月や満月のときであることのほか，どのような条件のときか。簡単に答えなさい。 (　　　)

ヒントの森

1(2)太陽のような恒星は，自ら光を出すが，惑星や月は太陽の光を反射して光る。

2(1)地球や月の公転の向きは同じ。

3 金星の公転のようすと見え方 下の図1は太陽・金星・地球の位置関係を，図2は地球から天体望遠鏡で観察された金星を示している。あとの問いに答えなさい。なお，図2は，天体望遠鏡の像を肉眼で見える向きに直したものである。

図1

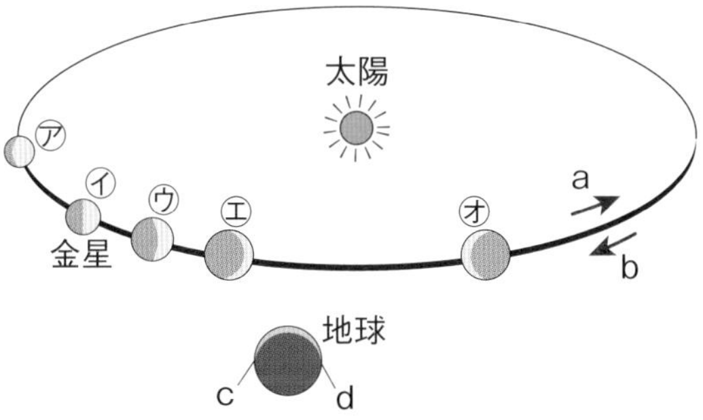

地球の北極を上にして静止させ，
金星だけを公転させて考えている。

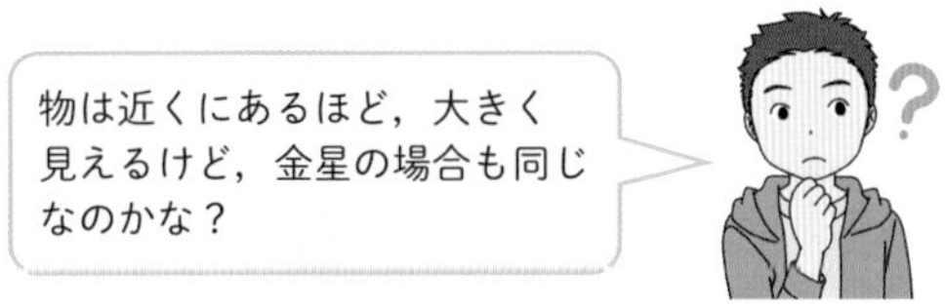

図2

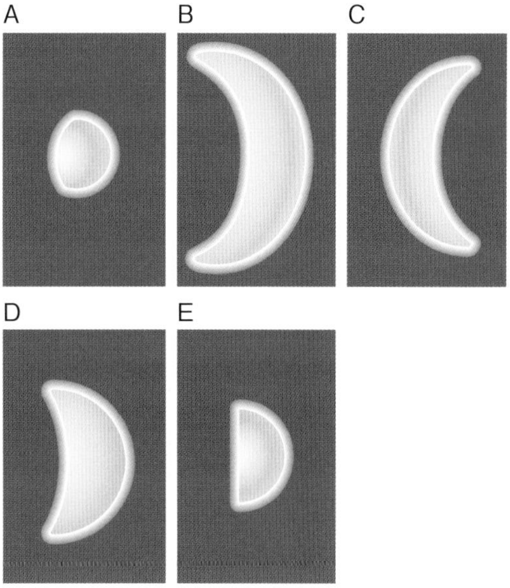

⑴ 金星はa，bのどちらの向きに公転しているか。ヒント　（　　　）

⑵ 地球のc，dの位置は，1日のうちの，「明け方」，「夕方」のどちらか。

c（　　　） d（　　　）

⑶ 金星は，見える時間帯によって，明けの明星，よいの明星とよばれる。

① 明けの明星，よいの明星は，それぞれいつごろ，どの方位の空に見えるか。

明けの明星（　　　）

よいの明星（　　　）

② 明けの明星，よいの明星とよばれるのはどれか。図1の㋐～㋔からすべて選びなさい。

明けの明星（　　　） よいの明星（　　　）

⑷ 図1の㋐～㋔のうち，最も大きく見えるのはどれか。　（　　　）

⑸ 図1のような位置関係のとき，㋐～㋔の位置にある金星は，どのような形に見えるか。図2のA～Eから選びなさい。

㋐（　　　） ㋑（　　　） ㋒（　　　） ㋓（　　　） ㋔（　　　）

⑹ 金星は，真夜中に見ることができない。この理由として正しいものを，次のア～ウから選びなさい。ヒント　（　　　）

ア　ほかの星の後ろ側へ移動してしまうので，真夜中に見えなくなってしまう。

イ　金星は地球よりも太陽に近いところにあるので，真夜中に見ることができない。

ウ　金星は太陽の光を反射しているので，真夜中は光が当たらず，暗くて見ることができない。

ヒントの森

3⑴太陽系の8つの惑星は，太陽を中心として，全て同じ向きに公転している。⑹真夜中の地球の位置と金星の位置を，図を使って確かめてみよう。

第2章　月と金星の見え方

1 右の図1は，月が地球のまわりを回るようすを模式的に示したものである。次の問いに答えなさい。　5点×8(40点)

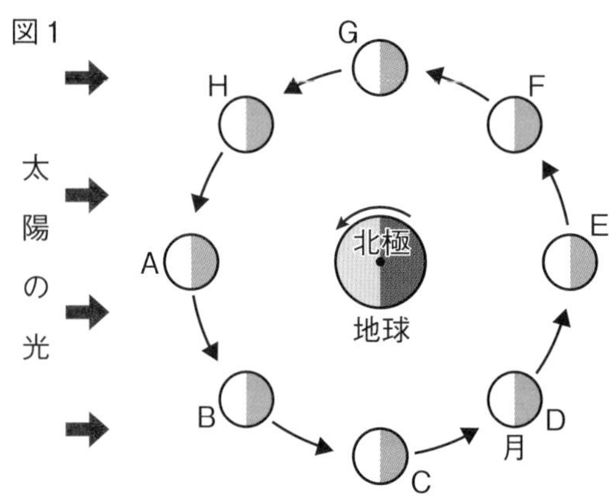

(1) 月は，満ち欠けをして形が変化して見えるが，実際にはどんな形をしているか。

記述 (2) 月はどのようにして，光っているか。簡単に答えなさい。

(3) 月がAの位置にあると，地球からは見ることができない。このときの月を何というか。

(4) 図2は，夕方に見える月の形と位置を，日を変えて観察したものである。㋐～㋒はそれぞれ，図1のB～Hのどの位置にあるときのものか。

(5) 明け方，南の空に見える月は，図1のB～Hのどこにある月か。

(6) 月がB→C→D→Eと位置を変えるとき，地球から見える月は，満ちていくか，欠けていくか。

図2

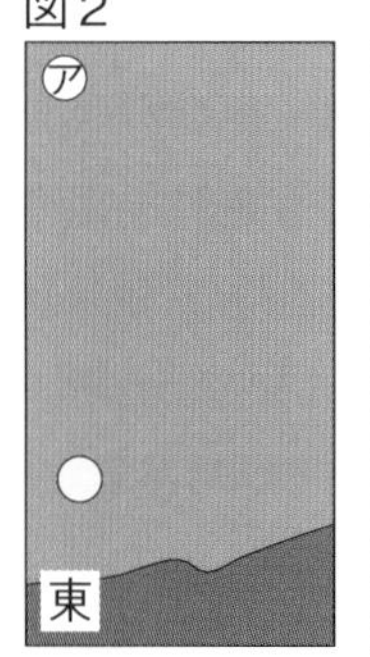

(1)		(2)									
(3)		(4)	㋐		㋑		㋒	(5)		(6)	

2 日食・月食について，次の問いに答えなさい。　5点×4(20点)

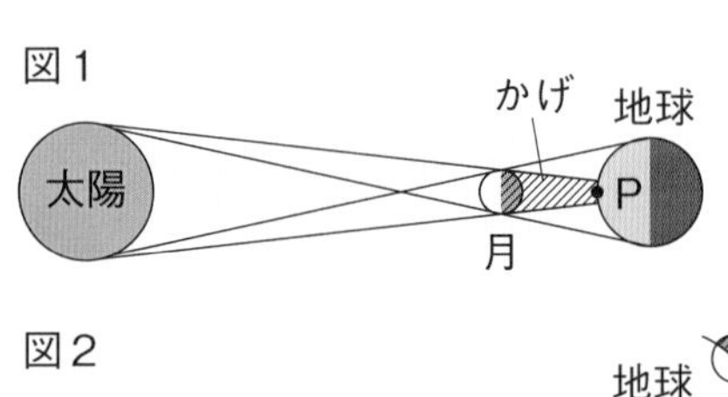

(1) 日食，月食は，それぞれ新月，満月のどちらのときに起こるか。

(2) 図1で，P点から太陽を見るとどのように見えるか。ア，イから選びなさい。

ア　太陽の一部がかくれて見える。

イ　太陽が月に完全にかくされている。

(3) 図2で，月が地球のかげに全てかくれるのは，㋐～㋓のどこに月があるときか。

(1)	日食		月食		(2)		(3)	

3 あるとき，夕方西の空にきわめて明るい星が見えるのに気づき，天体望遠鏡でときどき観察することにした。右の図はその観察記録である。次の問いに答えなさい。 5点×4(20点)

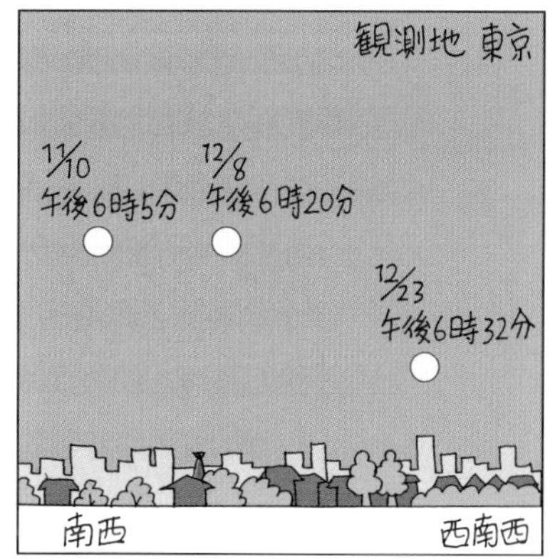

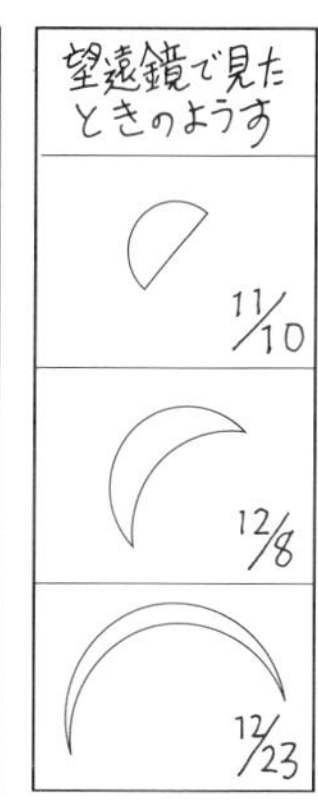

(1) この星を見て，近所の人が「よいの明星はほんとうに明るいね。」といった。この星は地球のすぐ内側を公転する惑星である。この惑星を何というか。

(2) 右の図の左側は，この星が見えた位置と日時，右側は望遠鏡の視野の中の星のようすのスケッチである。日がたつにつれて，星が大きくなってくることから，どんなことがわかるか。簡単に答えなさい。

(3) 望遠鏡の視野の中で，この星の左上側が明るく光っている。望遠鏡で見ていることを考えると，実際にこの星の光って見える部分はどちら側になるか。

(4) 数か月後，この星が全くちがった位置に見えることに気がついた。その見える時刻と位置は，次の**ア**～**エ**のどれか。

ア 真夜中の北の空　**イ** 真夜中の東の空
ウ 明け方の北の空　**エ** 明け方の東の空

(1)		(2)	
(3)		(4)	

4 右の図は，地球よりも太陽に近いところを公転している２つの惑星，水星，金星の，太陽から最もはなれて見えるときの地球との位置関係を示している。次の問いに答えなさい。 5点×4(20点)

太陽
水星
金星
約28°
北極
地球
約47°

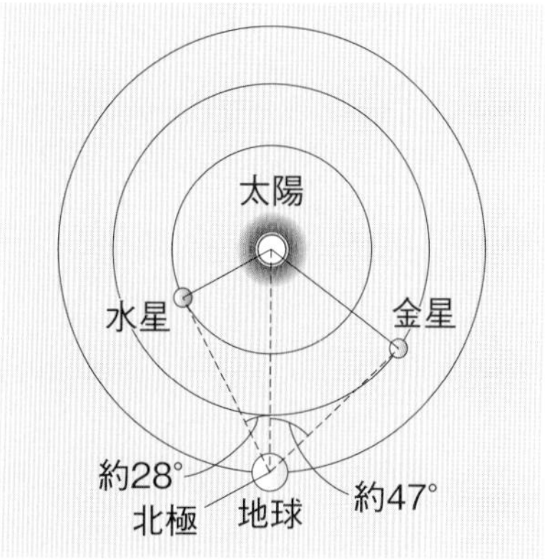

(1) 水星，金星の２つの星をまとめて，何というか。

(2) 地球から見て，太陽と水星の間の角度は，常に何度以内か。

(3) この２つの惑星を観察できないのは，どんなときか。次の**ア**～**ウ**から選びなさい。

ア 明け方　**イ** 夕方　**ウ** 真夜中

(4) 金星が図の位置にあるとき，いつ，どの方向の空に見えるか。

(1)		(2)		(3)		(4)	

単元4

解答 p.32

第3章　宇宙の広がり

同じ語句を何度使ってもかまいません。

(　　)にあてはまる語句を，下の語群から選んで答えよう。

1 太陽系の天体

教 p.236〜239

(1) 太陽のまわりにある，惑星などのさまざまな天体は，それぞれの軌道上を(①　　　　)している。太陽を中心とする，これらの天体をふくむ空間を(②★　　　　)という。

(2) 水星，金星，地球，火星のように，主に岩石でできた，小型で密度が大きい惑星を(③★　　　　)という。

- 水星…太陽の最も近くを公転し，表面にはクレーターが見られる。
- 金星…地球のすぐ内側を公転し，二酸化炭素の厚い大気でおおわれている。
- 地球…酸素や大量の水があり，唯一生命が存在する惑星である。
- 火星…地球のすぐ外側を公転し，土にわずかに水が存在する。

(3) 木星，土星，天王星，海王星のように，気体や大量の氷をふくむ，大型で密度が小さい惑星を(④★　　　　)という。木星型惑星は，氷や岩石などでできた**環**，多くの**衛星**がある。

- 木星…太陽系最大の惑星で，大赤斑とよばれる渦が見られる。
- 土星…巨大な環をもつ。密度は水にうくほど小さい。
- 天王星…自転軸が大きく傾いている。地球からは青緑色に見える。
- 海王星…太陽から最も遠い惑星で，地球からは青く見える。

(4) 主に火星と木星の軌道の間にあり，太陽のまわりを公転している小天体を(⑤★　　　　)という。

(5) ほかにも，海王星より外側を公転する(⑥★　　　　)，太陽系の果てからやってきて太陽に近づくと長い尾を見せる(⑦★　　　　)という天体がある。

まるごと暗記
太陽系の天体
太陽，惑星，衛星，小惑星，太陽系外縁天体，すい星など。

まるごと暗記
● **地球型惑星**
水星，金星，地球，火星
● **木星型惑星**
木星，土星，天王星，海王星

2 宇宙の広がり

教 p.240〜243

(1) 数億～数千億個の恒星の集まりを(①★　　　　)という。

(2) 太陽系は，約2000億個の恒星からなる(②★　　　　)という銀河に属している。

(3) 天体間の距離は，(③　　　　)や光年という単位を用いて表すことが多い。1天文単位は，太陽と地球の距離，1光年は，光が1年間に進む距離である。

まるごと暗記
● **銀河**
数億～数千億個の恒星の集団。
● **銀河系**
太陽系が属する銀河。天の川銀河ともいう。

語群
❶公転／小惑星／すい星／太陽系／太陽系外縁天体／地球型惑星／木星型惑星
❷天文単位／銀河系／銀河

★の用語は，説明できるようになろう！

同じ語句を何度使ってもかまいません。

教科書の図　□にあてはまる語句を，下の語群から選んで答えよう。

1 太陽系の天体

教 p.236～237

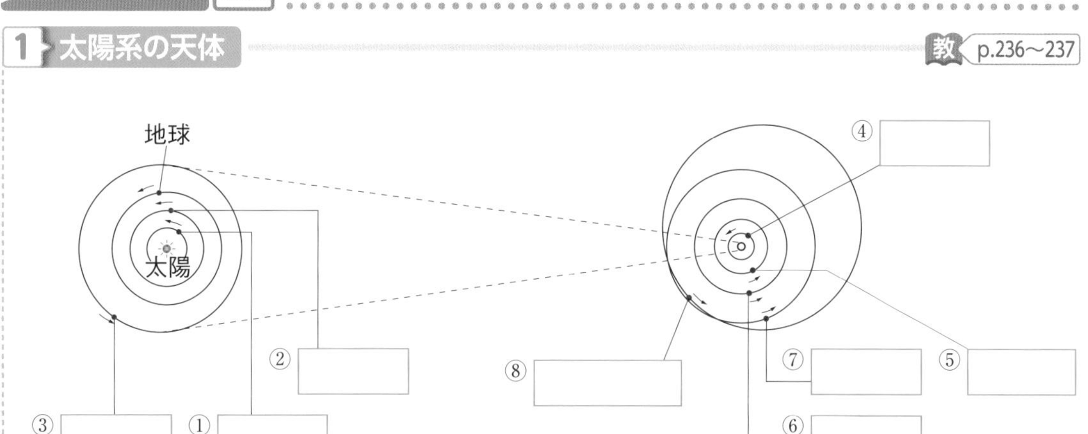

2 宇宙の広がり

教 p.240～241

● 真上から見た銀河系

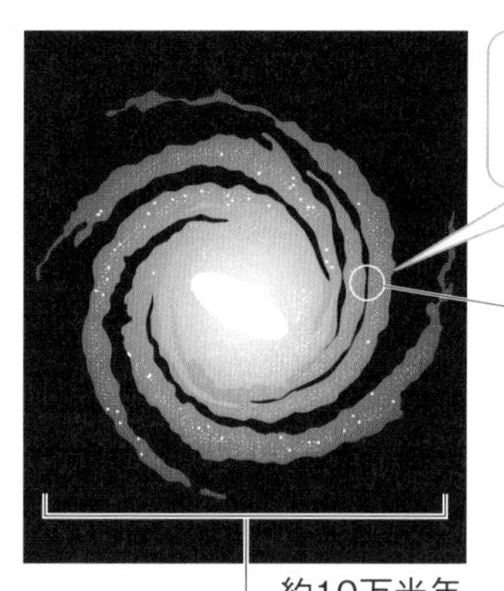

太陽系は① □ という星の大集団に所属している。

太陽系の位置

約10万光年

● 真横から見た銀河系

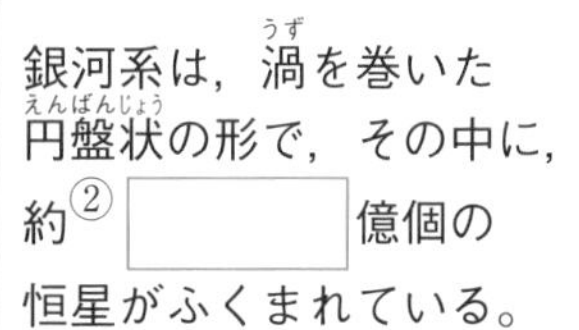

銀河系は，渦(うず)を巻いた円盤状(えんばんじょう)の形で，その中に，約② □ 億個の恒星がふくまれている。

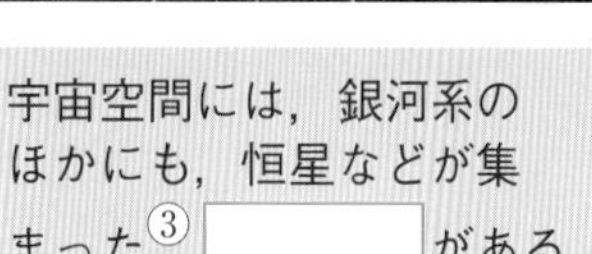

宇宙空間には，銀河系のほかにも，恒星などが集まった③ □ がある。

語群
1 海王星／火星／金星／水星／天王星／土星／めい王星／木星
2 銀河系／銀河／2000

わからない用語は，教科書の要点の★で確認しよう！

解答 p.32

定着のワーク ステージ2 第3章 宇宙の広がり

1 太陽系 右の表は，太陽のまわりを公転する惑星についてまとめたものである。これについて，次の問いに答えなさい。

	太陽からの平均距離（地球＝1）	公転の周期〔年〕	直径（地球＝1）	密度〔g/cm^3〕
水星	0.39	0.24	0.38	5.43
金星	0.72	0.62	0.95	5.24
地球	1.00	1.00	1.00	5.51
火星	1.52	1.88	0.53	3.93
木星	5.20	11.86	11.21	1.33
土星	9.55	29.53	9.45	0.69
天王星	19.22	84.25	4.01	1.27
海王星	30.11	165.23	3.88	1.64

(1) 太陽の遠くにある天体ほど，どのような特徴があるか。次のア～ウから適当なものを選びなさい。（　　）

ア　公転の周期が長い。　イ　密度が大きい。

ウ　表面の温度が高い。

(2) 太陽から海王星までの距離が50cmである太陽系の模型をつくると，太陽からの地球の距離は何cmか。次のア～エから適当なものを選びなさい。ヒント（　　）

ア　0.6cm　イ　1.7cm　ウ　3.2cm　エ　6.0cm

2 惑星 下のア～キは太陽系の惑星である。あとの問いに答えなさい。

ア　水星　イ　天王星　ウ　木星　エ　火星
オ　土星　カ　金星　キ　海王星

(1) 次の①～⑦は，太陽系の惑星の説明である。それぞれの説明にあてはまる惑星を，上のア～キから選びなさい。ヒント

① 自転軸が大きく傾き，ほぼ横だおしの状態で公転し，青緑色に見える。（　　）

② 地球のすぐ外側を公転し，赤色に見える。（　　）

③ 太陽系最大の惑星で，大赤斑とよばれる渦が見られる。（　　）

④ 地球に最も近く，二酸化炭素の厚い大気におおわれ，表面の温度は約460℃もある。（　　）

⑤ 太陽に最も近く，大気はきわめてうすく，昼夜の温度差が大きい。（　　）

⑥ 地球からは青く見え，大気中に渦が見えることもある。太陽から最も遠くに位置する。（　　）

⑦ 氷や岩石の粒(つぶ)でできた環をもち，水よりも密度が小さい。（　　）

(2) 主に気体や氷でできていて，大きさが大きい惑星は，地球型惑星，木星型惑星のどちらか。（　　）

(3) 密度が大きい惑星は，地球型惑星，木星型惑星のどちらか。（　　）

(4) ①地球型惑星と②木星型惑星であるものを，上のア～キからそれぞれすべて選びなさい。

①（　　）②（　　）

1(2)太陽から地球の距離と，太陽から海王星までの距離の比を利用する。

2(1)金星は地球に最も近いが，地球よりも太陽に近く，温度が高い。

3 惑星以外の天体　太陽系の惑星以外の天体について，次の問いに答えなさい。

(1) エウロパ，カリスト，ガニメデ，イオとよばれる天体は，全て何という惑星のまわりを回っている天体か。（　　　　　）

(2) (1)の4つの天体や，月のように惑星のまわりを回っている天体のことを何というか。（　　　　　）

(3) (2)の天体は，どのようにかがやいているか。次のア，イのうち正しいものを選びなさい。（　　　）

ア　自らが光や熱を出しながらかがやいている。
イ　太陽の光を反射して，かがやいている。

(4) 次の文の(　)にあてはまる惑星の名称を答えなさい。
①(　　　　　　)　②(　　　　　　)

小惑星とよばれる小天体は，主に(①)と(②)の間にあり，太陽のまわりを公転している。小惑星には，地球と衝突をする可能性があるものもある。

(5) 海王星の外側を公転する天体で，以前は惑星に分類されていたが，現在は，太陽系外縁天体に分類されている天体を何というか。（　　　　　）

(6) 太陽系の果てからやってきて，太陽に近づくと長い尾を見せる天体を何というか。（　　　　　）

単元4

4 宇宙の広がり　右の図は，太陽系をふくむ恒星の集団を示している。これについて，次の問いに答えなさい。

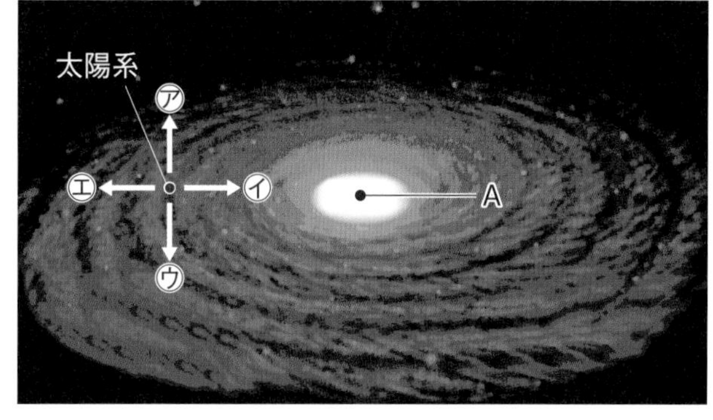

(1) この恒星の集団の名称を答えなさい。ヒント（　　　　　）

(2) 地球から夏の天の川が見えるときは，図の㋐～㋓のどちらの方向に見えるか。（　　　）

(3) 図の恒星の集団の外には，太陽系をふくまない数億～数千億個の恒星の集団がある。これを何というか。（　　　　　）

(4) 図で，太陽系の位置から中心Aまでの距離を，次のア～エから選びなさい。（　　　）

ア　約5千光年　　イ　約1万光年
ウ　約3万光年　　エ　約5万光年

(5) 天体の距離を表す単位の1つに，「天文単位」がある。1天文単位とは，どのような距離か。ヒント（　　　　　　　　　　）

4(1)円盤状の形をしている。
(5)地球とある天体の距離を基準としている。

解答 p.33

第3章 宇宙の広がり

30分 /100

よく出る **1** 右の表は，太陽系の８個の惑星について，それぞれの特徴をまとめたものである。次の問いに答えなさい。 4点×7(28点)

	太陽からの平均距離(地球＝1)	公転の周期〔年〕	直径(地球＝1)	質量(地球＝1)	密度〔g/cm^3〕
水星	0.39	0.24	0.38	0.06	5.43
金星	0.72	0.62	0.95	0.82	5.24
地球	1.00	1.00	1.00	1.00	5.51
火星	1.52	1.88	0.53	0.11	3.93
木星	5.20	11.86	11.21	317.83	1.33
土星	9.55	29.53	9.45	95.16	0.69
天王星	19.22	84.25	4.01	14.54	1.27
海王星	30.11	165.23	3.88	17.15	1.64

(1) 太陽から遠ざかるにつれて，太陽のまわりを１回公転するのに要する日数はどうなるか。

(2) 小惑星とよばれる天体が多く回っているのは表の中の惑星のうち，どれとどれの間であるか。

(3) 木星型惑星とよばれる天体を，木星以外すべて答えなさい。

(4) (3)で答えた，木星型惑星の大きさ(直径)は，地球型惑星の大きさと比べて，どのような特徴があるといえるか。

(5) (3)で答えた，木星型惑星の密度は，地球型惑星の密度の大きさと比べて，どのような特徴があるといえるか。

(6) 密度が，水にうくほど小さい惑星はどれか。

(7) 海王星の外側を公転する，めい王星などの天体は，何とよばれているか。

(1)		(2)		(3)	
(4)	(5)	(6)	(7)		

2 次の文は太陽系に属する天体について述べたものである。次の問いに答えなさい。 4点×6(24点)

(1) 地球のすぐ内側を公転する惑星の名前を答えなさい。

(2) 太陽系の中で２番目に大きく，氷や岩石の粒でできた環がある惑星の名前を答えなさい。

(3) 太陽から最も遠くにあり，地球からは青く見える惑星の名前を答えなさい。

(4) (3)が青く見えるのは，何という物質の影響だと考えられているか。

(5) 地球のまわりを公転し，表面にはクレーターが見られる衛星の名前を答えなさい。

(6) 火星と木星の軌道の間に多くあり，太陽のまわりを公転している小天体の名前を何というか。

(1)		(2)		(3)	
(4)		(5)		(6)	

3 下の図は，太陽系の天体とその軌道を表したものである。これについて，あとの問いに答えなさい。

4点×5(20点)

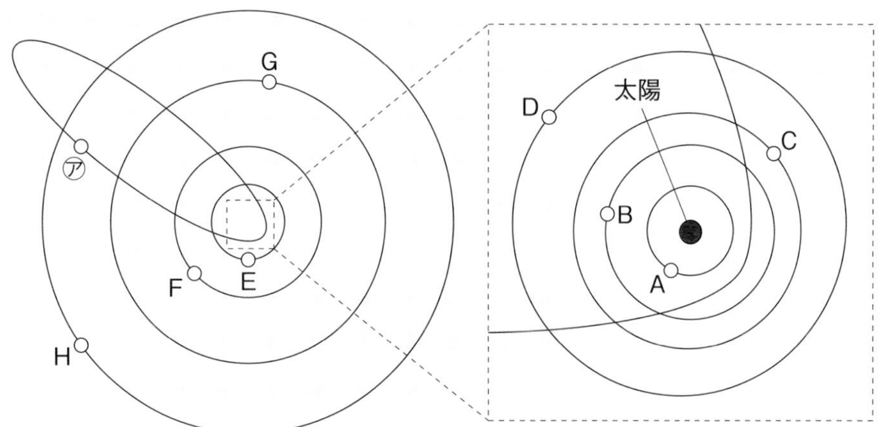

(1) 図のA～Hの惑星のうち，地球を表しているものはどれか。記号で答えなさい。

(2) 図の㋐の天体は，太陽に近づいたときに長い尾を見せることがある。この天体を何というか。

(3) 惑星を2つに分類したとき，図のA～Dの惑星をまとめて何というか。

(4) 図のBの天体の公転の周期を，次のア～ウから選びなさい。

ア 約0.62年　イ 約1年　ウ 約1.88年

(5) 図のGとHの惑星の公転の周期は，どちらが長いか。

(1)		(2)		(3)		(4)		(5)	

4 太陽系や太陽系の外の宇宙について，次の問いに答えなさい。　7点×4(28点)

(1) 恒星は，太陽もふくめて大部分がひとつの大きな集団をつくっている。太陽系が属する約2000億個の恒星の集団は，どんな形をしているか。次のア～エから選びなさい。

ア 球形　イ だ円形

ウ 円盤形　エ 平板形

(2) 太陽系が属する(1)の集団は，何という名称でよばれるか。

(3) (2)の集団の中心から，太陽系までの距離は，およそ何光年か。次のア～エから選びなさい。

ア 1万光年　イ 3万光年

ウ 6万光年　エ 10万光年

(4) 宇宙全体を調べると，(2)と同じような集団が非常に多数あることがわかった。これらの星の集団を何というか。

(1)		(2)		(3)		(4)	

単元4 地球と宇宙

解答 p.34　40分　/100

1 右の図は，太陽の表面と内部のようすを表した模式図である。次の問いに答えなさい。

4点×7(28点)

(1) 望遠鏡で太陽を観察するとき，安全上，絶対にしてはいけないことは何か。簡単に答えなさい。

(2) Aは，太陽をとり巻く高温のガスの層である。これを何というか。

(3) 太陽の表面にふき上げられたBを何というか。

(4) Cは，黒い斑点のように見える部分である。これを何というか。

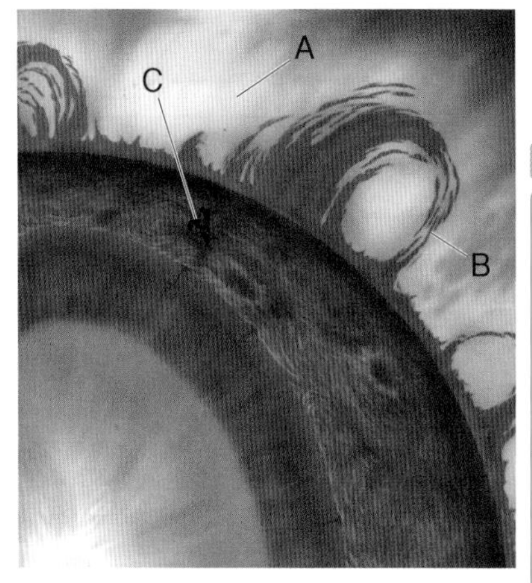

(5) 太陽の表面，太陽の中心，Cの部分の温度は約何℃か。次のア～エからそれぞれ選びなさい。

ア 4000℃
イ 6000℃
ウ 10000℃
エ 1600万℃

1

(1)		
(2)		
(3)		
(4)		
(5)	表面	
	中心	
	C	

2 下の図1は，日本のある地点で，ある日の日の入り直後に見えた月のスケッチであり，図2は，その場所の東から西の空にかけての地形のスケッチである。また，図3は，地球の北極側から見たときの，太陽，月，地球の位置関係を表したものである。あとの問いに答えなさい。

4点×3(12点)

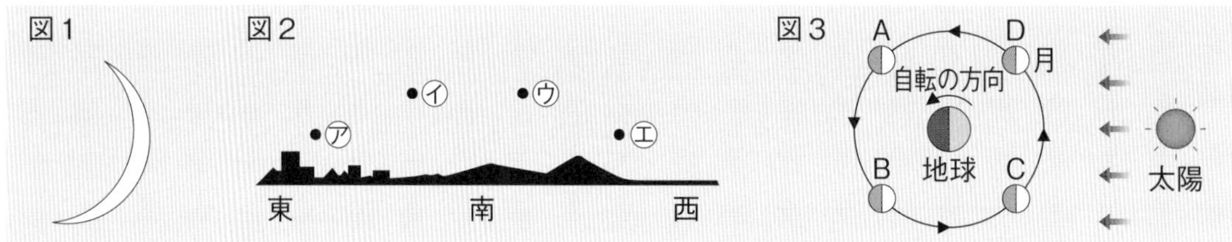

(1) 図1をスケッチしたときの月の位置は，図2の㋐～㋓のどこか。

(2) 図1の形に見えるときの月の位置は，図3のA～Dのどこか。記号で答えなさい。

(3) 図1の月が見えた日から観察を続けると，満月と新月ではどちらが先に見えるか。

2

(1)	
(2)	
(3)	

太陽の表面のようすについて確認しよう。また，それぞれの天体の動きと，その原因について関連づけて学習しよう。

自分の得点まで色をぬろう!
がんばろう!　もう一歩　合格!
0　60　80　100点

3 右の図は，太陽のまわりを地球が公転するようすと，代表的な星座の位置関係を表したものである。これについて，次の問いに答えなさい。

6点×5(30点)

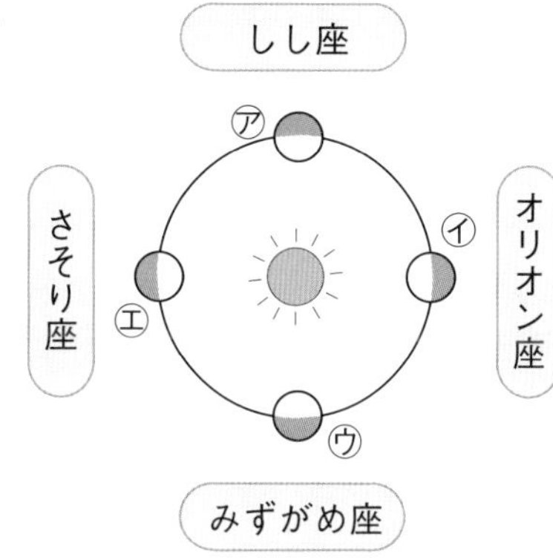

(1)　地球が㋐の位置にあるとき，日本で真夜中に南中する星座名を図の中から答えなさい。

(2)　(1)のとき，さそり座はどの方位に見えるか。東・西・南・北で答えなさい。

(3)　日本付近で，さそり座が一晩じゅう見える季節を答えなさい。

(4)　(3)のときの地球の位置を，㋐～㋓から選びなさい。

(5)　地球が㋓の位置にあるとき，日本で見ることができない星座名を図の中から答えなさい。

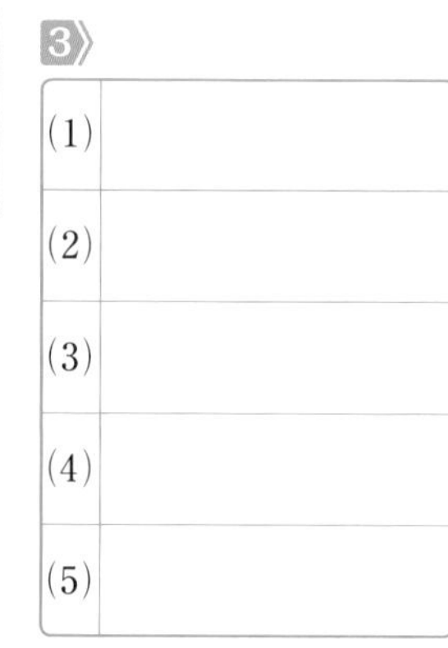

4 右の図A～Eは，日本のある地点で，ある年の7月から10月にかけて，天体望遠鏡を使って日の入り直後の金星を，いずれも同じ倍率で観察しスケッチしたものである。これについて，次の問いに答えなさい。ただし，スケッチは天体望遠鏡の像を肉眼で見える向きに直したものである。

6点×5(30点)

A　B　C　D　E

(1)　金星や地球のように，太陽のまわりを公転する天体を何というか。

(2)　次の①，②にあてはまる図を，A～Eからそれぞれ1つずつ選びなさい。

①　金星が，最も地球に近づいているとき。

②　地球から見た太陽と，地球から見た金星とのつくる角度が，最も大きいとき。

(3)　金星の公転する軌道が地球の公転する軌道の内側にあることは，どのようなことからわかるか。次のア～オから，正しいものを2つ選びなさい。

ア　太陽の向こう側に行くために見えなくなることがある。

イ　地球から見て，見かけの明るさが変化する。

ウ　地球から真夜中に観察することができない。

エ　金星の表面が厚い雲におおわれている。

オ　地球から見て，大きく満ち欠けする。

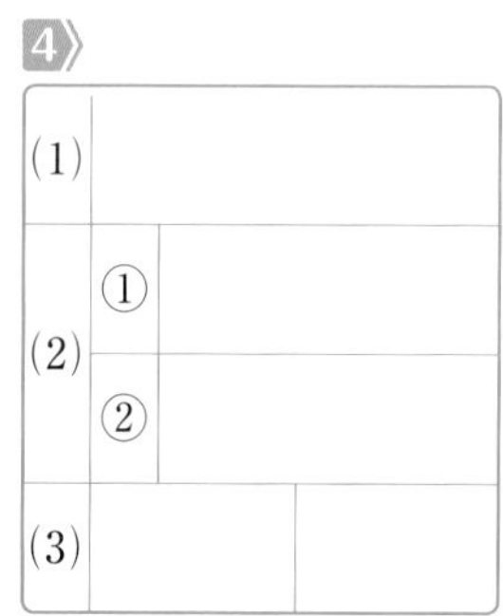

単元4

終わったら後ろの，4，5，14，をやろう。

解答 p.35

第1章　自然のなかの生物

（　　）にあてはまる語句を，下の語群から選んで答えよう。

同じ語句を何度使ってもかまいません。

1 生態系

教 p.256〜259

(1)　ある地域に生息，生育する全ての生物と，水や空気，土などの環境をひとつのまとまりとしてとらえたものを（①★　　　　）という。

(2)　自然界で見られる，生物どうしの食べる，食べられるという鎖のようにつながった一連の関係を，（②★　　　　）という。

(3)　食物連鎖は，光合成を行う（③　　　　）などから始まる。

(4)　自然界では，動物は複数の種類の生物を食べているので，実際には食べる，食べられるという関係は単純ではなく，網の目のように複雑にからみ合っている。これを（④★　　　　）という。

(5)　生態系では，ふつう，（⑤　　　　）の数量(個体数など)が最も多く，草食動物，肉食動物と段階が上がるにつれて少なくなる。

まるごと暗記

食物連鎖
食べる，食べられるという鎖のようにつながった生物どうしの一連の関係。

まるごと暗記

- 生産者
光合成によって無機物から有機物をつくる。
- 消費者
ほかの生物を食べて有機物を得る。
- 分解者
有機物を無機物に分解する。

2 生態系における生物の関係

教 p.260〜265

(1)　生態系のなかで，光合成を行い，二酸化炭素と水から有機物をつくる生物を（①★　　　　），ほかの生物や生物の死がいを食べて有機物を得る生物を（②★　　　　）という。

(2)　生態系のなかで，生物の死がいや動物の排出物などの有機物の分解にかかわっている生物を特に（③★　　　　）という。

(3)　分解者の役割を担うのは，ミミズやダニなどの土壌動物や★菌類，★細菌類などの（④★　　　　）である。

プラスα

分解者は，生産者がつくり出した有機物を間接的に消費しているので，消費者ともいえる。

3 炭素の循環と地球温暖化

教 p.266〜267

(1)　生産者は炭素を（①　　　　）の形でとり入れ，光合成によってデンプンなどの有機物をつくる。

(2)　炭素は，光合成によって生産者に吸収されたり，全ての生物の（②　　　　）によって二酸化炭素として大気中に放出されたりする。

(3)　化石燃料の使用の増大により，大気中の二酸化炭素が増加している。二酸化炭素は温室効果ガスの1つであり，この濃度の上昇が（③★　　　　）の原因の1つであると考えられている。

ワンポイント

化石燃料の消費
⇨二酸化炭素の増加
⇨地球温暖化の原因

語群
❶生態系／植物／食物網／食物連鎖
❷生産者／微生物／消費者／分解者　❸二酸化炭素／呼吸／地球温暖化

★の用語は，説明できるようになろう！

同じ語句を何度使ってもかまいません。

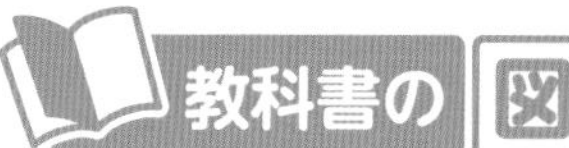

教科書の図 □にあてはまる語句を，下の語群から選んで答えよう。

1 生物の数量の関係

教 p.259

①□動物
②□動物
植物
③□者
④□者

自然界では，食べられる生物の数量（個体数など）は，食べる生物の数量よりも⑤□。

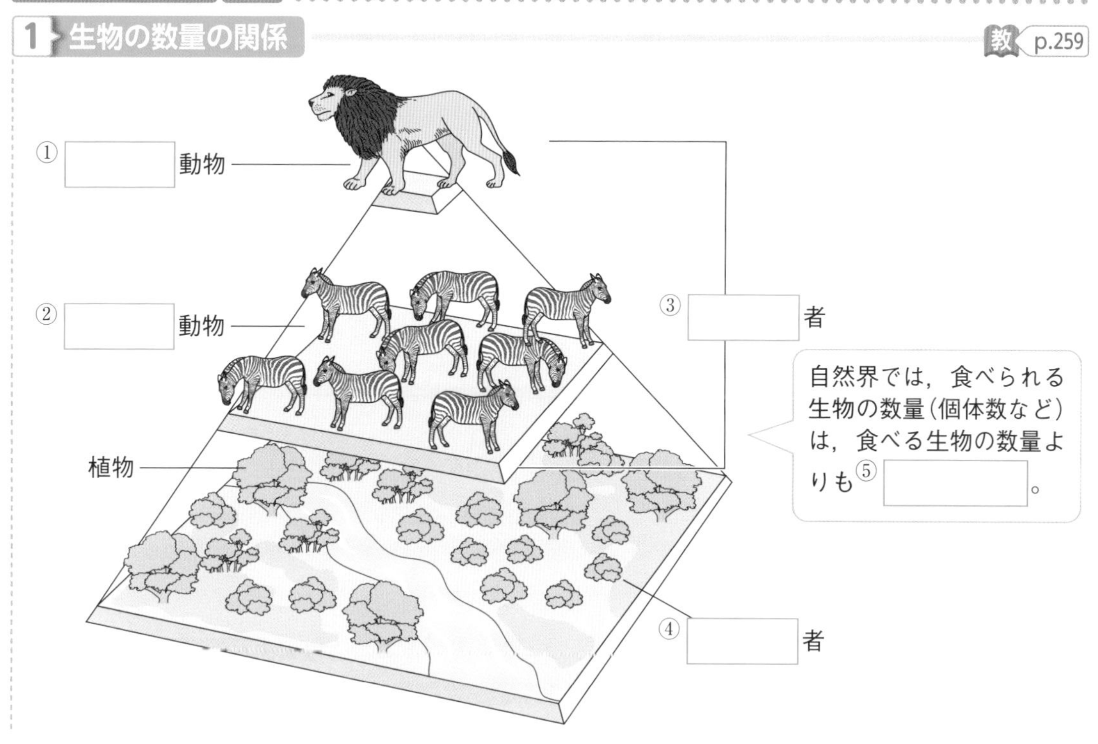

2 生態系における炭素の循環

教 p.267

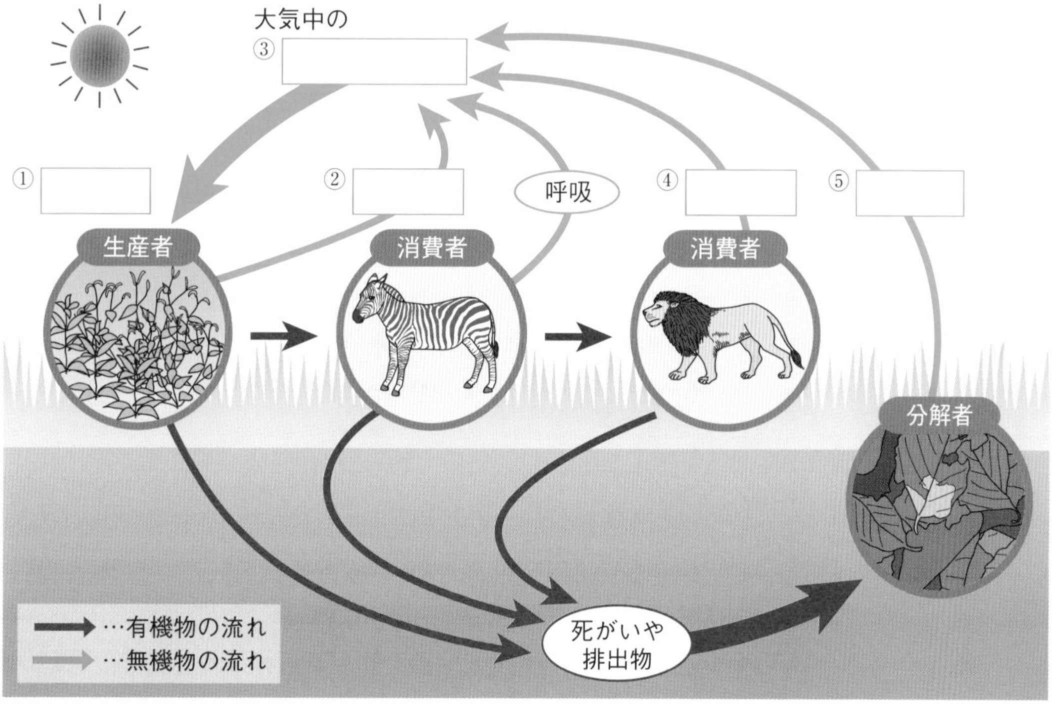

大気中の
③□
①□
②□
呼吸
④□
⑤□
生産者
消費者
消費者
分解者
死がいや
排出物
…有機物の流れ
…無機物の流れ

語群
1 肉食／多い／消費／生産／草食
2 光合成／二酸化炭素／呼吸

わからない用語は，教科書の要点の★で確認しよう！

単元5

解答 p.35

定着のワーク ステージ2 第1章 自然のなかの生物

1 食物連鎖 右の図1は，自然のなかのいろいろな生物を表したものである。これについて，次の問いに答えなさい。

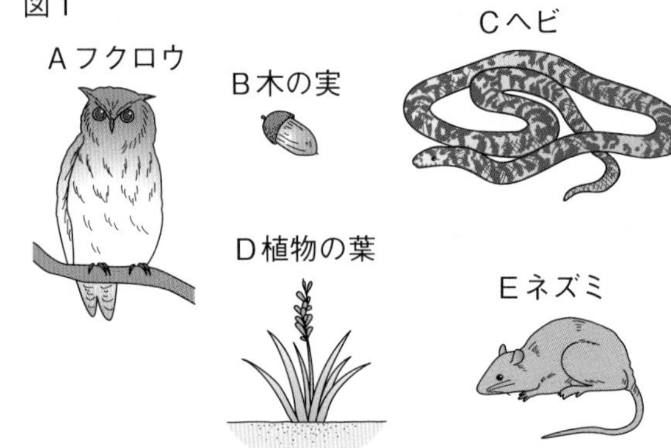

記述 (1) 次の文は，図1のA〜Eの生物の食べる，食べられるという関係について説明したものである。(　)にあてはまる生物の名前を答えなさい。

①(　　　　)
②(　　　　)
③(　　　　)
④(　　　　)

ヘビは(①)を食べ，ヘビは(②)に食べられる。ネズミは植物の葉や(③)を食べ，フクロウはネズミや(④)を食べる。

(2) (1)の生物どうしの関係を，食べられるものから食べるものに向かう矢印で右の図2のように表すとき，図の□にあてはまる図1の生物の記号で答えなさい。ヒント

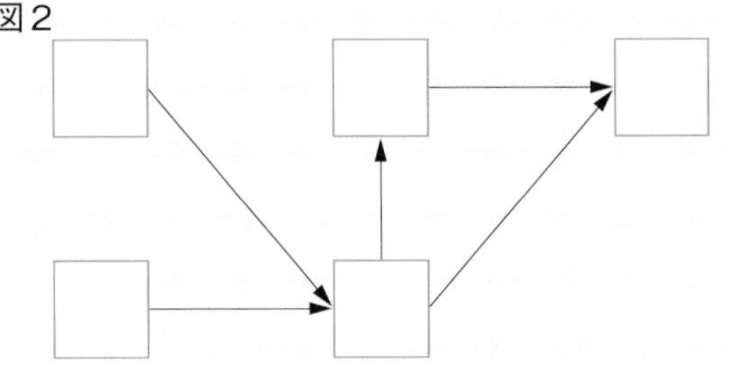

2 生物の数量的な関係 右の図は，ある地域において食べる，食べられるという関係にある生物の数量的な関係を表したものである。次の問いに答えなさい。

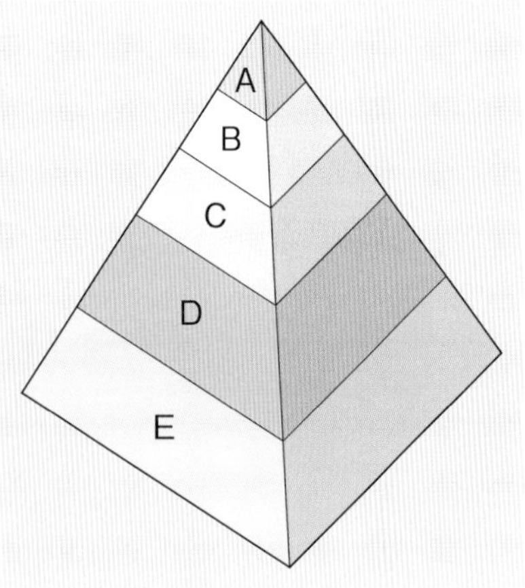

(1) 生物どうしの食べる，食べられるという一連の関係を何というか。(　　　　)

(2) ある地域の生物の数量的な関係を(1)の順にしたとき，どのような形になるか。(　　　　)

(3) 図の生物A〜Eのうち，最も数量が少ないものを選びなさい。(　　)

(4) 海洋の生態系では図のA〜Eには，それぞれどのような生物があてはまるか。次のア〜オから1つずつ選びなさい。ヒント

A(　　) B(　　) C(　　) D(　　) E(　　)

ア 動物プランクトン　イ イワシ　ウ カツオ　エ サメ
オ 植物プランクトン

❶(2)生産者→草食動物→肉食動物の順に有機物が移動する。
❷(4)光合成を行うプランクトンを植物プランクトンという。

3 炭素の循環　下の図は，自然界における炭素の循環を模式的に表したものである。これについて，あとの問いに答えなさい。

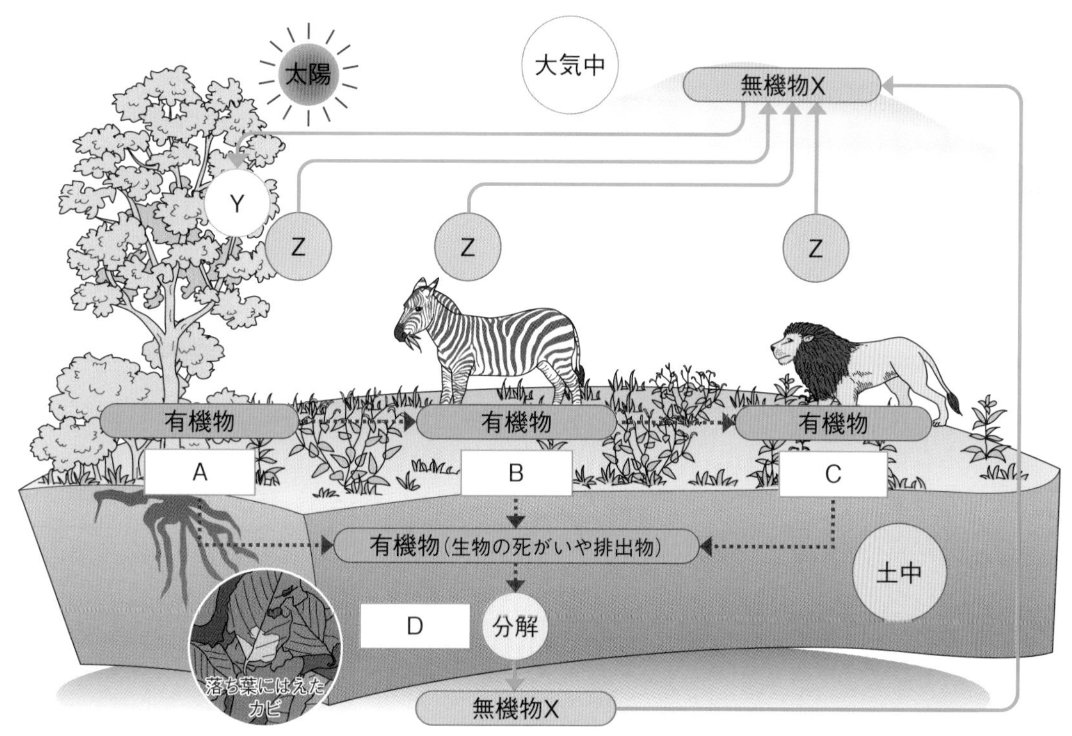

(1)　無機物Xは，空気中に存在する炭素をふくんだ気体である。この気体は何か。
（　　　　　）

(2)　YとZは，生物が行うはたらきである。それぞれ何か。ヒント
Y（　　　　　）　Z（　　　　　）

(3)　A～Dは，何にあたるか。次の〔　〕から選んで答えなさい。ただし，同じ言葉を何度選んでもよいものとする。
A（　　　　　）　B（　　　　　）　C（　　　　　）　D（　　　　　）
〔　生産者　　消費者　　分解者　〕

(4)　Dの生物のうち，カビやキノコを何類というか。（　　　　　）

(5)　Dの生物のうち，乳酸菌（にゅうさんきん）や大腸菌（だいちょうきん）を何類というか。（　　　　　）

(6)　(4)や(5)をふくむ小さな生物をまとめて何というか。（　　　　　）

(7)　(4)のなかまは糸状の細胞からできていて，胞子でふえるものが多い。(4)のなかまのからだをつくる糸状の細胞を何というか。（　　　　　）

(8)　近年，地球の平均気温が少しずつ上昇している。このことを何というか。ヒント
（　　　　　）

3(2)生産者も消費者も，呼吸によって，有機物を水や二酸化炭素などの無機物に分解する。
(8)温室効果ガスの１つである二酸化炭素の増加が原因の１つであると考えられている。

単元5

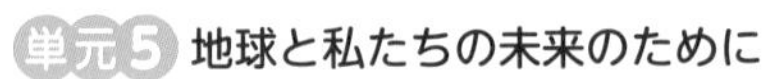

第1章 自然のなかの生物

解答 p.36

/100

よく出る **1** 右の図は，シマウマ，ライオン，植物の食物連鎖の数量の関係を表したものである。これについて，次の問いに答えなさい。

6点×4(24点)

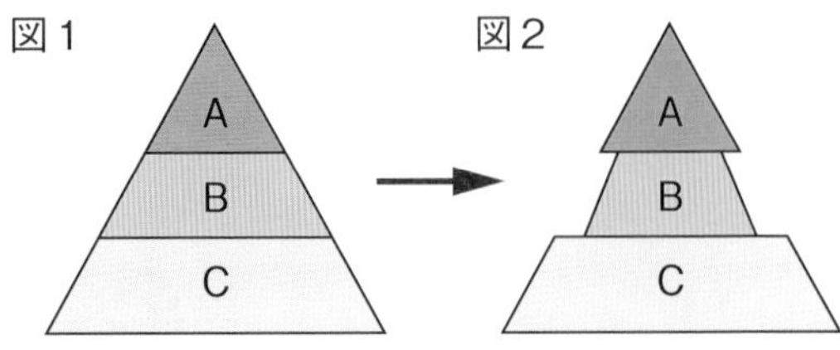

(1) シマウマは，A〜Cのどれにあたるか。

(2) ライオンは，A〜Cのどれにあたるか。

(3) 何らかの理由で，図2のようにBの生物の数が急に減った。この後，どのような変化が予想されるか。次のア〜エから選びなさい。

ア AもCも減る。

イ AもCもふえる。

ウ Aがふえて，Cが減る。

エ Aが減って，Cがふえる。

(4) さらにBが減り続けると，どのようなことが起こると予想されるか。次のア〜エから選びなさい。

ア Aがどんどんふえていく。

イ Aがさらに減り，絶滅(ぜつめつ)するおそれもある。

ウ Cがさらに減り，絶滅するおそれがある。

エ AもCもさらにふえる。

(1)		(2)		(3)		(4)	

2 右の図のAは大腸菌，Bは乳酸菌，Cはシイタケ，Dはアオカビをスケッチしたものである。これについて，次の問いに答えなさい。

5点×4(20点)

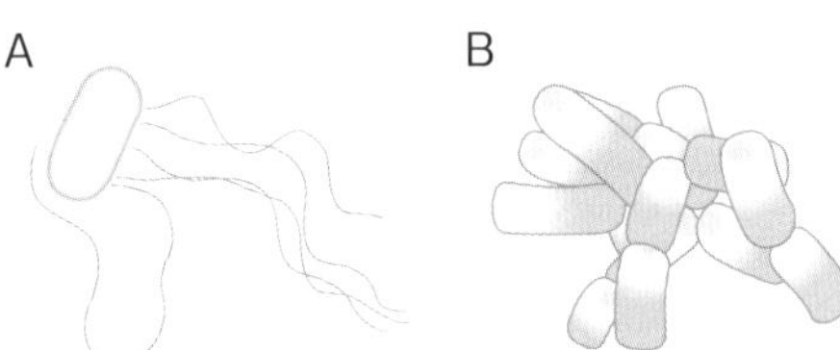

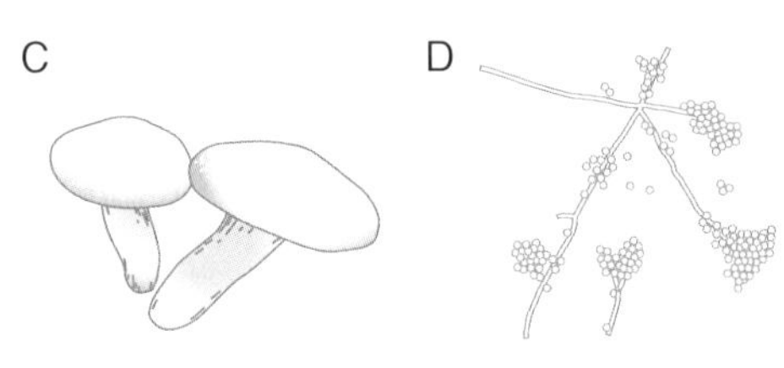

(1) AやBのなかまを何というか。

(2) CやDのなかまを何というか。

(3) CとDのからだをつくる糸状の細胞の名称を答えなさい。

(4) 菌類，細菌類や，土壌動物のように，動物や植物の死がいや動物の排出物といった有機物を無機物に分解する生物を特に何というか。

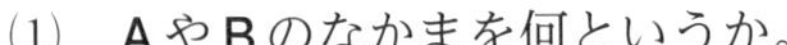

(1)		(2)		(3)		(4)	

3 菌類や細菌類が，デンプンを分解するかどうかを調べるために，次の実験を行った。これについて，あとの問いに答えなさい。 4点×7（28点）

実験 水槽のろ過フィルターに１週間入れておいた脱脂綿Aと，フィルターには入れていない脱脂綿Bを，それぞれ試験管A，Bに入れた。次に試験管Bには試験管Aと同量の水を入れ，それぞれの試験管に0.1％のデンプン溶液を加えた。この試験管を２～３日ほど置いた後，試験管A，Bにヨウ素液を入れ，色の変化を調べた。

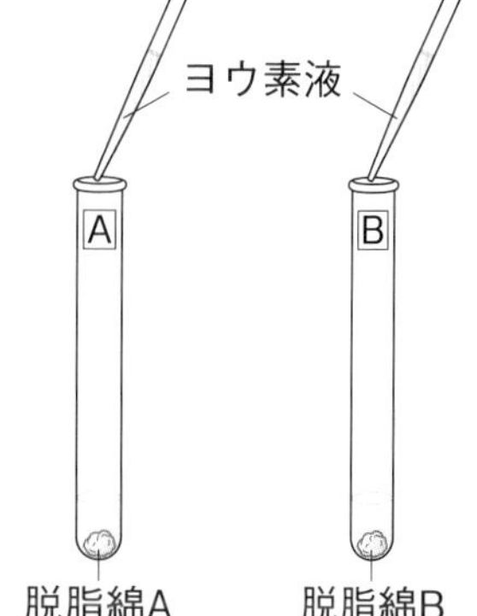

(1) 試験管Aの液は青紫色になるか。

(2) 試験管Bの液は青紫色になるか。

(3) この実験結果から考えられることについて述べた次の文の（　）にあてはまる言葉や記号を答えなさい。

試験管（①）はヨウ素液が反応し，青紫色になったことから，この試験管には，（②）が残っていることがわかる。一方，試験管（③）は，ヨウ素液が反応しなかったことから，（②）が残っていないことがわかる。

これらのことから，試験管（④）には，（⑤）がふくまれていて，（⑤）のはたらきで，（②）が分解されたと考えられる。

(1)		(2)		(3) ①	
②		③		④		⑤	

4 生態系を循環する炭素について，次の問いに答えなさい。 4点×7（28点）

(1) 次の①～③の生物は，自然界のなかでは，それぞれ下の**ア**～**ウ**のどれにあたるか。

① ウサギ　② ニンジン　③ タカ

〔 **ア** 生産者　**イ** 消費者　**ウ** 分解者 〕

(2) 呼吸によって，二酸化炭素を大気中に放出する生物を，(1)の**ア**～**ウ**からすべて選びなさい。

(3) 分解者のうち，菌類や細菌類をふくむ小さな生物をまとめて何というか。

記述 (4) 消費者は，どのようにして有機物を得ているか。

(5) 近年，大気中の二酸化炭素が増加しており，このことが原因の１つとして考えられている，地球の平均気温が上昇していることを何というか。

(1) ①		②		③		(2)		(3)	
(4)								(5)	

解答 p.37

第2章　自然環境の調査と保全

（　　）にあてはまる語句を，下の語群から選んで答えよう。 同じ語句を何度使ってもかまいません。

1 自然環境の調査と保全

教 p.270〜273

(1) 継続的な調査などにより，人間が自然環境にかかわり，自然環境を積極的に維持(いじ)することを（①★　　　　）という。

(2) 川の水のよごれはその川に生息している（②　　　　）の種類を調べることによって，評価することができる。

(3) 調べる場所の土をとり，その土の中にいた（③　　　　）を採集することによって，自然環境の状態を調べることができる。

(4) 植生調査をするときには，土壌のようすが異なる場所に1m四方のわくをつくり，日当たりや植被率(しょくひりつ)などから，植生と環境条件の関係を調べる。このとき用いるわくを（④　　　　）という。

まるごと暗記

自然環境の調査
- 水生生物による水質調査
- 土壌動物の調査
- 植生調査

2 人間による活動と自然環境

教 p.274〜277

(1) 集落やそのまわりの森林，農地，ため池，草原などの地域全体を（①　　　　）という。

(2) 人間の活動は生態系に影響をあたえることがある。日本各地でニホンジカが増加しているのは，里山の管理が行き届かなくなったことや狩猟者(しゅりょうしゃ)の減少などが要因だと考えられている。ニホンジカが植林地の稚樹(ちじゅ)や樹皮を食べることで森林の植生が変化し，森林が衰退(すいたい)することがある。

(3) もともとその地域には生息していなかったが，人間の活動によってほかの地域から導入されて野生化し，子孫を残すようになった生物を（②★　　　　）という。

(4) 外来生物(がいらいせいぶつ)に対して，もともとその地域に生息していた生物のことを（③　　　　）といい，外来生物によって捕食され，その個体数が減少することがある。

(5) 人間の活動の影響で，多くの生物が（④　　　　）の危機にある。いちど絶滅した生物は二度ともどらない。また，生態系でその生物がになう役割が失われ，生態系のつり合いが変化することがある。環境省や都道府県は近い将来に絶滅する可能性がある生物の生育状況をまとめた（⑤　　　　）を発行している。

(6) 生態系から私たちが受けるめぐみを（⑥　　　　）という。

まるごと暗記

- 外来生物
  人間によって導入されて野生化し子孫を残すようになった生物。
- 在来生物
  もともとその地域に生息していた生物。

語群
❶コドラート／水生生物／土壌動物／保全
❷レッドデータブック／外来生物／生態系サービス／里山／在来生物／絶滅(ぜつめつ)

★の用語は，説明できるようになろう！

教科書の図

同じ語句を何度使ってもかまいません。

□にあてはまる語句を，下の語群から選んで答えよう。

1 水質調査の指標になる水生生物

教 p.271

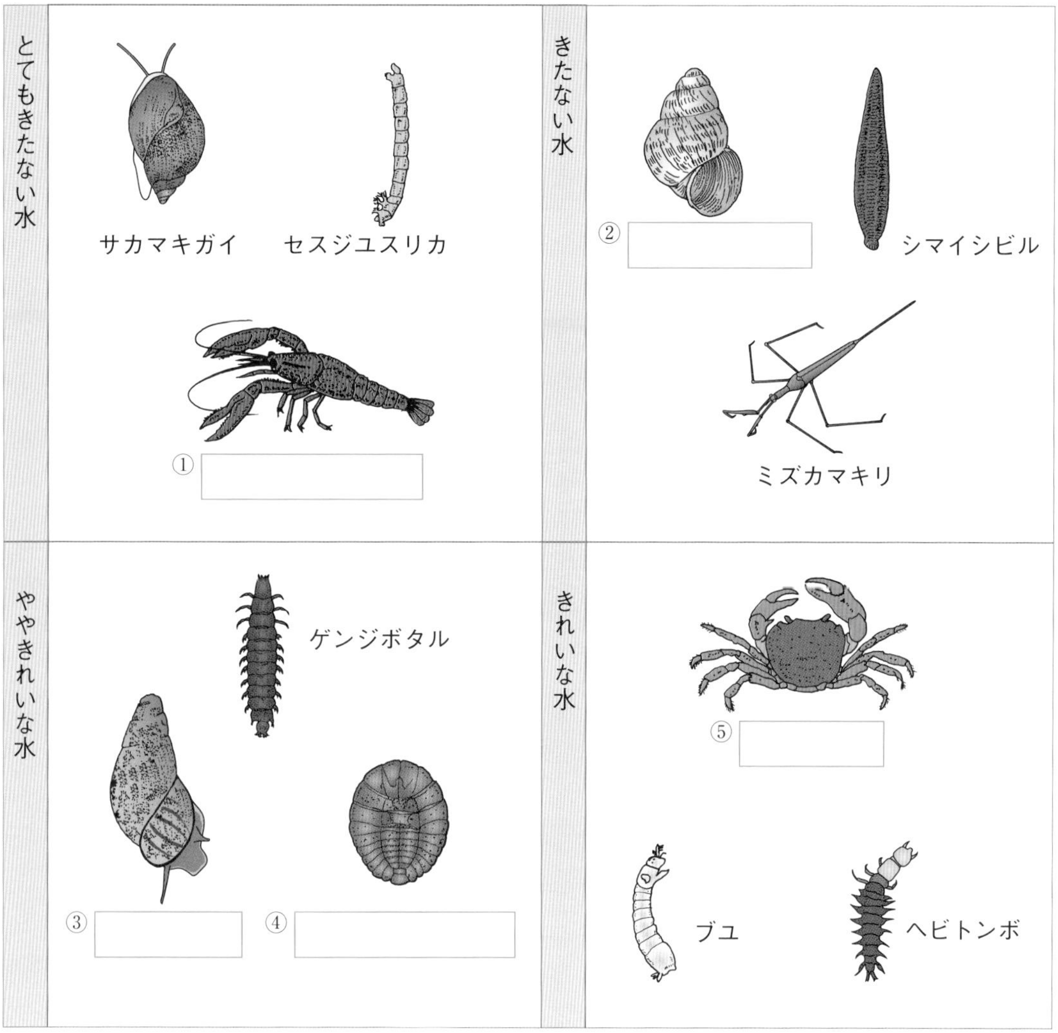

とてもきたない水	サカマキガイ／セスジユスリカ／①
きたない水	② ／シマイシビル／ミズカマキリ
ややきれいな水	ゲンジボタル／③ ／④
きれいな水	⑤ ／ブユ／ヘビトンボ

2 外来生物

教 p.275

①

在来生物に対して，人間の活動によってほかの地域から導入された生物を②　　という。

語群
1 アメリカザリガニ／カワニナ／サワガニ／ヒメタニシ／ヒラタドロムシ
2 ミシシッピアカミミガメ／外来生物

わからない用語は，教科書の要点の★で確認しよう！

解答 p.37

第2章　自然環境の調査と保全

1 教 p.272 調査1 **自然環境の状態の調査**　土壌動物を指標にした自然環境の状態の調査を，次の手順で行った。これについて，あとの問いに答えなさい。

〈手順１〉右の図1のように，調べる場所をわくで囲んで，土をとる。

〈手順２〉土を少しずつバットに広げ，出てきた生物を，ピンセットなどで採集する。

〈手順３〉手順２の土を，右の図２のような装置に入れ，電球で照らして一晩置き，生物を採集する。

〈手順４〉採集した生物の種類や数から，下の表を参考にして，土壌を採集した場所の自然環境を判定する。

図1

割りばし

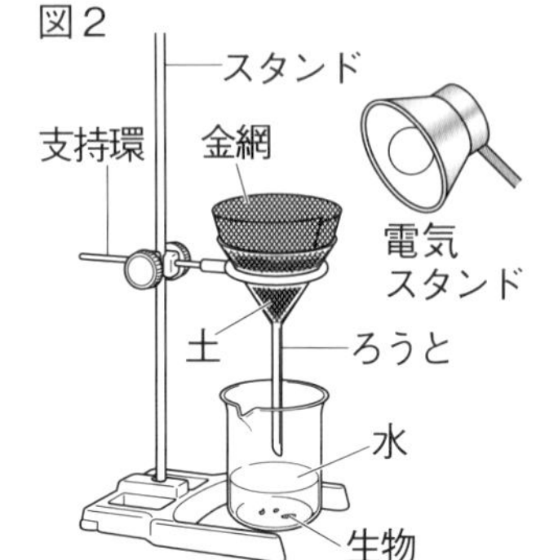

(1)　**手順３**の装置で，ビーカーの水の中に土壌動物が落ちたのはなぜか。次の文の(　)にあてはまる言葉を下の**ア**～**エ**から選びなさい。ヒント　(　　　)

土が(　　)きたため，下へ移動して，ビーカーの水の中へ落ちた。

〔　**ア**　しめって　　**イ**　乾燥して　　**ウ**　減って　　**エ**　ぬれて　〕

(2)　右の表は，指標になる土壌生物とその点数を示したものである。開発が進んでいない土壌ほど，点数はどうなるか。

(　　　　　)

(3)　調査した土壌には，ハサミムシ１匹，ミミズ３匹，ダンゴムシ17匹，クモ４匹，ダニ350匹，トビムシ590匹がいた。この土壌の合計点は何点か。ただし，各土壌生物の点数は，右の表に示したものとする。ヒント

(　　　　　)

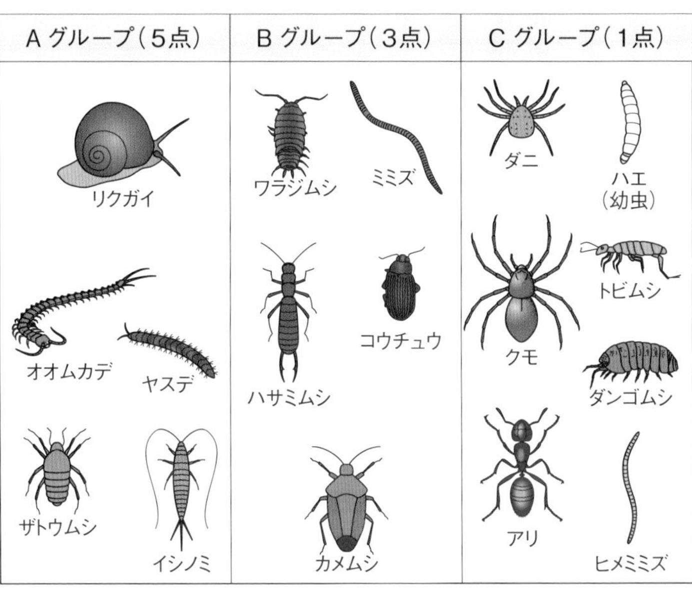

Aグループ(５点)	Bグループ(３点)	Cグループ(１点)
リクガイ オオムカデ ヤスデ ザトウムシ イシノミ	ワラジムシ ミミズ ハサミムシ コウチュウ カメムシ	ダニ ハエ(幼虫) クモ トビムシ ダンゴムシ アリ ヒメミミズ

土の中にもいろいろな種類の生物がいるんだね。

1(1)土壌動物は，光や熱をきらう。
(3)合計点は，「３点×１＋３点×３＋１点×17＋１点×４＋１点×350＋１点×590」となる。

2 水のよごれの調査

水生生物を指標にした川の水のよごれの調査を，A～Cの３地点で，次の手順で行い，表のような結果を得た。これについて，あとの問いに答えなさい。

手順１　１人が流れの下流で網をかまえ，１人が石を持ち上げるなどして，流れてくる生物を網ですくう。

手順２　網の中や持ち上げた石の表面にいる生物をピンセットでとる。

手順３　採集した生物をルーペなどで観察し，分類する。

〈結果〉

	A地点	B地点	C地点
水生生物	サワガニ ナガレトビケラ ヒラタカゲロウ ブユ ヘビトンボ	ヒメタニシ ミズムシ ミズカマキリ シマイシビル	カワニナ ゲンジボタル ヒラタドロムシ コガタシマトビケラ

(1)　水生生物を指標にして，川の水のよごれの調査をすることができるのはなぜか。簡単に答えなさい。

（　　　　　　　　　　　　　　　　　　　　）

(2)　結果から，A～C地点の水のよごれの程度はどのようであるといえるか。次のア～エから選びなさい。　A（　　　）　B（　　　）　C（　　　）

ア　きれいな水　　イ　ややきれいな水　　ウ　きたない水　　エ　とてもきたない水

(3)　Xさんの家の近くを流れている小川には，アメリカザリガニがすんでいる。Xさんのおじいさんの話によると，60年前には，６月になると，この小川のまわりにはゲンジボタルが飛びかっていたということである。この60年の間に，この小川の水質はどのようになったと考えられるか。次のア～ウから選びなさい。ヒント　（　　　）

ア　60年前に比べて，水質はよくなった。

イ　60年前に比べて，水質は悪くなった。

ウ　60年前に比べて，水質は変わっていない。

単元5

3 人間の活動と自然環境

人間の活動とそれによる自然環境への影響について，次の問いに答えなさい。

(1)　人間の活動は，自然環境やその場所に生息・生育する生物に影響をあたえることがある。人が積極的に自然環境を維持することを何というか。　（　　　　）

(2)　もともとその地域にはいなかったが，人の活動によって導入されて野生化し，子孫を残すようになった生物を何というか。　（　　　　）

(3)　生態系は長い年月をかけてつくられ，多様な生物が複雑にからみ合い，微妙なバランスでつり合いを保っている。もともとそこにいない生物が１種導入されると，全体のつり合いはどうなることがあるか。簡単に答えなさい。ヒント

（　　　　　　　　　　　　　　　　　　　　）

2(3)アメリカザリガニはとてもきたない水にすみ，ゲンジボタルはややきれいな水にすむ。

3(3)在来生物が激減したり，絶滅したりすることがある。

解答 p.37

第2章　自然環境の調査と保全

/100

1 右の図は，水のよごれの程度を調査するときの指標となる生物を表したものである。これについて，次の問いに答えなさい。　5点×4(20点)

(1) 上流のきれいな水にすんでいる図の㋐の生物名を答えなさい。

(2) ややきれいな水の中にすみ，ホタルの幼虫の食物になることで有名な図の㋑の生物名を答えなさい。

(3) とてもきたない水の中にすむ，図の㋒の生物名を答えなさい。

(4) 自然環境が変わると，そこに生息する生物は変わるか，変わらないか。

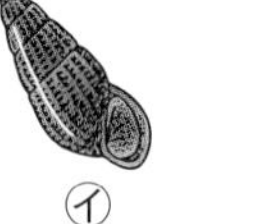

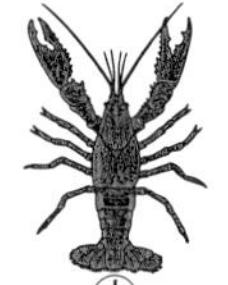
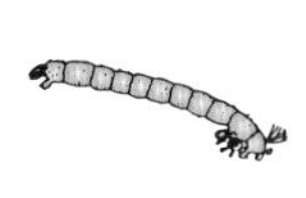

(1)		(2)	
(3)		(4)	

2 人の活動と自然環境の変化について，次の問いに答えなさい。　7点×5(35点)

(1) 近年，森林に生息しているニホンジカの個体数が増加している。これについて，(　)にあてはまる言葉を下の〔　〕から選びなさい。

　集落やそれらをとりまく森林，草原などの自然環境をふくめた地域を(①)という。ニホンジカの増加は，a<u>(①)の管理が行き届かなくなったことや狩猟者が減少したこと</u>が主な要因とされている。

　ニホンジカは草食動物であり，森林内で下草を食べつくし，(②)の変化や希少植物の減少をもたらしている。また，樹皮を食べることで(③)が増加し，森林が衰退した場所もある。そのため，ニホンジカがふえすぎないように，対策として捕獲(ほかくすう)数をふやしたり，農作物に(④)をつけて食害を防いだりしている。

〔　植生　　防護ネット　　里山　　枯死木(こしぼく)　〕

(2) 下線部aについて，人間の活動によって，生物間のつり合いが変わることがあるか，ないか。

(1)	①		②		③	
④			(2)			

3 右の図は，池で見られた北アメリカが原産のミシシッピアカミミガメである。次の問いに答えなさい。 5点×3(15点)

(1) ミシシッピアカミミガメのように，人間の活動によって導入され，野生化して子孫を残すようになった生物を何というか。

(2) (1)の生物であるものを，次の**ア**～**キ**からすべて選びなさい。

ア コイ　**イ** オオクチバス　**ウ** ツキノワグマ　**エ** アライグマ

オ カントウタンポポ　**カ** セイヨウタンポポ　**キ** アレチウリ

(3) (1)の生物について正しいもの，次の**ア**～**ウ**から選びなさい。

ア 導入されても，在来生物に影響をあたえることはなく，生態系のバランスは保たれる。

イ 導入されると，一時的に生態系のバランスはくずれるが，すぐにもとのつり合いにもどる。

ウ 導入されると，在来生物の個体数を減少させるなど，生態系のバランスがくずれることがある。

(1)		(2)		(3)	

4 人間の活動と自然環境について，次の問いに答えなさい。 6点×5(30点)

(1) 次の(　)にあてはまる言葉を，下の**ア**～**オ**から選びなさい。

人間がより便利な生活を求めて，自然環境を開発してきたために，自然環境は急激に変化している。自然環境が急激に変化することにより，多くの生物が(①)の危機にある。生物が(①)すると，二度ともとにもどることはなく，生態系のつり合いに変化が生じることがある。

また，私たちは生態系に影響をあたえるだけでなく，a生態系からめぐみを受けている。自然のなかで散歩をしたり，生物を観察したりできるのも生態系からのめぐみである。食べ物も水も，呼吸で使う(②)も生態系の中の生物と自然環境のかかわりによって供給されている。私たちには，自然環境を開発して便利な生活を求めるだけでなく，b調査を行うなど，積極的に自然環境を(③)し，遠い将来まで生態系のめぐみを受けわたす義務がある。

〔 **ア** 窒素　**イ** 酸素　**ウ** 絶滅　**エ** 保全　**オ** 増加 〕

(2) 下線部aについて，生態系から受けるめぐみを何というか。

(3) 下線部bについて，生物の調査などから，近い将来に絶滅する可能性がある生物の生息・生育状況をまとめたもので，環境省や都道府県などから発行されているものを何というか。

(1)	①		②		③		(2)		(3)	

解答 p.38

第3章 科学技術と人間 終章 持続可能な社会をつくるために

同じ語句を何度使ってもかまいません。

( )にあてはまる語句を，下の語群から選んで答えよう。

1 素材となる物質の性質

教 p.280～285

(1) 昔と現在で，変化している素材がたくさんある。繊維や石けんなどは，絹，生物からの油など，(①)の物質を利用していたが，現在はナイロン，アクリル，合成洗剤のように(②)につくられた物質も利用されている。

(2) 人工的につくられた物質のなかでも，電気製品，ペットボトル，食品や洗剤の容器など，さまざまな生活用品に使用されているものが(③)である。

(3) プラスチックにはさまざまな種類や特徴があり，用途に応じて使い分けられている。

まるごと暗記

プラスチック

PE…ポリエチレン
PS…ポリスチレン
PVC…ポリ塩化ビニル
PP…ポリプロピレン
PET…ポリエチレンテレフタラート

2 エネルギー資源の利用と科学技術の発展

教 p.286～307

(1) 現代では，日常生活で大量の(①)資源を消費している。エネルギーのなかでも電気エネルギーは，**ほかのエネルギーへの変換が容易**であり，送電線を使えば**はなれた場所にも供給する**ことができるため，最も利用しやすいエネルギーである。私たちの生活は電気に依存した生活になっている。

(2) 現在では，地球環境保護や(②)のために，さまざまな技術が開発されている。

(3) 電気エネルギーの発電方法には，水力発電，原子力発電，(③)などがある。

(4) 原子力発電に使われるウランは有限な地下資源であり，核分裂反応が起こると強い(④)が放出される。放射線は多量に受けると人体に影響が出る。

(5) 火力発電は，(⑤)を利用する。化石燃料の燃焼によって(⑥)ガスが発生し，地球規模の環境の変化を引き起こす一因になっている。

(6) 科学技術の発展は，作業の効率化や人間の力では難しい作業を可能にしてきた。ただ，科学技術の開発による利便性や快適性だけでなく次の世代への負の遺産を残さないよう，(⑦★)をつくることが重要である。

ワンポイント

水力発電
…高い位置の水
火力発電
…化石燃料
原子力発電
…ウラン
を利用している。

語群 ①プラスチック／人工的／天然
②化石燃料／持続可能な社会／火力発電／省エネルギー／エネルギー／放射線／温室効果

★の用語は，説明できるようになろう！

同じ語句を何度使ってもかまいません。

□にあてはまる語句を，下の語群から選んで答えよう。

1 プラスチック

教 p.283〜284

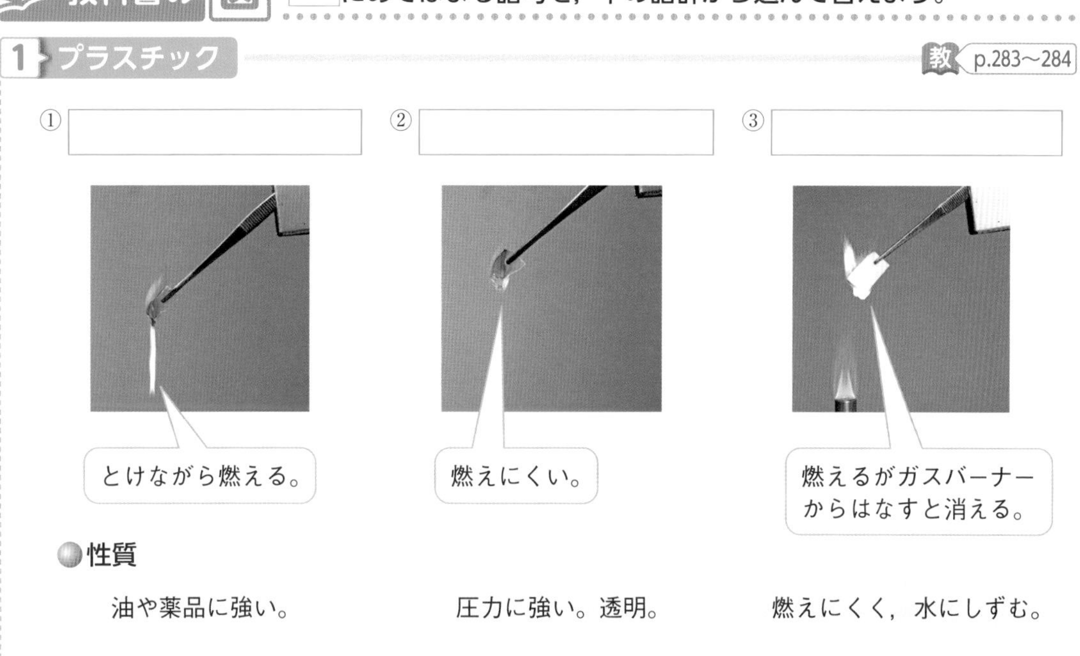

● 性質

油や薬品に強い。	圧力に強い。透明。	燃えにくく，水にしずむ。

● 用途

バケツ，包装材，容器	ペットボトル，飲料カップ	ホース，消しゴム，水道管

種類によって燃え方がちがうから見分けることができるね。

ほかにも種類ごとに異なる性質はあるのかな？

単元5

2 火力発電のしくみ

教 p.288

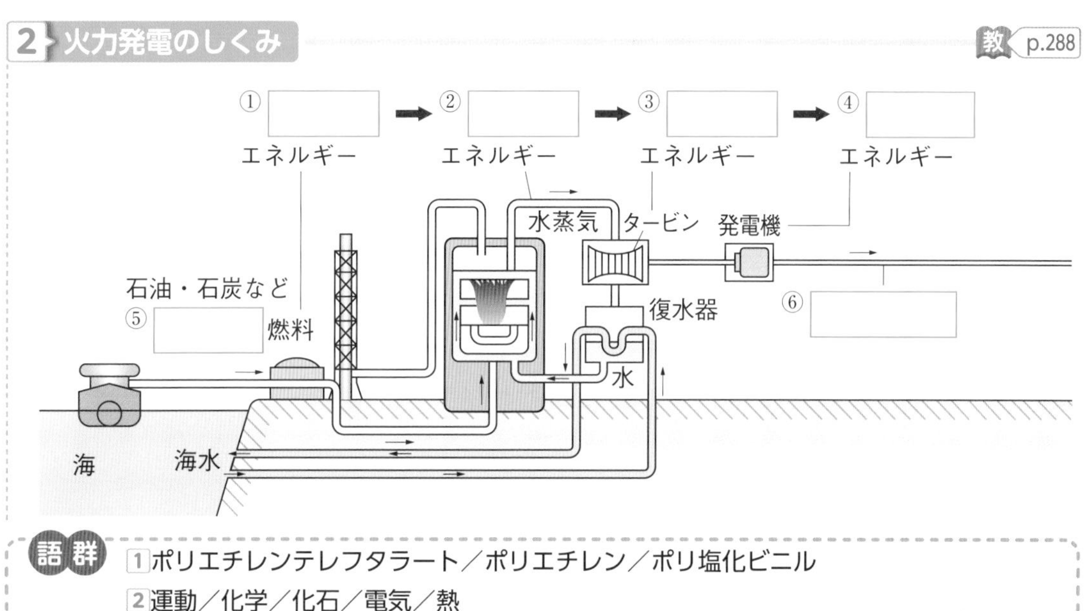

語群
1 ポリエチレンテレフタラート／ポリエチレン／ポリ塩化ビニル
2 運動／化学／化石／電気／熱

わからない用語は，教科書の要点の★で確認しよう！

解答 p.38

定着のワーク ステージ2 第3章　科学技術と人間 終章　持続可能な社会をつくるために

1 プラスチックの性質　下の㋐～㋔の写真は，プラスチックでできた製品，表は㋐～㋔のプラスチックをまとめたものである。これについて，あとの問いに答えなさい。

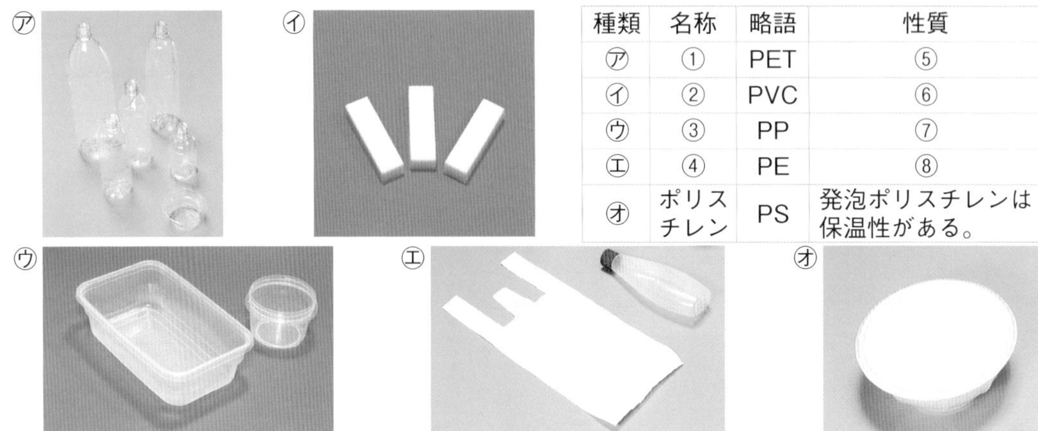

種類	名称	略語	性質
㋐	①	PET	⑤
㋑	②	PVC	⑥
㋒	③	PP	⑦
㋓	④	PE	⑧
㋔	ポリスチレン	PS	発泡ポリスチレンは保温性がある。

(1) いっぱん的なプラスチックの性質について，正しいものを次のア～クからすべて選びなさい。ヒント　(　　　　)

ア　加工しやすい。　**イ**　電気を通しにくい。　**ウ**　軽い。

エ　くさりやすい。　**オ**　衝撃(しょうげき)に強い。　**カ**　さびない。

キ　薬品によって変化しやすい。　**ク**　色をつけることが難しい。

(2) 上の表の①～④にあてはまるプラスチックの名称を答えなさい。

①(　　　　)　②(　　　　)

③(　　　　)　④(　　　　)

(3) 上の表の⑤～⑧にあてはまるプラスチックの性質を，次のア～エから選びなさい。

⑤(　　)　⑥(　　)　⑦(　　)　⑧(　　)

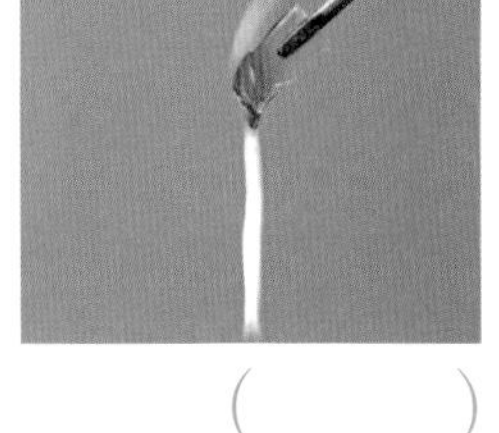

ア　熱に比較的強い。　**イ**　油や薬品に強い。

ウ　圧力に強く，透明である。　**エ**　燃えにくく，水にしずむ。

(4) 右の写真のように，油や薬品に強いプラスチックを燃やすと，とけながら燃えた。このプラスチックは何か。表の㋐～㋔から選びなさい。　(　　)

(5) プラスチックは土にうめても分解されにくいため，微生物が分解しやすいプラスチックが開発されている。このプラスチックを何というか。　(　　　　)

(6) プラスチックについて正しいものを次のア～ウから選びなさい。　(　　)

ア　プラスチックは無機物である。

イ　プラスチックは種類によって密度が異なる。

ウ　手ざわりやかたさは種類によってほとんど差がない。

1(1)広く使われるためにはどのような性質が必要か。

❷ 発電の方法　右の図１～３は，主な発電方法を示している。これについて，次の問いに答えなさい。ヒント

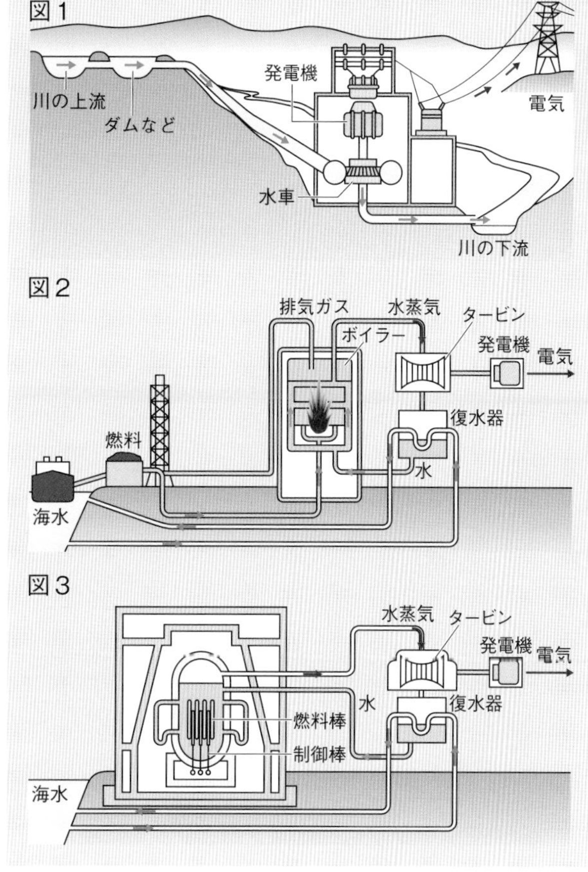

(1)　図１の発電方法について，答えなさい。

①　この発電方法の名称を答えなさい。（　　　　　　）

②　ダムでたくわえられた水は，何というエネルギーをもっているか。（　　　　　　）

③　②のエネルギーは，水車で何というエネルギーに変換されるか。（　　　　　　）

(2)　図２の発電方法について，答えなさい。

①　この発電方法の名称を答えなさい。（　　　　　　）

②　燃料の石油などは，何というエネルギーをもっているか。（　　　　　　）

③　②のエネルギーは，ボイラーで何というエネルギーに変換されるか。（　　　　　　）

(3)　図３の発電方法について，答えなさい。

①　この発電方法の名称を答えなさい。（　　　　　　）

②　燃料であるウランは，何というエネルギーをもっているか。（　　　　　　）

③　ウランから出る，人体に有害なものの名称を答えなさい。（　　　　　　）

④　人が受けた③の量の，人体に対する影響を表す単位は何か。よび方と記号でそれぞれ答えなさい。

よび方（　　　　　　）

記号（　　　）

(4)　図１～３の発電方法にあてはまるものを，次のア～ウからそれぞれ選びなさい。

図１（　　　）　図２（　　　）　図３（　　　）

ア　発熱量が大きいが，化石燃料の埋蔵量（まいぞうりょう）に限りがあり，二酸化炭素が大量に発生する。

イ　少量の燃料でばく大なエネルギーを得ることができ，二酸化炭素が発生しないが，使用済みの燃料や廃炉（はいろ）の処理が難しい。

ウ　再生可能なエネルギーであり，二酸化炭素などの気体の発生が少ないが，建設すると自然環境が変わってしまう。

❷エネルギーの変換によって，電気エネルギーに変換されている。また，それぞれの発電方法には長所と短所がある。

解答 p.39

第3章　科学技術と人間
終章　持続可能な社会をつくるために

/100

1 いろいろな発電方法について，次の問いに答えなさい。　4点×13(52点)

(1) 次に示した①～⑤の矢印の流れは，何という発電方法を表しているか。下の**ア**～**キ**から選びなさい。

① ウラン→水蒸気→タービン→発電機
② 風→風車→発電機
③ 高い位置にある水→水車→発電機
④ マグマ→水蒸気→タービン→発電機
⑤ 化石燃料→水蒸気→タービン→発電機

ア 燃料電池　**イ** 風力発電　**ウ** 火力発電　**エ** 原子力発電
オ 地熱発電　**カ** 水力発電　**キ** バイオマス発電

(2) 水蒸気でタービン(羽根)を回して発電させる発電方法を，(1)の**ア**～**カ**から3つ選びなさい。

(3) 化石燃料の例を2つ答えなさい。

(4) 燃料電池とはどんな発電装置か。次の**ア**～**エ**から選びなさい。
ア 燃料となるプロパンガスを燃焼させて電流をとり出す。
イ 水素と酸素から水ができるときに発生する電気エネルギーを直接とり出す。
ウ 化学エネルギーを直接電気エネルギーに変換する。
エ 菌類や細菌類が呼吸するときに発生するエネルギーを使って発電する。

(5) 地熱発電とはどんな発電方法か。次の**ア**～**エ**から選びなさい。
ア 地下のマグマで熱せられてできた水蒸気でタービンを回して発電する。
イ 地下に流れる温泉を利用して水車を回して発電する。
ウ 火山の噴火を利用してタービンを回して発電する。
エ 地面で熱せられた空気の上昇を利用して羽根を回して発電する。

(6) バイオマス発電とはどのような発電方法か。次の**ア**～**エ**から選びなさい。
ア 微生物のもつ化学エネルギーから電流をとり出す。
イ 生物の動力を使ってタービンを回して発電する。
ウ 植物体を燃焼させたり，畜産廃棄物からメタンを発生させたりして，その物質のもつ化学エネルギーを使って発電する。
エ マグネシウムなどの金属が酸素と化合するときに発生する熱や光のエネルギーを使って発電する。

(1)	①		②		③		④		⑤		(2)			
(3)				(4)		(5)		(6)						

2 科学技術の発展と私たちの生活について，次の問いに答えなさい。 6点×4(24点)

(1) 科学技術の発展により，医療やさまざまなところで，人工知能が導入されている。人工知能をアルファベット２文字で何というか。

(2) 現在の快適な生活を続けるだけでなく，環境の保全と開発のバランスをとり，将来の世代が継続的に環境を利用できる余地を残した社会を何というか。

(3) (2)の社会の実現のため，資源の消費を減らし，再利用を進めることで資源の循環を可能にした社会を何というか。

(4) 科学技術について述べた次の**ア**～**ウ**のうち，適当なものすべてを選びなさい。

ア 科学技術は医療や災害の領域では発展しているが，産業や環境の領域では発展していない。

イ ナノテクノロジーという科学技術を応用することで，新素材の開発やそのほかの領域での発展が期待されている。

ウ コンピュータを利用して工場の温度や湿度などを管理することができるようになった。

(1)		(2)		(3)		(4)	

3 地球環境と私たちのくらしについて，次の問いに答えなさい。 6点×4(24点)

・外来生物のなかには，生態系や人間の生命，農作物へ被害をおよぼすものがいる。これらの生物は(①)として法律で指定され，駆除の対象としたり，保管・運搬などを規制したりしている。

・(②)パネルを利用すると，各家庭で使用する電気をつくることができる。また，あまった電気を売ることもできる。

・化石燃料は埋蔵量に限りがあるため，消費を少なくすることが大切である。現在石油は，暖房や発電の燃料，自動車の原動力，aプラスチックなどの原料などに利用されている。

・最近では燃料として石油などを使用するかわりに，bバイオマス発電やバイオ燃料も開発されている。

(1) 上の文の( )にあてはまる言葉を答えなさい。

(2) 下線部aについて，ふつうプラスチックは分解されにくい性質をもつが，環境に配慮し，生物が分解できるようになったプラスチックを何というか。

(3) 下線部bについて，燃料を燃焼させて出る二酸化炭素は，原料となる植物が生育する過程の光合成量で打ち消し合い，全体としては大気中の二酸化炭素を増加させていない。この性質を何というか。

(1)	①		②	
(2)			(3)	

単元5

解答 p.40

単元5 地球と私たちの未来のために

40分 /100

1 右の図1は，自然界における炭素の循環を模式的に表したものである。A〜Dは，菌類・細菌類，草食動物，肉食動物，植物のいずれかを示している。次の問いに答えなさい。  7点×4(28点)

図1

(1) 図1で，大気中の気体Xとは何か。

(2) 図1の生物の中で，食物連鎖のはじまりはどれか。図1のA〜Dから選びなさい。

(3) 図1で，生物の死がいや動物の排出物による有機物の流れを表す矢印はどれか。最も適当なものを，次のア〜カから選びなさい。

ア B→A，D→A　　イ B→A，C→A
ウ B→D，C→B　　エ B→A，C→B
オ B→A，C→A，D→A　　カ B→D，C→B，D→A

図2

(4) ある地域の食物連鎖における動物の数量の関係を示すと，図2のようなピラミッド形に表すことができた。この後，なんらかの原因でバッタの数量が異常に増加した。この原因として適当なものを，次のア〜エから選びなさい。

ア この地域の植物が，水不足によりあまり育たなかった。
イ この地域の小鳥の産卵数が，例年以上に増加した。
ウ 人間が，この地域に生息していたワシやタカを排除した。
エ 新たに外部からワシが侵入し，ワシの生息数が増加した。

1

(1)	
(2)	
(3)	
(4)	

2 エネルギーの利用と環境に関して，次の問いに答えなさい。  7点×2(14点)

(1) 次の文の(　)にあてはまる言葉を答えなさい。

右の図は，大気中の二酸化炭素濃度の変化のグラフである。大気中の二酸化炭素濃度の上昇は，地球温暖化の原因の1つだと考えられている。二酸化炭素濃度の上昇の大きな原因として，エネルギーを得るための(　　)の消費があげられる。

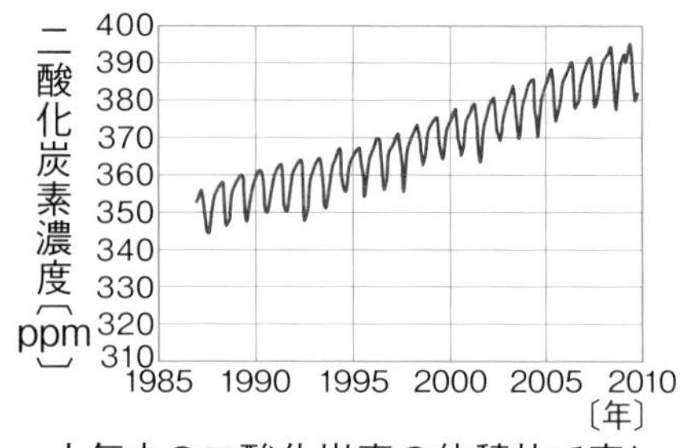

大気中の二酸化炭素の体積比で表している。1ppmは$\frac{1}{1000000}$の意味。

(2) 現在，電気エネルギーが，最も多く利用されている理由として正しくないものを次のア〜ウから選びなさい。

ア ほかのエネルギーへの変換が容易である。
イ はなれた場所への供給が可能である。
ウ 自然にある電気エネルギーを採取できる。

2

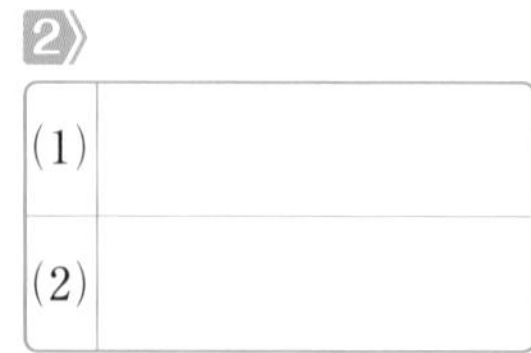

(1)	
(2)	

目標 炭素の循環と食物連鎖の関係，エネルギーや科学技術，自然環境との関わりについて理解しよう。

自分の得点まで色をぬろう!

がんばろう! もう一歩 合格!

0 60 80 100点

3 自然環境や科学技術と私たちの生活について，あとの問いに答えなさい。

6点×3(18点)

図1

図2

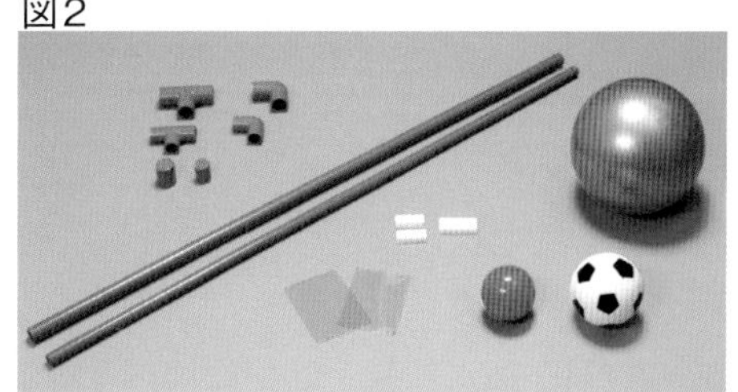

(1) 図1のブルーギルは，もともと日本には生息していなかったが，導入されて定着した生物である。このような生物を何というか。

(2) 図2は石油を原料としてつくられた合成樹脂ともよばれる物質である。これを何というか。カタカナで答えなさい。

(3) 環境の保全と開発のバランスをとり，将来の世代が継続して環境を利用できる余地を残した社会を何というか。

3

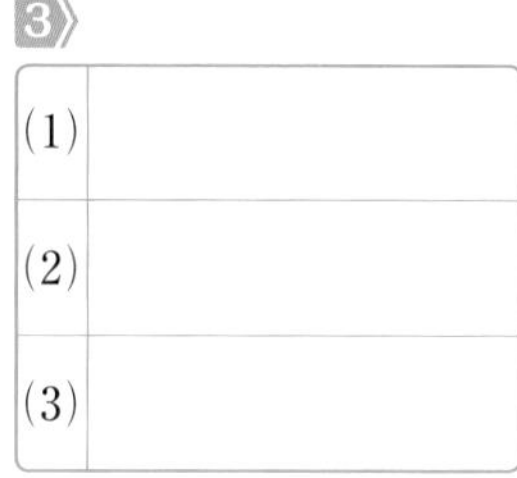

4 火力発電のしくみについて調べるために，次のような実験を行った。これについて，あとの問いに答えなさい。

8点×5(40点)

〈実験〉図1のように，火力発電のしくみを簡単にした装置を組み立て，ガスコンロでフラスコの水を加熱し，発生した水蒸気をモーターの軸にとりつけた羽根車に当てた。

図1

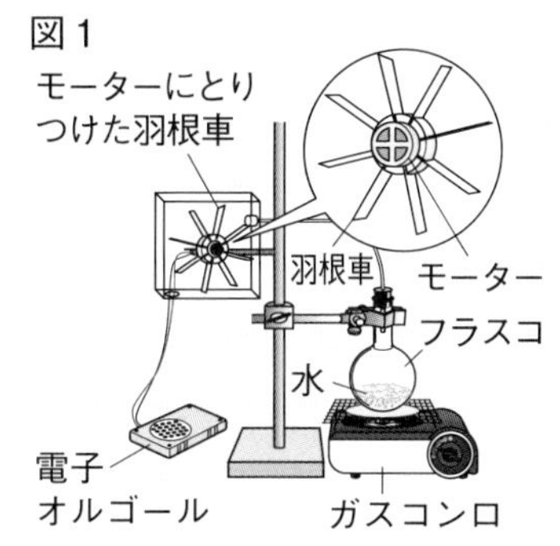

図2

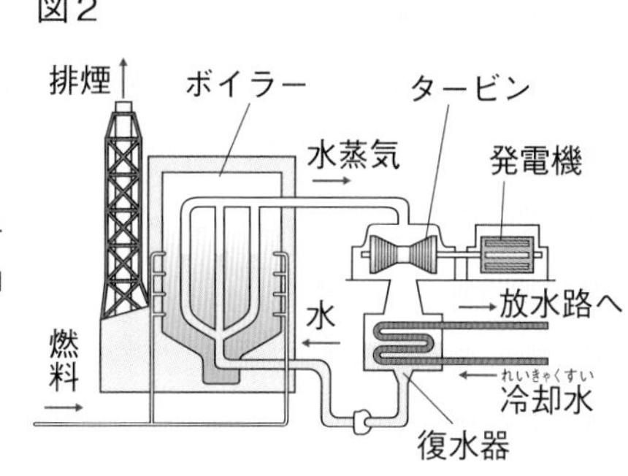

(1) この実験で，電気エネルギーがとり出されると，電子オルゴールはどうなるか。

(2) 図2で，図1の羽根車とモーターと同じはたらきをしているものはどれか。次のア～エからそれぞれ選びなさい。

ア ボイラー　イ タービン　ウ 復水器　エ 発電機

記述 (3) しばらくすると，図1の羽根車が回らなくなった。その理由として，どのようなことが考えられるか。「水」という言葉を使って簡単に答えなさい。

(4) (3)のようにならないために，火力発電では，どのような装置が備えつけてあるか。(2)のア～エから選びなさい。

4

(1)		
(2)	羽根車	
	モーター	
(3)		
(4)		

終わったら後ろの，15をやろう。

単元5

解答 p.41

理科の力をのばそう

計算力UP 注意して計算してみよう！

1 **運動の記録** 力学台車の運動のようすを記録タイマーを使って調べた。右の図は，このときの記録テープを0.1秒ごとに切りはなし，左から順にはりつけたものである。これについて，次の問いに答えなさい。

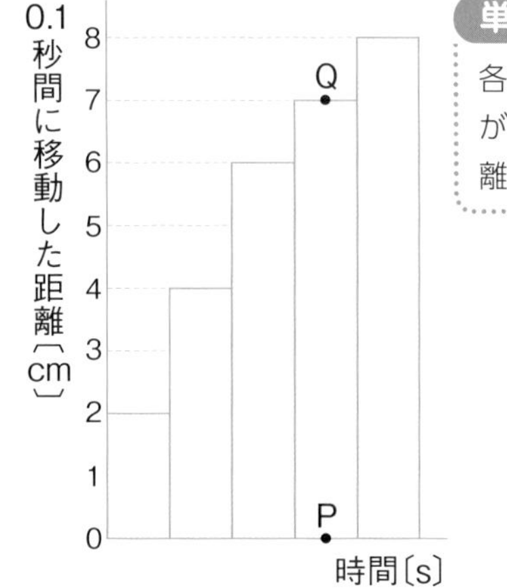

単元3 第1章
各テープの長さは，台車が0.1秒間に移動した距離であることから計算。

(1) PQ間の平均の速さは何cm/sか。 (　　　　)

(2) 台車が動き始めてから0.3秒後までの平均の速さは何cm/sか。 (　　　　)

(3) 台車が動き始めて0.3秒後から0.5秒後までの平均の速さは何cm/sか。 (　　　　)

2 **浮力** 体積の異なる直方体のおもりA～Cを，図1のようにばねばかりにつるして目盛りを読みとった。次に，図2のようにおもりの半分まで水槽の水にしずめたときと，図3のように，水槽の底につかないようにしておもりを水槽の水の中に全てしずめたときの，ばねばかりの目盛りを読みとった。あとの問いに答えなさい。

単元3 第2章
浮力の大きさは，空気中でのばねばかりの値と水中でのばねばかりの値の差で求める。

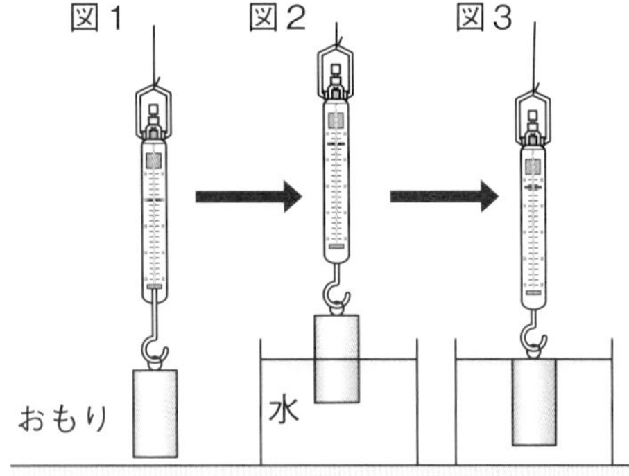

ばねばかりの値〔N〕

おもり	A	B	C
図1	0.60	0.86	1.28
図2	㋐	0.66	0.84
図3	0.10	㋑	㋒

(1) 表の㋐～㋒で，ばねばかりが示す値は何Nか。あてはまる数字を答えなさい。

㋐(　　　　) ㋑(　　　　) ㋒(　　　　)

(2) 図3のとき，おもりA～Cにはたらく浮力の大きさをそれぞれ答えなさい。

A(　　　　) B(　　　　) C(　　　　)

3 **仕事の原理**　図の①〜③のように，質量400gの物体を0.2mの高さまで引き上げた。これについて，次の問いに答えなさい。ただし，糸やばねばかり，滑車の質量，摩擦は考えないものとし，質量100gの物体にはたらく重力の大きさを1Nとする。

単元3 第3章
仕事の大きさ〔J〕と，仕事率〔W〕の関係式を利用して計算。

(1)　①〜③で，糸を引く力の大きさは，それぞれ何Nか。

①(　　　　)
②(　　　　)
③(　　　　)

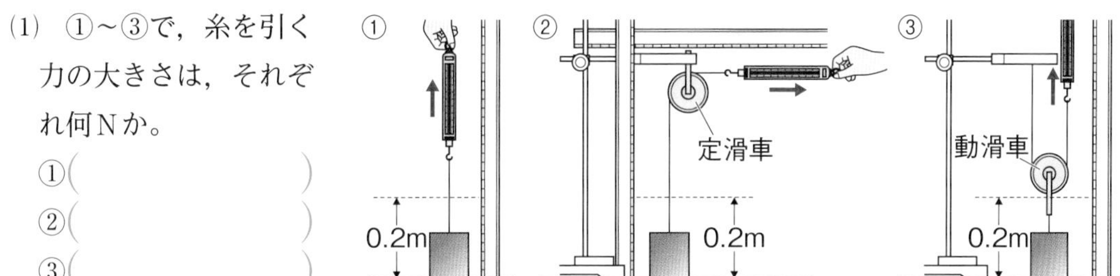

(2)　①〜③で，糸を引く距離は，それぞれ何mか。

①(　　　　)　②(　　　　)　③(　　　　)

(3)　①〜③で，仕事の大きさは，それぞれ何Jか。

①(　　　　)　②(　　　　)　③(　　　　)

(4)　①〜③で，同じ速さの0.4m/sで糸を引いたときの仕事率は，それぞれ何Wか。

①(　　　　)　②(　　　　)　③(　　　　)

4 **太陽の1日の動き**　右の図のような透明半球上に，9時から15時までの間，1時間ごとにサインペンで太陽の位置を記録した。9時の•印から10時の•印の間の曲線の長さは3.6cmであり，9時の•印からX点の間の距離は16.2cmであった。この記録から，この日の日の出の時刻は，何時何分か。ただし，X点は，日の出の位置を表している。(　　　　)

単元4 第1章
透明半球上で一定時間ごとに太陽が動く距離は一定であることから計算。

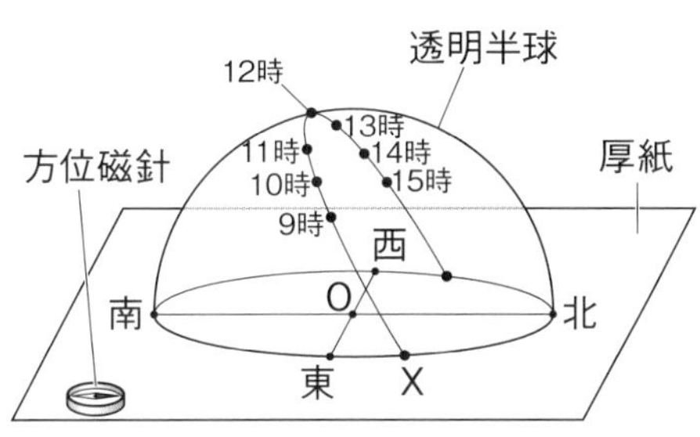

5 **天体の動き**　右の図は，日本のある地点で，ある日の午後9時に，北の空に見えた星Aをスケッチしたものである。これについて，次の問いに答えなさい。

単元4 第1章
星は，1時間で15°ずつ1か月で30°ずつ動いて見えることから計算。

(1)　この日，星AがPの位置に見えたのは，午後何時ごろか。
(　　　　)

(2)　同じ地点で，星Aが午後9時にPの位置に見えるのは，およそ何か月後か。(　　　　)

(3)　同じ地点で，星Aが午後9時に，北極星の真上のQの位置に見えるのは，およそ何か月後か。(　　　　)

プラスワーク

作図力UP よく考えてかいてみよう！

6 **酸・アルカリとイオン** 図1は，うすい塩酸10mLとうすい水酸化ナトリウム水溶液2mLを混合したときのイオンや分子のようすを，モデルを使って模式的に表したものである。あとの問いに答えなさい。

単元1 第2章
塩化ナトリウムは，水の中ではNa^+とCl^-に電離している。

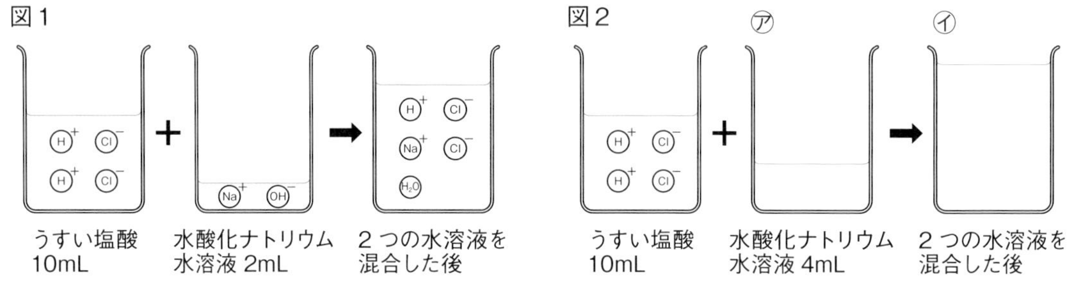

(1) 図1を参考にして，うすい塩酸10mLとうすい水酸化ナトリウム水溶液4mLを混合したときのようすを，イオンや分子の種類と数に着目して，図2の模式図を完成させなさい。

(2) うすい塩酸10mLに，うすい水酸化ナトリウム水溶液を混合したときの水素イオンの数の変化を，図3のグラフにかきなさい。

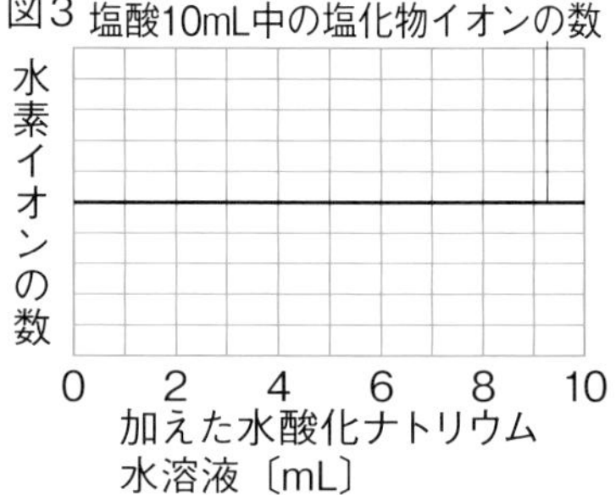

7 **遺伝の規則性** 茶の毛色の純系のゴールデンハムスターと黒の毛色の純系のゴールデンハムスターとの間にできた子は，全て茶の毛色になった。次に，こうしてうまれた茶の毛色の個体どうしの間にできた子(最初の個体から見ると孫にあたる)には，茶の毛色の個体と黒の毛色の個体が見られた。子の遺伝子の組み合わせを，毛色を茶にする遺伝子をB，毛色を黒にする遺伝子をbとして，図1の①～④，図2の⑤～⑧にそれぞれの遺伝子の組み合わせを書き入れなさい。

単元2 第2章
それぞれの生殖細胞にある遺伝子が，再び対になるように表す。

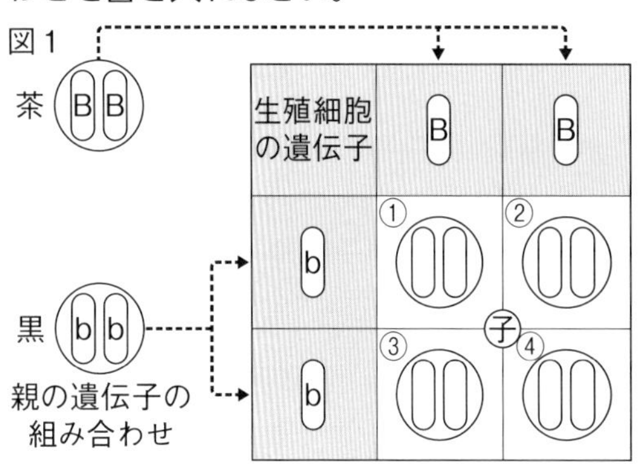

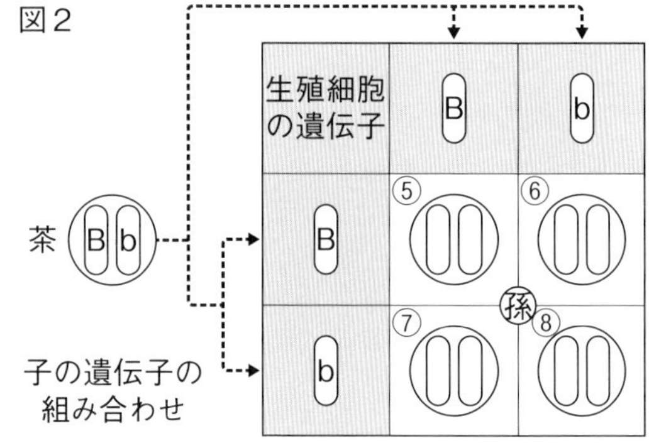

8 物体の運動 下の表は，ある斜面を下る台車の移動時間と移動距離の関係を，台車が下り始めてから0.5秒後まで，0.1秒ごとに記録タイマーを使って調べ，まとめたものである。これをもとにして，①～⑤の各区間の台車の平均の速さを求め，下の図に，各区間の中央の時間に • を用いて記入し，時間と速さの関係のグラフをかきなさい。

単元3 第1章
平均の速さ＝$\frac{距離}{時間}$

区間番号	①	②	③	④	⑤
移動時間〔s〕	0～0.1	0.1～0.2	0.2～0.3	0.3～0.4	0.4～0.5
移動距離〔cm〕	0.55	1.60	2.70	3.80	4.90

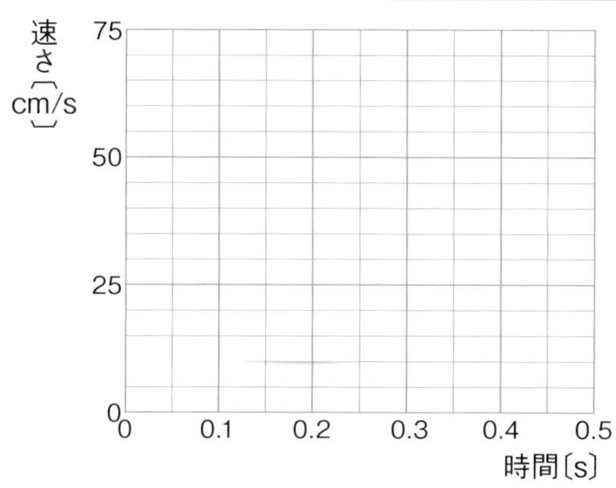

9 力の合成 次の力Aと力Bの合力Fを作図しなさい。

単元3 第2章
2力の合力は，2力を2辺とする平行四辺形の対角線で表す。

①

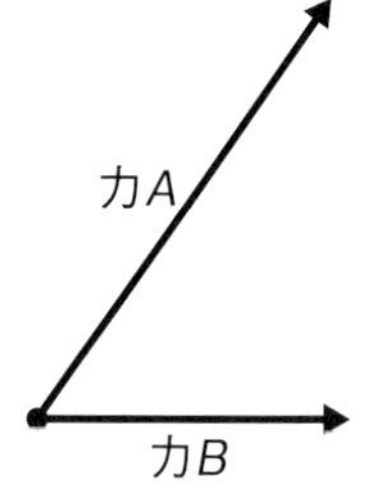

②

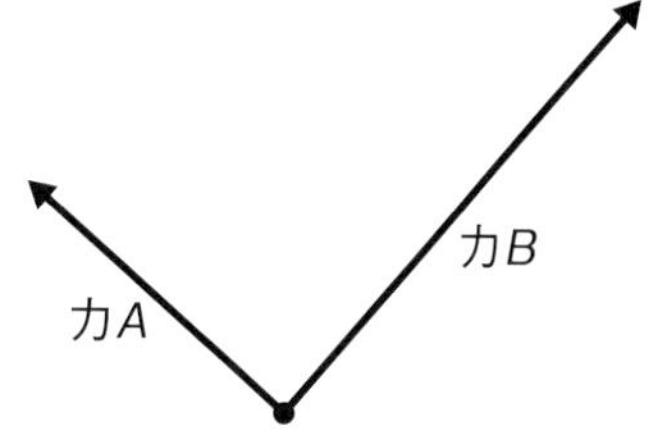

10 力の分解 次の力FをA，Bの方向へ分解し，分力A，分力Bを作図しなさい。

単元3 第2章
力Fは，分力Aと分力Bを2辺とする平行四辺形の対角線となる。

①

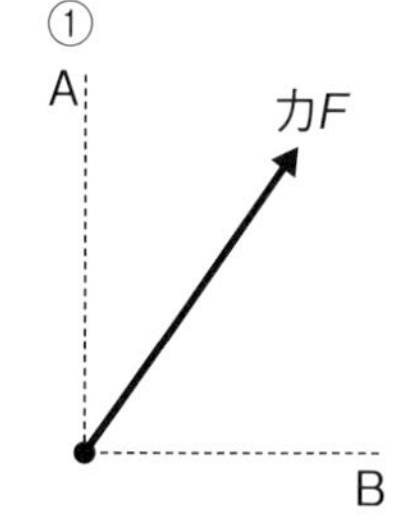

② ③

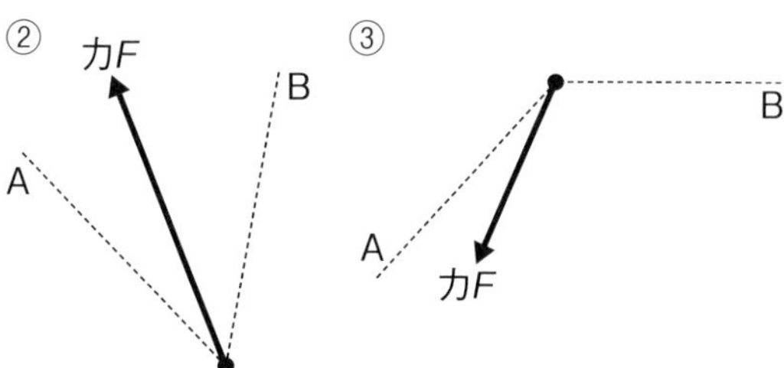

プラスワーク

記述力UP 自分の言葉で表現してみよう！

11 遺伝の規則性 有性生殖では，分離の法則に従って遺伝子が受けつがれる。分離の法則とは何か。簡単に説明しなさい。

（　　　　　　　　　　　　　　　　　　）

単元2 第2章
分離の法則によって分かれた遺伝子は，受精によって再び対になる。

12 仕事の原理 動滑車やてこを使って物体を持ち上げると，直接手で持ち上げる場合と比べて，どのようなよい点とよくない点があるか，それぞれについて簡単に答えなさい。

よい点（　　　　　　　　　　　　　　　　　　）

よくない点（　　　　　　　　　　　　　　　　　　）

単元3 第3章
仕事の大きさは，どんな方法を使っても同じになることに着目。

13 仕事とエネルギー 右の図のように，手回し発電機Aと手回し発電機Bを導線でつなぎ，手回し発電機Aのハンドルを10回転させると，手回し発電機Bのハンドルは8.5回転した。このとき，手回し発電機Bのハンドルの回転数が10回転より少なかったのはなぜか。

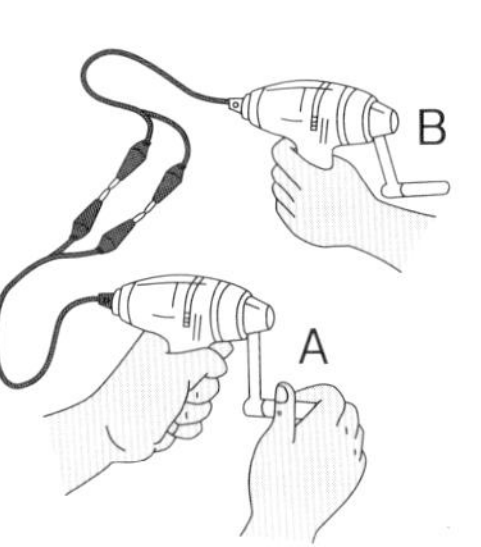

（　　　　　　　　　　　　　　　　　　）

単元3 第3章
発電機Aでつくった電気エネルギーが全て発電機Bに送られれば，発電機Bのハンドルも，10回転するはずである。

14 金星の見え方 金星が，明け方と夕方の限られた時間にしか観察できないのはなぜか。

（　　　　　　　　　　　　　　　　　　）

単元4 第2章
金星は地球より内側を公転している惑星であることに着目。

15 エネルギー資源の利用 電気エネルギーは私たちの生活に最も身近なエネルギーであり，私たちは電気に依存する社会で生活している。電気エネルギーが最もよく使われるのはなぜか。

（　　　　　　　　　　　　　　　　　　）

単元5 第3章
電気はどのような場所で発電されるか，電気製品では何エネルギーを利用しているか。

運動のようす

●運動の向きに力がはたらく

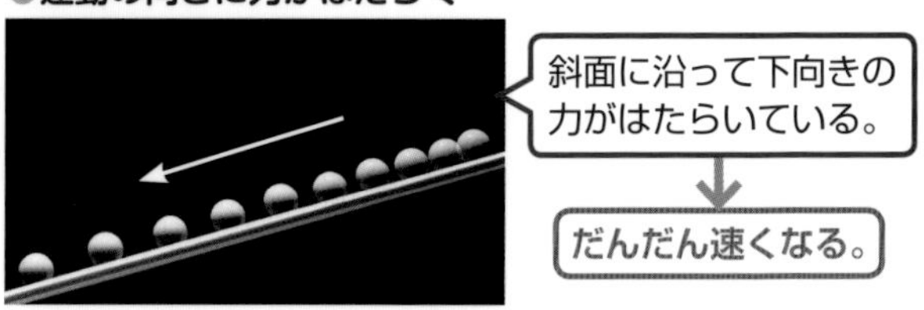

●運動の向きと逆向きに力がはたらく

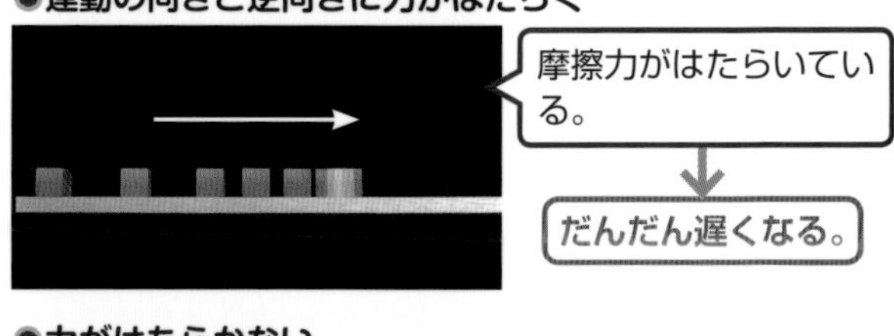

●力がはたらかない

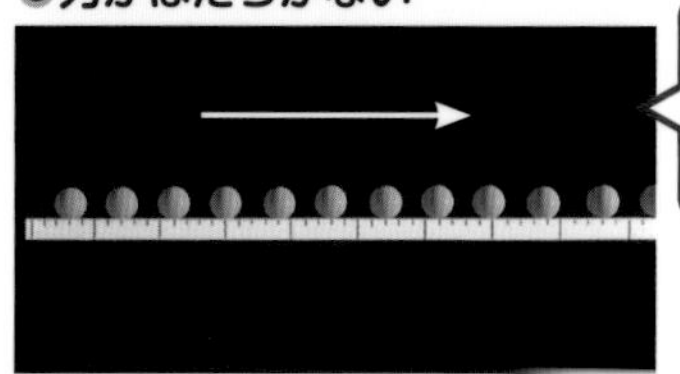

進行方向に力がはたらかない。または，力がつり合っている。

等速直線運動

力学的エネルギーの保存

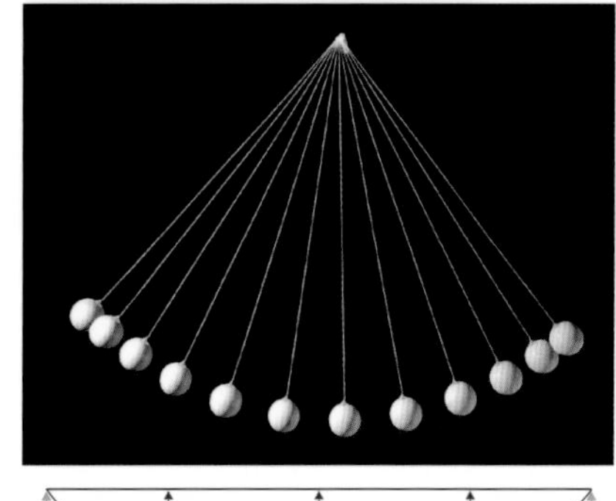

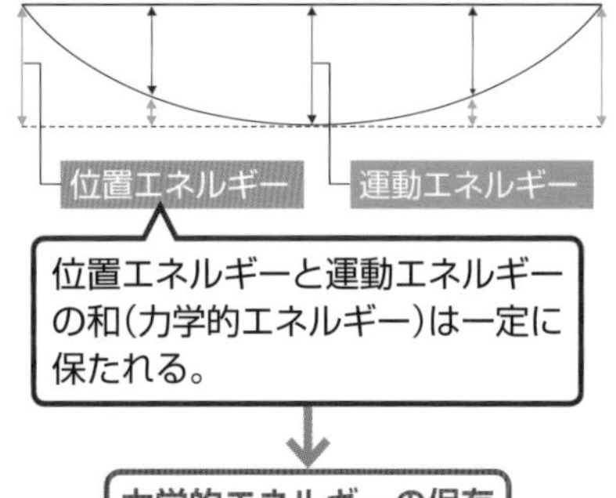

塩化銅水溶液の電気分解

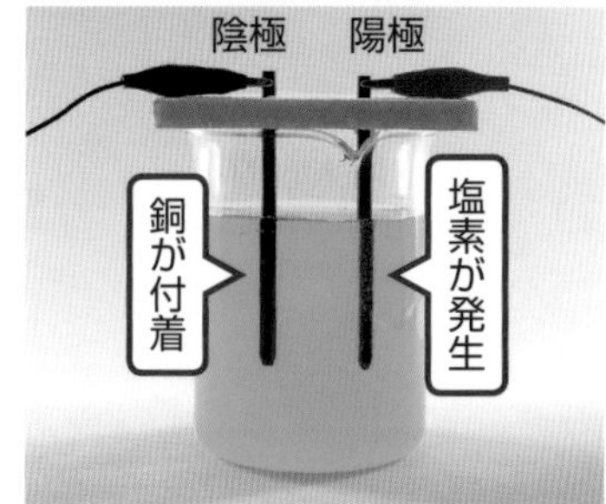

塩酸の電気分解

ダニエル電池

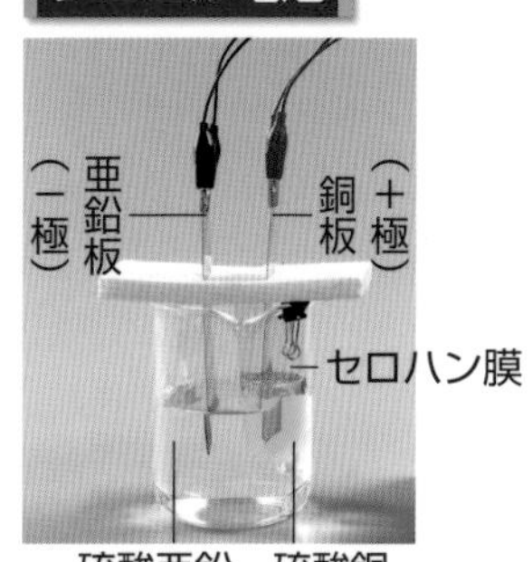

酸性・中性・アルカリ性の水溶液の性質

	リトマス紙	BTB 溶液	フェノールフタレイン溶液
酸　性	変化なし 青→赤	黄	変化なし
中　性	変化なし 変化なし	緑	変化なし
アルカリ性	赤→青 変化なし	青	赤

タマネギの根の細胞

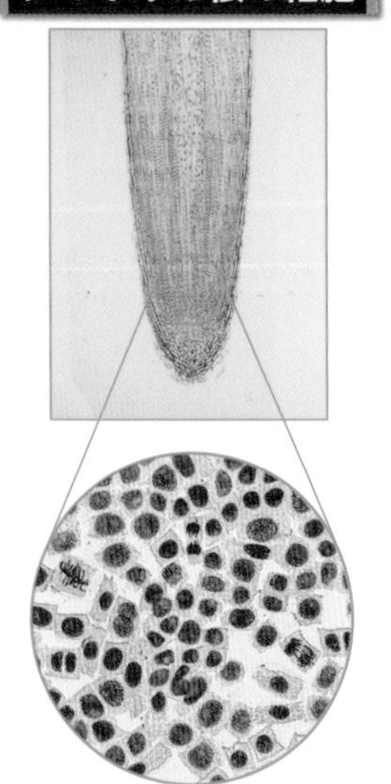

根の先端付近で細胞分裂がさかんに行われる。

ホウセンカの花粉管

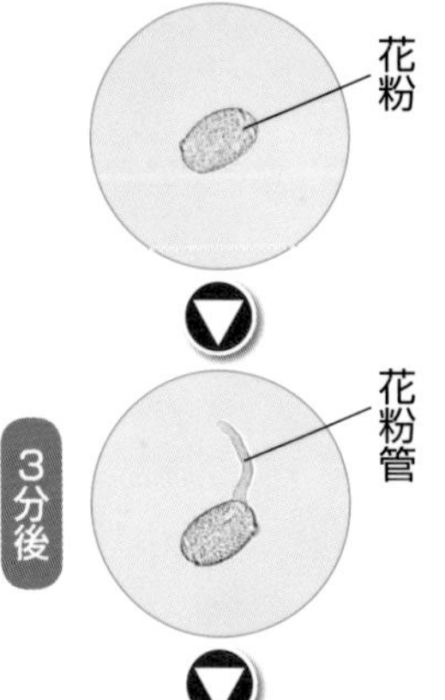

無性生殖

●ミカヅキモ

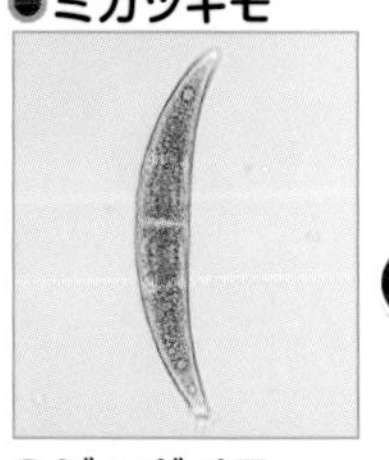
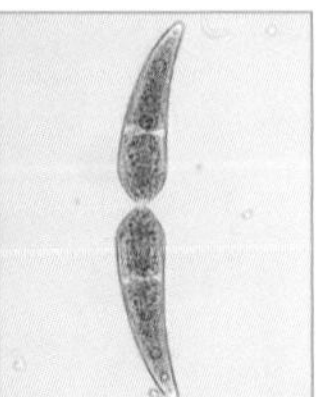

体細胞分裂によって新しい個体ができる。

●ジャガイモ

いもから芽と根が出て，親と同じ形質をもつ個体ができる。

太陽の表面

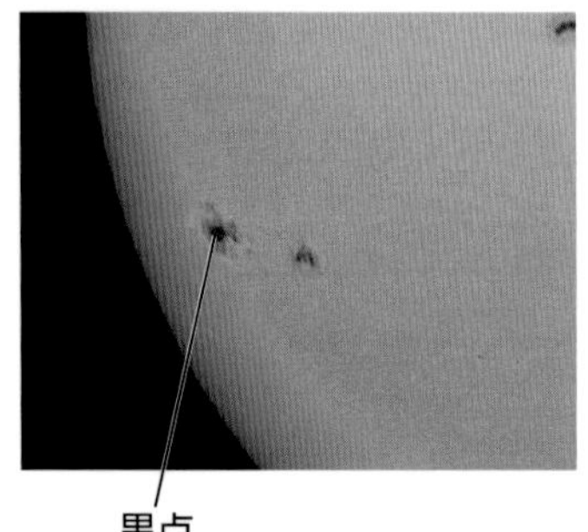

黒点

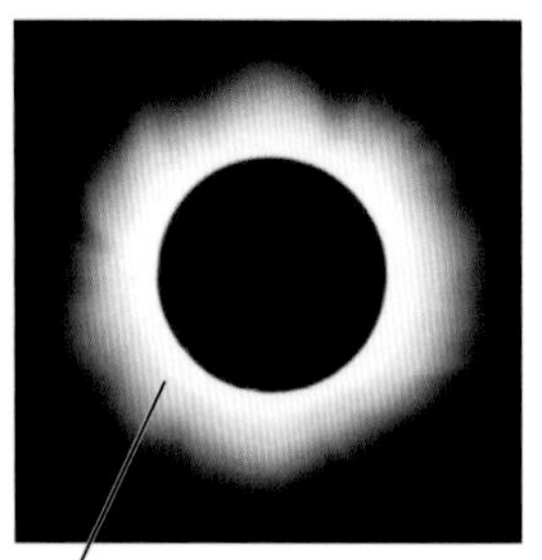

コロナ
（皆既日食のときに観測できる。）

銀河

アンドロメダ銀河

銀河は，数億～数千億個の恒星などの集まり。

星の日周運動

東の空

右ななめ上に移動する。

星は，地球の自転により，１日に１回地軸を中心に地球のまわりを回って見える。

北の空

北極星を中心に反時計回りに回る。

南の空

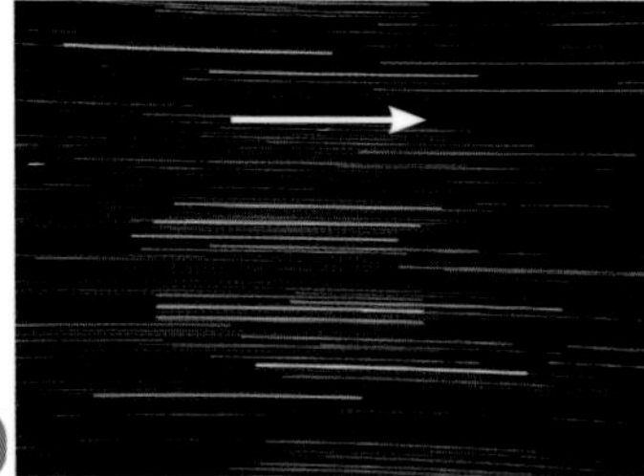

東から西へ移動する。

西の空

右ななめ下に移動する。

定期テスト対策

得点アップ！予想問題

1
この「**予想問題**」で
実力を確かめよう！

2
「**解答と解説**」で
答え合わせをしよう！

3
わからなかった問題は
戻って復習しよう！

この本での
学習ページ

スキマ時間でポイントを確認！
別冊「**スピードチェック**」も使おう

●予想問題の構成

回数	教科書ページ	教科書の内容	この本での学習ページ
第1回	8～37	第１章　水溶液とイオン 第２章　酸，アルカリとイオン(1)	2～27
第2回	38 ～ 73	第２章　酸，アルカリとイオン(2) 第３章　化学変化と電池	
第3回	74～129	第１章　生物の成長と生殖 第２章　遺伝の規則性と遺伝子 第３章　生物の多様性と進化	28～49
第4回	130～162	第１章　物体の運動 第２章　力のはたらき方	50～71
第5回	163～191	第３章　エネルギーと仕事	72～81
第6回	192～217	プロローグ　星空をながめよう 第１章　地球の運動と天体の動き(1)	82～111
第7回	218～251	第１章　地球の運動と天体の動き(2) 第２章　月と金星の見え方 第３章　宇宙の広がり	
第8回	252～314	地球と私たちの未来ために	112～131

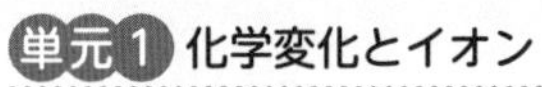

第1回 予想問題
第1章 水溶液とイオン
第2章 酸，アルカリとイオン(1)

1 右の図のような装置で，塩化銅水溶液に電流を流したところ，陽極の表面から気体が発生し，陰極の表面には固体が付着した。これについて，次の問いに答えなさい。 4点×5(20点)

(1) 塩化銅のように，水にとかして，その水溶液に電圧を加えると電流が流れる物質を何というか。

(2) 陽極の表面から発生した気体は何か。その気体の化学式で表しなさい。

(3) (2)の気体の性質を，次のア〜エから1つ選びなさい。

ア 水にとけにくい。 イ 漂白作用がある。

ウ 石灰水を白くにごらせる。

エ 卵がくさったようなにおいがする。

(4) 陰極の表面に付着した固体は何か。その物質の名称を答えなさい。

(5) このとき起こった化学変化を化学反応式で表しなさい。

電源装置
− ＋
塩化銅水溶液
陰極 陽極
発泡ポリスチレンの板
電極（炭素棒）

(1)		(2)		(3)		(4)	
(5)							

2 右の図1は，ヘリウム原子の構造を模式的に表したものである。図2は，塩化ナトリウムが水にとけたときのようすを模式的に表したものである。これについて，次の問いに答えなさい。 5点×8(40点)

(1) 図1の㋐〜㋓は何か。名称をそれぞれ答えなさい。

(2) 図1の㋐を失ったり受けとったりして，電気を帯びるようになったものを何というか。

(3) 図2のNa^+やCl^-は，電子を失ったり受けとったりして電気を帯びたものである。水にとけたときに，このような物質に分かれることを何というか。

(4) Na^+とCl^-を何というか。それぞれ名称を答えなさい。

図1

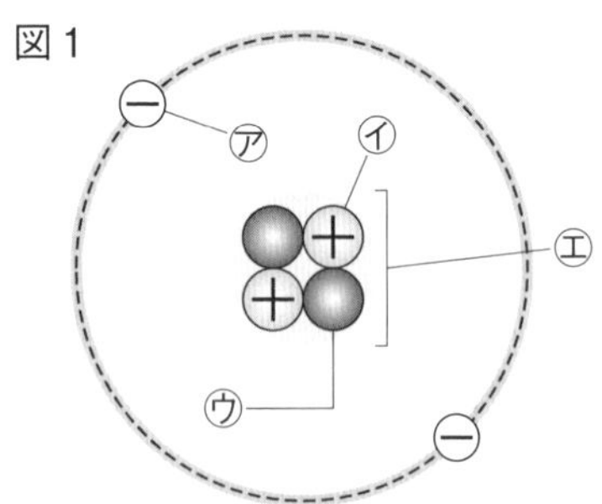

図2

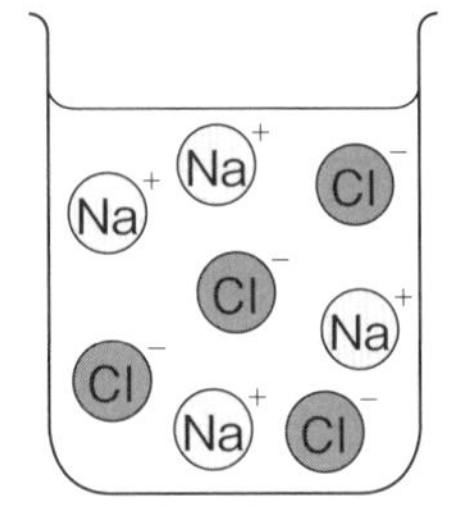

(1)	㋐		㋑		㋒		㋓	
(2)			(3)		(4)	Na^+	Cl^-	

3 下のA～Eの水溶液について，次のような操作を行った。これについて，あとの問いに答えなさい。

4点×4(16点)

A うすい塩酸　B うすい硫酸　C うすい水酸化ナトリウム水溶液
D 石灰水　E アンモニア水

〈操作1〉各水溶液をそれぞれ別々の試験管に少量ずつとり，緑色のBTB溶液を1滴ずつ加えて色の変化を調べた。

〈操作2〉各水溶液をそれぞれ別々の試験管に少量ずつとり，それぞれにマグネシウムリボンを加えた。

〈操作3〉各水溶液をそれぞれ別々のビーカーにとり，電圧を加えて電流が流れるかどうか調べた。

(1) 操作1で，緑色のBTB溶液を加えたときに青色に変化したものはどれか。A～Eからすべて選びなさい。

(2) 操作2で，マグネシウムリボンの表面から気体を発生するものはどれか。A～Eからすべて選びなさい。

(3) (2)で，マグネシウムリボンの表面から発生した気体はどれも同じ気体であった。この気体は何か。名称を答えなさい。

(4) 操作3では，全ての水溶液に電流が流れた。次の文の(　)にあてはまる言葉を答えなさい。

水溶液に電流が流れたことから，これらの水溶液は(　　)の水溶液である。

(1)		(2)		(3)		(4)	

4 右の図のような装置をつくり，×印にうすい塩酸とうすい水酸化ナトリウム水溶液をそれぞれしみこませた。その後，両端から電圧を加えてろ紙の色の変化を調べた。これについて，次の問いに答えなさい。

4点×6(24点)

(1) 電圧を加えてしばらくすると，A，Bの変色したところは，陽極側，陰極側のどちらに移動するか。

(2) BTB溶液を黄色に変化させたイオンは何か。化学式で答えなさい。

(3) 電離して(2)のイオンを生じる化合物を何というか。

(4) BTB溶液を青色に変化させたイオンは何か。化学式で答えなさい。

(5) 電離して(4)のイオンを生じる化合物を何というか。

(1)	A		B		(2)		(3)		(4)		(5)	

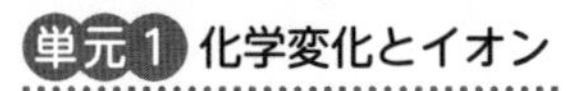

第2回 予想問題 第2章 酸，アルカリとイオン(2) 第3章 化学変化と電池

/100

1 pHについて，次の問いに答えなさい。 4点×3(12点)

(1) 純粋な水は中性である。純粋な水のpHはいくらか。

(2) pH12の無色の水溶液にフェノールフタレイン溶液を数滴加えると何色になるか。

(3) pH10ぐらいの液にはどのようなものがあるか。次の**ア**～**エ**から選びなさい。

ア 牛乳　　**イ** レモンの汁　　**ウ** 石けん水　　**エ** 酢

(1)		(2)		(3)	

2 酸とアルカリを混ぜ合わせたときの変化を調べるために，次のような手順で実験を行った。これについて，あとの問いに答えなさい。 6点×8(48点)

〈手順1〉A～Eの5本の試験管にうすい塩酸を5 cm^3ずつとった。

〈手順2〉右の図のように，試験管B～Eにうすい水酸化ナトリウム水溶液を順に3 cm^3，5 cm^3，7 cm^3，10 cm^3加えた。

〈手順3〉試験管A～Eに緑色のBTB溶液を1滴ずつ加え，試験管をふって液を混ぜ，色の変化を観察したところ，試験管Cの液の色は緑色になった。

〈手順4〉試験管A～Eにマグネシウムリボンを入れたところ，気体が発生したものがあった。

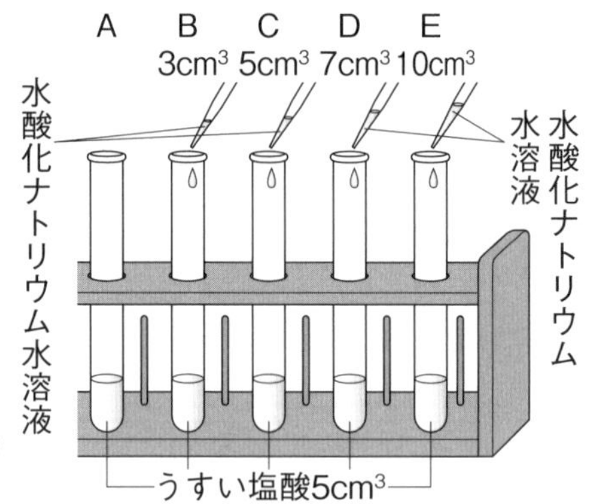

(1) **手順3**で，BTB溶液を加えたとき，液の色が青色になったのはどの試験管の中の液か。A～Eからすべて選びなさい。

(2) **手順3**の後，試験管Cの液をスライドガラスに1滴とり，水を蒸発させたところ，スライドガラスの上に固体が残った。この固体を化学式で表しなさい。

(3) **手順4**で，マグネシウムリボンを入れたとき，気体が発生したのはどの試験管か。A～Eからすべて選びなさい。

(4) **手順2**の後，試験管B，C，Dの中に存在するイオンをイオンを表す化学式でそれぞれすべて表しなさい。

(5) この実験のように，うすい塩酸などの酸の水溶液にうすい水酸化ナトリウム水溶液などのアルカリの水溶液を混ぜると，たがいの性質を打ち消し合う反応を何というか。

(6) (5)の反応を，イオンを表す化学式を使って化学反応式で表しなさい。

(1)		(2)		(3)		(4)	B	
C		D		(5)		(6)		

3 右の図のように，うすい塩酸に銅板と亜鉛板を入れ，電圧計につないだところ，電圧計の針がふれた。これについて，次の問いに答えなさい。　5点×5(25点)

(1) この実験で，電圧計の針がふれたということは，銅板と亜鉛板の間に電圧が生じたということである。このような装置を何というか。

(2) 電圧計の針がふれているときの亜鉛板はどうなるか。次の**ア**～**エ**から選びなさい。

ア 色が変化していく。

イ うすい塩酸にとけていく。

ウ まわりに固体が付着する。

エ まわりから気体が発生している。

亜鉛板　銅板　−　＋　電圧計　うすい塩酸

(3) 電圧計の針がふれているときの銅板のようすを，(2)の**ア**～**エ**から選びなさい。

(4) 金属の組み合わせを変えて同様の実験を行った。電圧計の針がふれない組み合わせを，次の**ア**～**エ**から選びなさい。

ア 銅板とマグネシウムリボン　　**イ** 亜鉛板とマグネシウムリボン

ウ 銅板と銅板　　**エ** 亜鉛板と鉄板

(5) 金属の組み合わせを銅板と亜鉛板にもどし，水溶液を変えて同様の実験を行った。電圧計の針がふれない水溶液を，次の**ア**～**エ**から選びなさい。

ア 砂糖水　**イ** 食塩水　**ウ** 塩化銅水溶液　**エ** 水酸化ナトリウム水溶液

(1)		(2)		(3)		(4)		(5)	

4 右の図のように簡易電気分解装置で水を電気分解し，しばらくしてから電源装置を外して電極に電子オルゴールをつないだところ，電子オルゴールが鳴った。これについて，次の問いに答えなさい。　5点×3(15点)

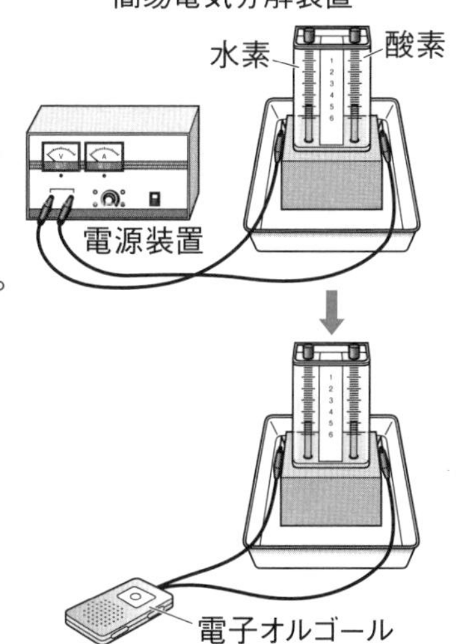

(1) 電子オルゴールが鳴ったことから，簡易電気分解装置が電池になっていることがわかる。このようなしくみの電池を何というか。

(2) 電子オルゴールが鳴っているときに，簡易電気分解装置の中で起こっている化学変化を，化学反応式で表しなさい。

(3) この電池の特徴として誤っているものを，次の**ア**～**エ**から選びなさい。

ア 電流を長時間とり出すことができる。

イ 有害な物質を発生することがない。

ウ 宇宙船での電源として装備されたことがある。

エ 一般での実用化は全く進んでいない。

(1)		(2)		(3)	

第1章　生物の成長と生殖
第2章　遺伝の規則性と遺伝子
第3章　生物の多様性と進化

解答 p.45

/100

1 下の図は，細胞分裂の各段階のようすを示した模式図である。これについて，あとの問いに答えなさい。

3点×15(45点)

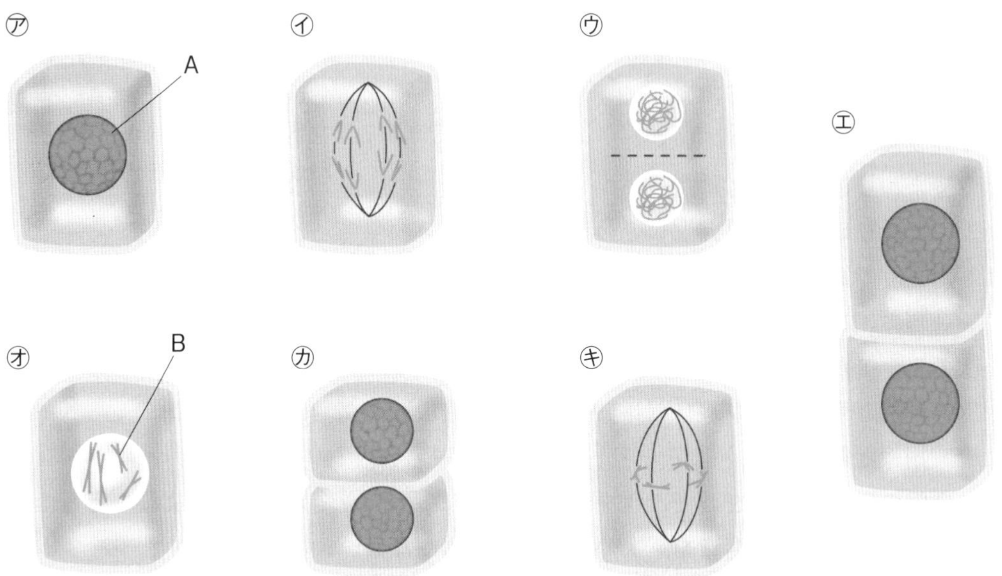

(1) 図のA，Bを，それぞれ何というか。

(2) 次の①〜⑦の文は，細胞分裂の各段階について説明したものである。それぞれの文は，上の図の㋐〜㋖のどの段階の説明か。

① 分裂前の細胞である。

② 核の中に染色体が現れる。

③ 染色体が細胞の中央付近に集まって並ぶ。

④ 2本の染色体がさけるようにして分かれ，それぞれ両端に移動する。

⑤ 染色体が集まって，しだいに細くなる。

⑥ 細胞質が2つに分かれて，2個の細胞になる。

⑦ 2個の細胞がそれぞれ大きくなる。

(3) 次の文の(　)にあてはまる言葉を答えなさい。

> 細胞分裂のときに見られる(①)の本数は，生物の(②)によって決まっている。
> 細胞分裂のとき，それぞれの染色体が2等分されるため，新しくできた核には，もとの核と全く(③)数の(④)がふくまれる。
> 染色体には，生物の形や性質などの(⑤)を表すもとになる(⑥)がふくまれている。

(1)	A		B		(2)	①		②		③		④		⑤		⑥	
⑦		(3)	①		②		③		④		⑤		⑥				

2 下の図は，生殖に関係する細胞などがふえるときの細胞と染色体の変化を模式的に表したものである。あとの問いに答えなさい。　6点×5(30点)

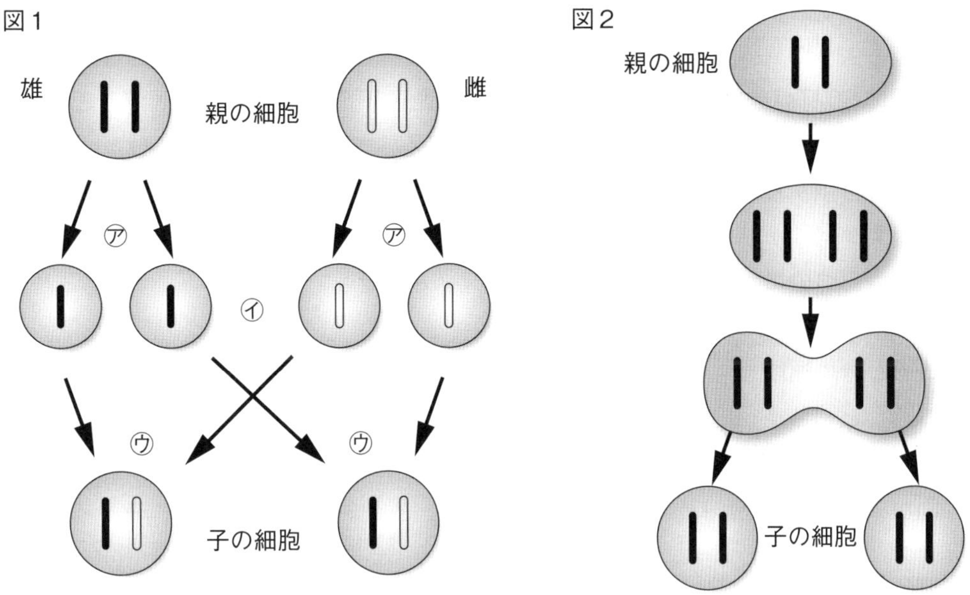

(1) 図1は，無性生殖，有性生殖のうち，どちらについて表したものか。

(2) ㋐の過程は，何という分裂か。

(3) ㋑のような細胞を何というか。

(4) ㋒の過程を何というか。

(5) 子の形質が親の形質と全く同じになるのは，図1，図2のどちらか。

(1)		(2)		(3)		(4)		(5)	

3 右の図は，約1億5000万年前の地層から発見された化石の模式図である。この生物は，ハチュウ類と鳥類の中間的な特徴をもっている。次の問いに答えなさい。　5点×5(25点)

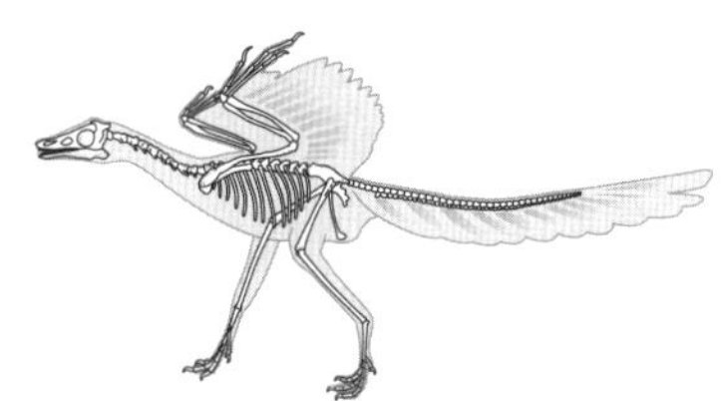

(1) 図は何という動物を表しているか。

(2) 図の動物がもっている，鳥類の特徴を次のア～エから2つ選びなさい。

ア　口に歯がある。　　**イ**　つばさの中ほどにつめがある。

ウ　前あしがつばさのようになっている。　　**エ**　からだが羽毛でおおわれている。

(3) 図の動物はハチュウ類から鳥類へと変化していると中であると考えられている。このように，生物が長い年月をかけて代を重ね，変化していくことを何というか。

(4) 鳥類のつばさや，ヒトのうで，クジラのひれのように，現在のはたらきは異なるが，基本的なつくりが同じ器官を何というか。

(1)		(2)			(3)		(4)	

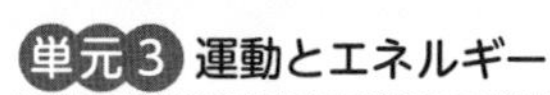

解答 p.45

第4回 予想問題 第1章 物体の運動 第2章 力のはたらき方

/100

1 右の図のように，斜面上の台車から静かに手をはなし，このときの斜面を下る台車の運動を1秒間に50打点を打つ記録タイマーで記録した。下の表は，5打点間隔ごとの記録テープの長さを順に表したものである。次の問いに答えなさい。

5点×10(50点)

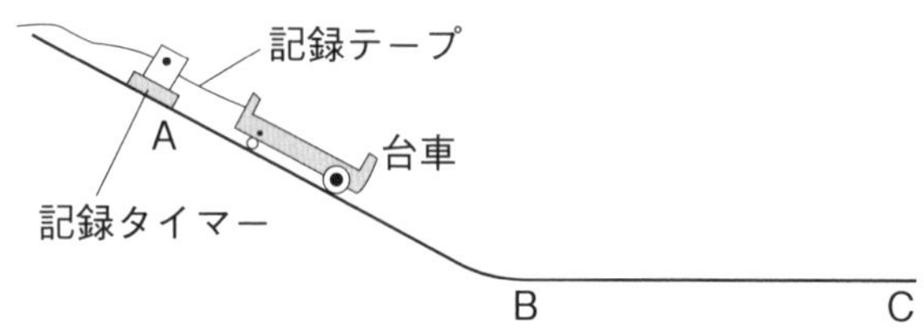

	㋐	㋑	㋒	㋓	㋔	㋕
5打点間隔ごとの長さ〔cm〕	1	3	5	7	8	8

(1) 1つの打点から次の打点を打つまでの時間は何秒か。

(2) 5打点打つのにかかる時間は何秒か。

(3) このときの運動を，だんだん速くなる運動と速さが一定の運動に分けるとすると，運動が変化したのはどの間か。次のア～ウから選びなさい。

ア ㋐と㋑の間
イ ㋒と㋓の間　**ウ** ㋓と㋔の間

(4) ㋔と㋕で記録された運動を何というか。

(5) 台車が(4)の運動に移るのは，斜面を下り始めてから何秒後からか。最も近いものを，次のア～エから選びなさい。

ア 0.1秒後　**イ** 0.2秒後　**ウ** 0.3秒後　**エ** 0.4秒後

(6) 台車がBC間を移動しているときの速さは何cm/sか。

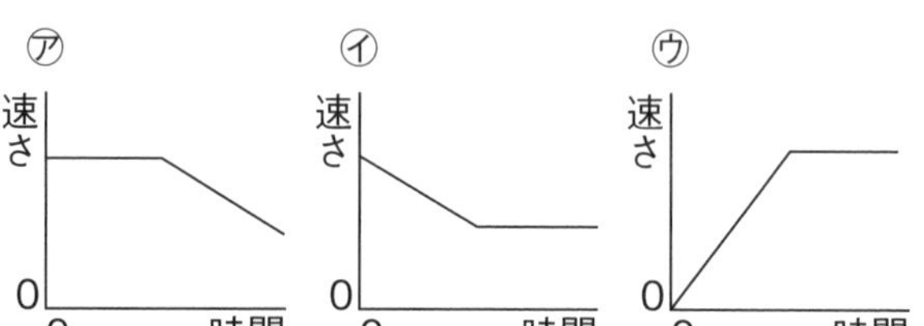

(7) この実験で，時間と速さの関係をグラフに表すと，右の㋐～㋒のどのグラフになるか。

(8) BC間がざらざらしているとき，台車はどんな運動をするか。次のア～エから選びなさい。

ア 止まることなく，同じ速さで運動し続ける。
イ 速くなったりおそくなったりする。
ウ しばらくすると速くなっていく。　**エ** 速さが減少し，そのうちに止まる。

(9) BC間がざらざらしているときの台車の運動が，(8)で選んだ運動となる理由は，何という力がはたらくからか。

(10) (9)の力がはたらかないときは，どんな法則がなり立つか。

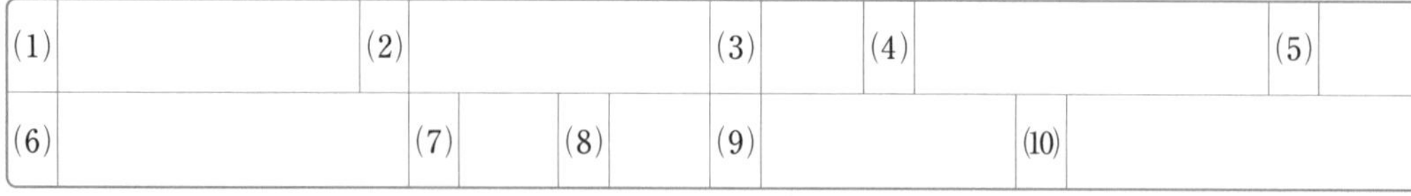

2 右の図のように，斜面上に物体を置いたとき，物体にはたらく重力Wは，斜面下向きの分力Pと斜面に垂直な分力Qに分解される。次の問いに答えなさい。 5点×4(20点)

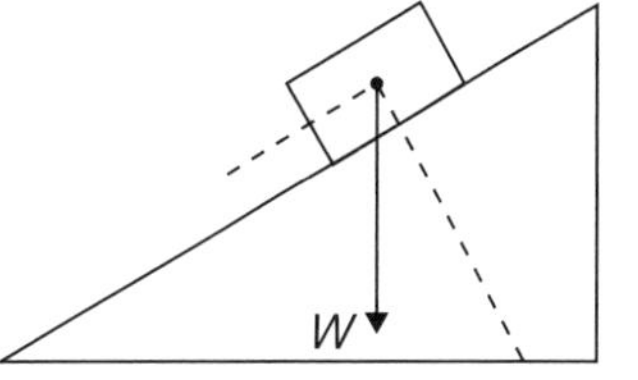

(1) 重力Wの分力Pと分力Qを示す矢印を，右の図にかき入れなさい。矢印の先に，P，Qとかいておくこと。

(2) 斜面の傾きを大きくしたとき，重力W，分力P，分力Qの大きさはどのようになるか。次の**ア**〜**ウ**からそれぞれ選びなさい。

ア 大きくなる。 **イ** 小さくなる。 **ウ** 変わらない。

(1)	図に記入	(2)	重力W		分力P		分力Q	

3 一定の速さで直線上を走行している電車にAさんが乗っている。この電車がブレーキをかけたときについて，次の問いに答えなさい。 6点×3(18点)

(1) 電車に乗っているAさんのからだはどうなったか。次の**ア**〜**ウ**から選びなさい。

ア Aさんのからだは，電車の進行方向に傾いた。

イ Aさんのからだは，電車の進行方向と逆向きに傾いた。

ウ Aさんのからだは，どちらの向きにも傾かなかった。

(2) Aさんのからだが(1)のようになったのは，Aさんのからだなど全ての物体が，それまでの運動の状態を続けようとする性質をもっているからである。この性質を何というか。

(3) (1)のとき，Aさんは，動き続けようとしたか，静止し続けようとしたか。

(1)		(2)		(3)	

4 右の図のように，スケートボードに乗ったAさんが，同じようにスケートボードに乗ったBさんを手でおした。これについて，次の問いに答えなさい。 6点×2(12点)

(1) このとき，AさんとBさんは，それぞれどうなるか。次の**ア**〜**エ**から選びなさい。

ア Aさんだけが左に動く。

イ Bさんだけが右に動く。

ウ Aさんは左に，Bさんは右に動く。

エ AさんもBさんも動かない。

(2) (1)のとき，AさんがBさんから受けた力と，BさんがAさんから受けた力にはどのような関係があるか。力の向きと大きさについてわかるように説明しなさい。

(1)		(2)	

解答 p.46

第3章　エネルギーと仕事

40分　/100

1 右の図1において，Aの位置から小球を転がした。このときのエネルギーの変化について，次の問いに答えなさい。　6点×4(24点)

(1) 図1のA～Eのうち，小球が最も大きな位置エネルギーをもつのはどこか。

(2) 図1のA～Eのうち，小球が最も大きな運動エネルギーをもつのはどこか。

(3) 図2は，斜面と小球の間に摩擦力がはたらかないと考えたときの位置エネルギーと運動エネルギーの移り変わりを表したものである。ただし，Aの位置で小球のもつ位置エネルギーは30，運動エネルギーは0であるとする。
また，右の表は，A～Eの各点でのエネルギーの大きさを表そうとしたものである。㋐，㋑にあてはまる大きさは，それぞれいくつか。

図1

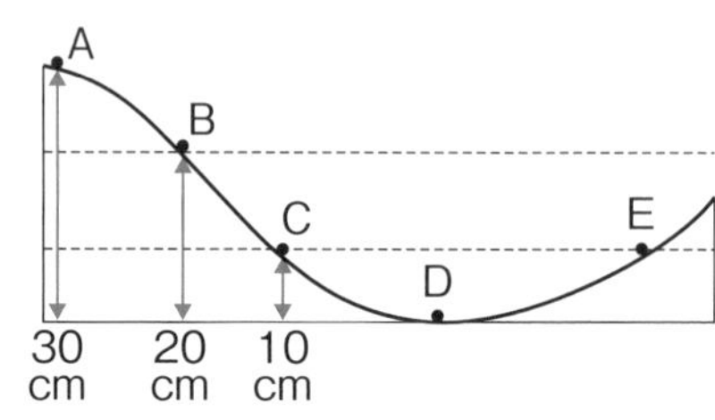

図2

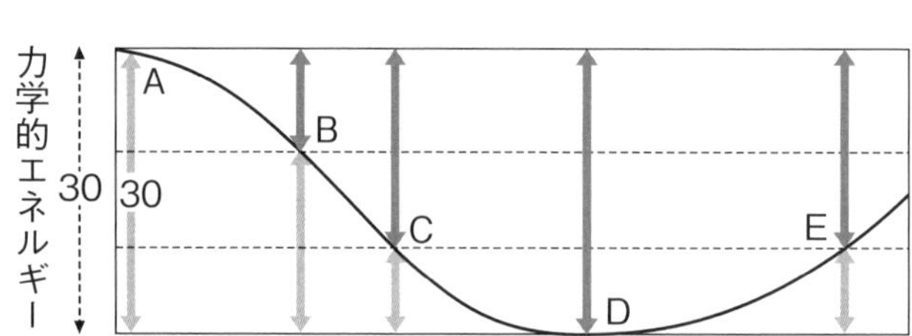

	A	B	C	D	E
位置エネルギー	30	㋐	10		
運動エネルギー	0	10	㋑		

(1)		(2)		(3) ㋐		㋑	

2 右の図1は，質量600gの台車に質量1.4kgの荷物をのせて，高さ75cmの台の上まで長さ125cmの斜面を静かに引き上げているようすである。これについて，次の問いに答えなさい。ただし，糸の重さや摩擦力はないものとし，質量100gの物体にはたらく重力の大きさを1Nとする。　7点×3(21点)

(1) 図1の台車と荷物を，斜面を使わず，図2のように75cmの高さまで手で引き上げたとき，手が台車にした仕事は何Jか。

(2) 図1の斜面にそって台車と荷物を75cmの高さまで引き上げたとき，手が荷物にした仕事は何Jか。

(3) (2)のとき，台車と荷物を引き上げた力の大きさは何Nか。

図1　図2

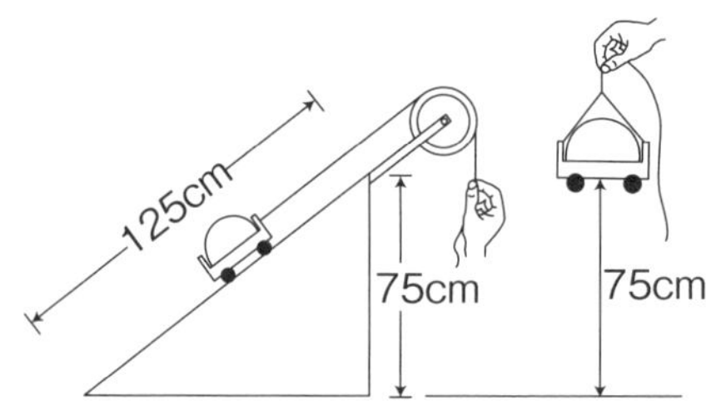

(1)		(2)		(3)	

3 右の図1のように，P点にひもを固定し，2つの滑車㋐，㋑を使って，ひもをモーターで巻きとり，質量300gの物体を一定の速さで引き上げる実験をした。モーターには，電圧5Vの電源装置と電流計がつないである。図2は，スイッチを入れてモーターを回転させ，物体を引き上げたときの時間と，引き上げられた距離との関係を示したグラフである。これについて，次の問いに答えなさい。ただし，滑車とひもの重さ，摩擦力は考えないものとし，質量100gの物体にはたらく重力の大きさを1Nとする。 5点×6(30点)

(1) 図1の滑車㋐，㋑をそれぞれ何というか。

(2) 物体を0.4m引き上げたとき，物体に対してした仕事は何Jか。

(3) 物体を引き上げている間，電流計は0.3Aを示していた。

図1

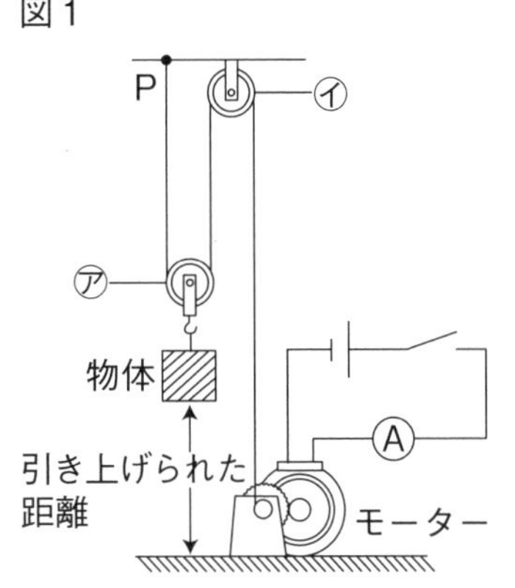

図2

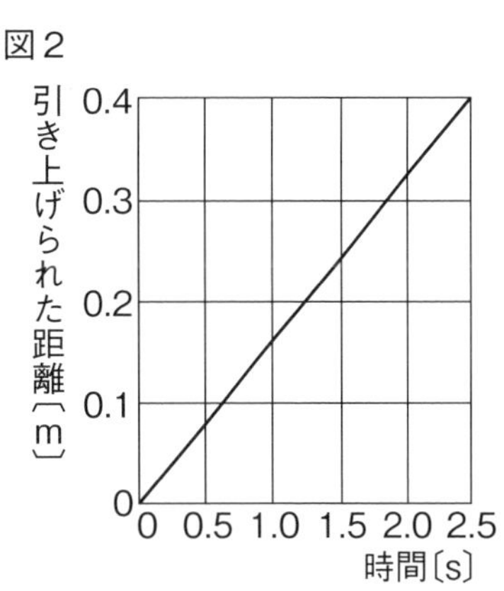

① モーターが消費した電力は何Wか。

② (2)のとき，モーターがした仕事の仕事率は何Wか。

③ (2)のとき，モーターがした仕事の仕事率は，モーターが消費した電力の何％か。

(1)	㋐		㋑		(2)		(3)	①	
②			③						

4 熱の伝わり方について，次の問いに答えなさい。 5点×5(25点)

(1) 次の①〜④のうち，伝導に関係するものにはア，対流に関係するものにはイ，放射に関係するものにはウと答えなさい。

① 冷房は，部屋の天井付近にとりつけた方が部屋全体が冷えやすい。

② たき火の前に立つと，たき火に向かっている側があたたかくなる。

③ 沸騰している湯の中にカツオ節(ぶし)を入れると，カツオ節が湯の中でグルグル回っていた。

④ 冬に運動場の鉄棒につかまると，とても冷たい。

(2) 右の図は，火にかけたフライパンのあたたまり方を表したものである。このような熱の伝わり方を何というか。(1)のア〜ウから選びなさい。

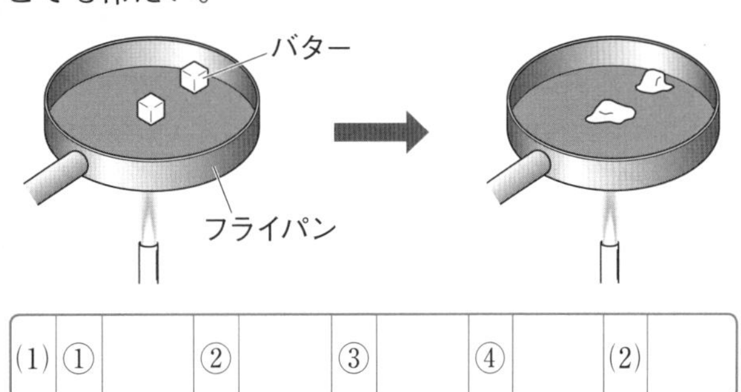

(1)	①		②		③		④		(2)	

解答 p.47

第6回 予想問題　プロローグ　星空をながめよう　第1章　地球の運動と天体の動き(1)

/100

1 右の図1のように，天体望遠鏡に太陽投影板と遮光板をとりつけ，太陽投影板に記録用紙を固定し，天体望遠鏡を太陽に向けて太陽の像を記録用紙に投影した。このとき，黒点の位置や形をスケッチし，日付と時刻を記入した。図2は，数日間，同じ時刻に観察したときの記録のうちの一部である。これについて，次の問いに答えなさい。　5点×5(25点)

(1) 黒点は，周囲より温度が高いか，低いか。
(2) この観察を行うとき，ファインダーはどのようにしておかなければならないか。
(3) (2)のほかに，この観察を行うときに注意しなければならないことは何か。
(4) 図2で，黒点が東から西へ移動していることから，どのようなことがわかるか。
(5) 図2で，中央付近で円形に見えていた黒点が周辺部に移動するとだ円形に変化して見えることから，どのようなことがわかるか。

図1

記録用紙
遮光板
太陽投影板

図2

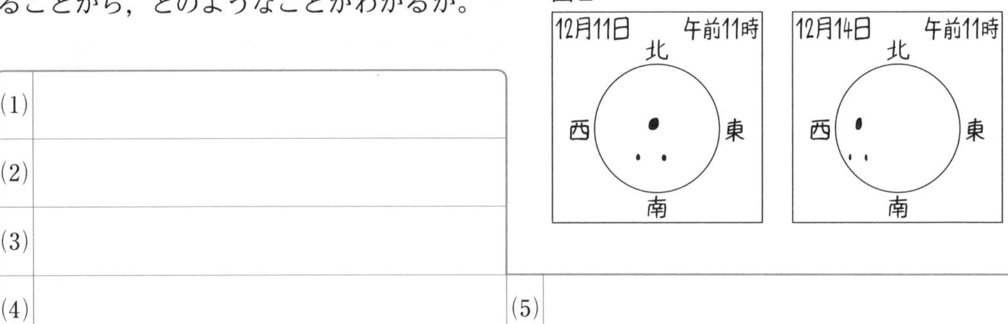

(1)	
(2)	
(3)	
(4)	
(5)	

2 右の図は，日本のある地点で見られた東・西・南・北の星の数時間の動きを示したものである。これについて，次の問いに答えなさい。　3点×7(21点)

(1) 東の空の星の動きを表しているのはどれか。㋐〜㋓から選びなさい。
(2) ㋐〜㋓で，星はどちらの向きに動いているか。a，bからそれぞれ選びなさい。
(3) ㋒のAの星は，ほとんど動いていないように見える。何という星か。
(4) 星の1日の見かけの動きを何というか。

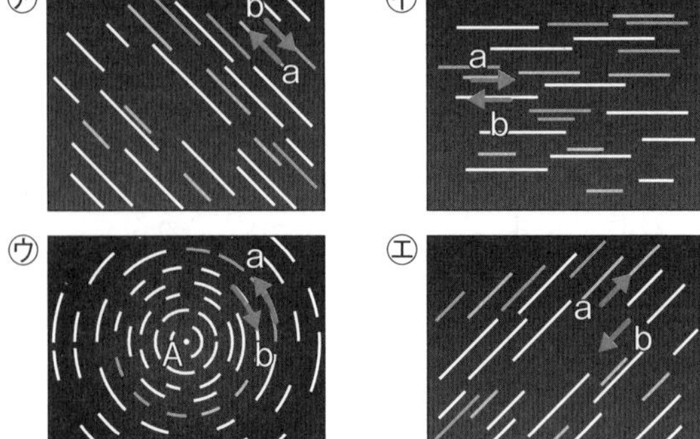

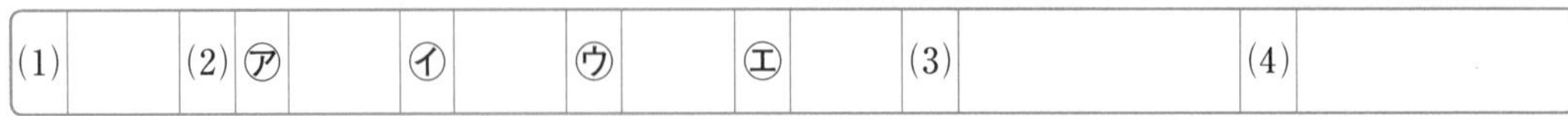

(1)		(2)㋐		㋑		㋒		㋓		(3)		(4)	

3 ある日，北半球のある場所で，図１のような円周60cmの透明半球を使って，太陽の１日の動きを９時から14時まで１時間ごとに記録した。次に，記録した・印をなめらかな線で結び，厚紙と交わるところまでのばした。また，太陽の高度が最も高くなったときの点をＰ点とした。図１のＡ～Ｄは，東・西・南・北のいずれかを示す点で，図２は，図１の透明半球上に記録した点を，紙テープに写しとったものである。次の問いに答えなさい。

6点×6(36点)

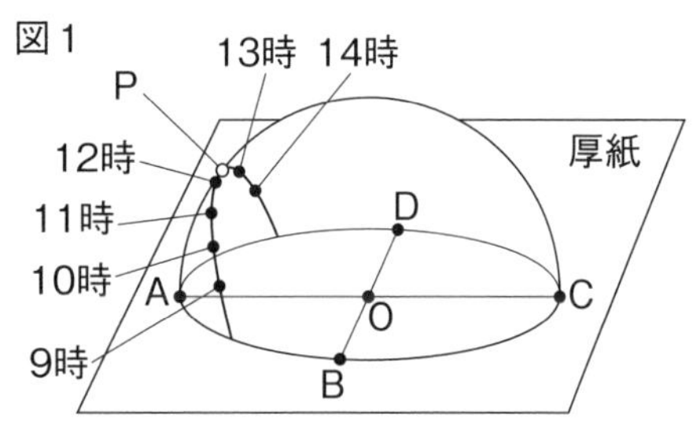

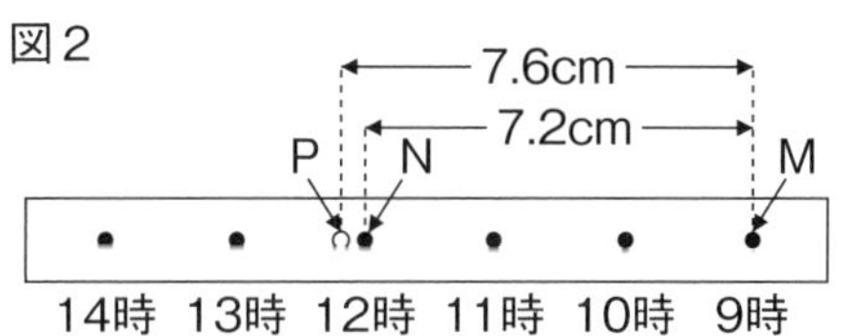

(1) 太陽が，１日の間にこのように動いて見えるのは地球の何という運動が原因か。

(2) 西を示しているのは，Ａ～Ｄのどれか。

(3) 太陽の位置を透明半球上に記録するとき，サインペンの先端のかげはＡ，Ｂ，Ｃ，Ｄ，Ｏのうち，どこにくるように・印をつけるか。

(4) 太陽の南中高度を，∠ABCのように表しなさい。

(5) 図１のＰ点とＡ点を結び，弧の長さを測定すると7.5cmであった。このことから，この日の太陽の南中高度は何度であるといえるか。

(6) 図２のとなりあう・印の間隔は全て同じであり，ＭＮ間とＭＰ間の長さは，それぞれ7.2cmと7.6cmであった。このことから，この日の太陽が南中した時刻は何時何分か。

4 右の図は，太陽を中心とした地球の１年間の動きと，天球上の太陽の通り道付近にある星座の位置を模式的に表したものである。次の問いに答えなさい。

6点×3(18点)

しし座　かに座　ふたご座　おうし座　おひつじ座　うお座　みずがめ座　やぎ座　いて座　さそり座　てんびん座　おとめ座
A　地球　太陽　B

(1) 地球から見ると，太陽はこれらの星座の中を動いているように見える。この太陽の通り道を何というか。

(2) 地球がＢの位置にあるとき，日没時に南の空に見られる星座は何か。次のア～エから選びなさい。

ア　しし座　　イ　さそり座

ウ　みずがめ座　　エ　おうし座

(3) ある日の午後８時にいて座が真南に見えた。同じ場所で４か月後の同じ時刻に真南に見える星座は何か。図の12の星座から選んで答えなさい。

(1)		(2)		(3)	

第7回 予想問題

第1章 地球の運動と天体の動き(2)
第2章 月と金星の見え方
第3章 宇宙の広がり

1 右の図1は，日本のある地点での夏至と冬至の太陽の動きを調べたものであり，Xは，夏至の太陽の南中地点を示している。図2は，この地点の太陽の南中高度の変化をグラフにしたものである。次の問いに答えなさい。 6点×4(24点)

図1

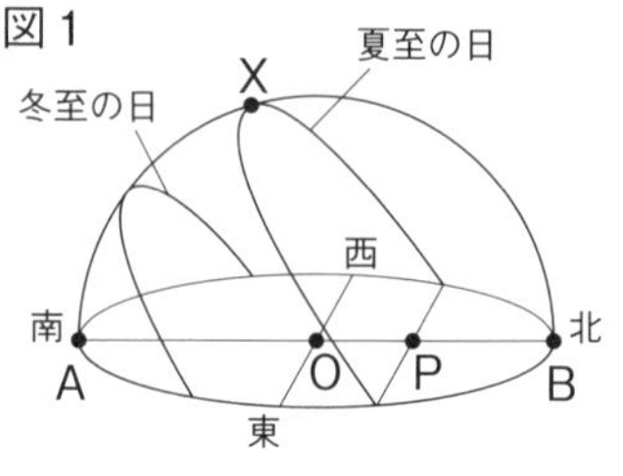

図2

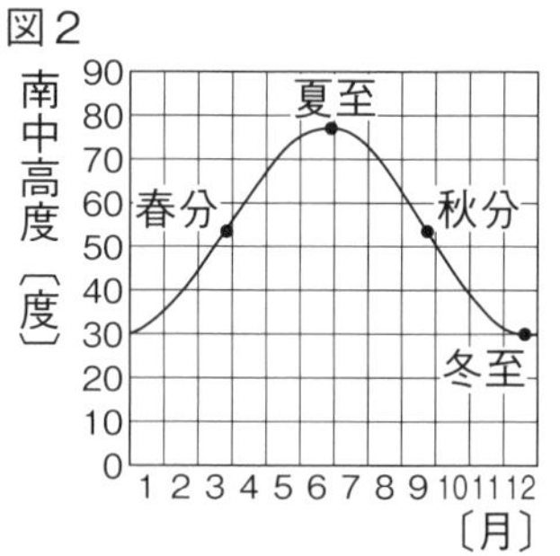

(1) 次の文の(　)にあてはまる角度を，下のア〜エから選び，記号で答えなさい。

> 太陽の1日の動きが季節によって変化するのは，地球が公転面に垂直な方向に対して地軸を約(　　)傾けたまま公転しているためである。

〔 ア 11.1° イ 23.4° ウ 66.6° エ 78.9° 〕

(2) 弧AXBの長さは90cm，弧AXの長さは39cmであった。夏至の太陽の南中高度は何度か。

(3) 春分の太陽の通り道を，図1にかき入れなさい。

(4) 地球の地軸が公転面に対して垂直であったとすると，この地点の太陽の南中高度の変化はどうなるか。図2にかき入れなさい。

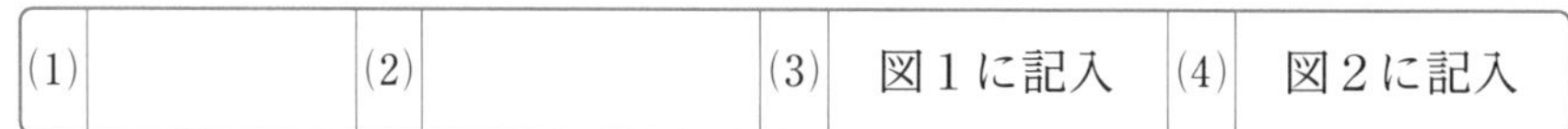

(1)		(2)		(3)	図1に記入	(4)	図2に記入

2 下の図1は，日本のある地点で，ある日の日の入り後に南の空に見えた月をスケッチしたものである。この1週間後の日の入り後に，月食が観察できた。月が地上に出たときにはすでに皆既月食となっていて，やがて一部が明るくなり，しだいに明るい部分が増し，満月になった。図2は，そのときのようすをスケッチである。次の問いに答えなさい。6点×4(24点)

図1

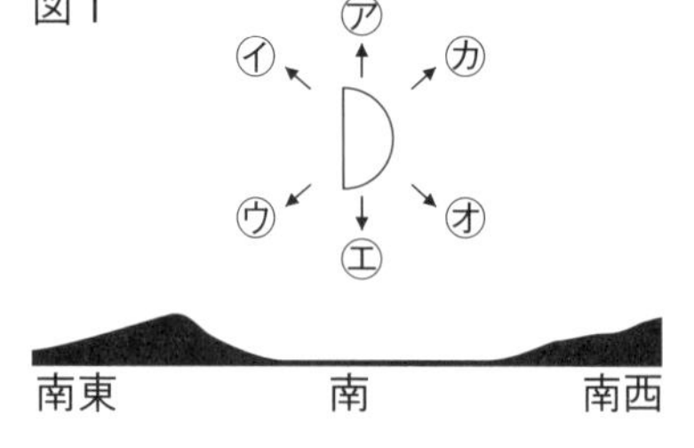

図2

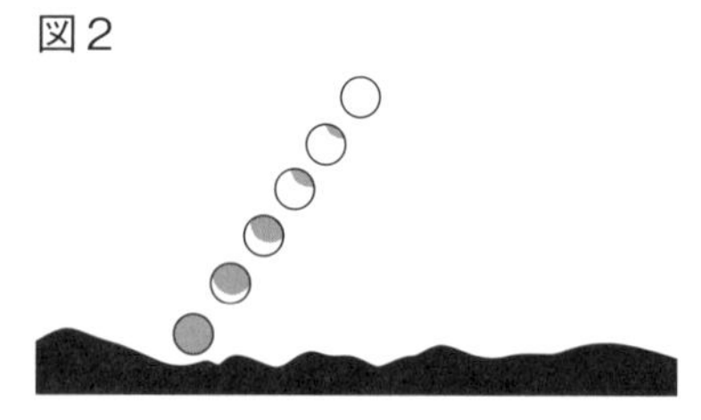

(1) 図1の月は，2時間後にどの方向へ移動しているか。㋐〜㋕から選びなさい。

(2) 図2は，どの方位の空を観察したものか。東，西，南，北から選んで答えなさい。

(3) 図2の月食を観察した夜に月が南中するのは何時ごろか。

(4) 月食のとき，月・太陽・地球は，どの順に並んでいるか。次のア〜ウから選びなさい。

ア 月・太陽・地球　　イ 月・地球・太陽　　ウ 太陽・月・地球

(1)		(2)		(3)		(4)	

3 右の図は，地球の北極側から見たときの太陽・金星・地球の位置および金星・地球の公転軌道を模式的に表したものである。これについて，次の問いに答えなさい。 7点×4(28点)

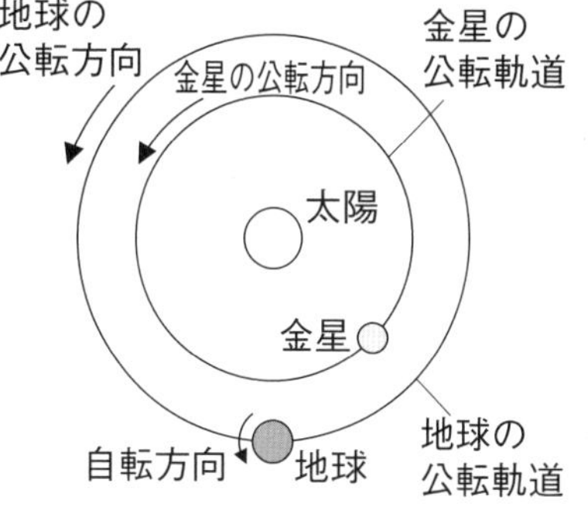

(1) 太陽・金星・地球が図のような位置にあるとき，金星は，いつごろ，どの方位の空に見えるか。次のア〜エから選びなさい。

ア 明け方の東の空

イ 明け方の西の空

ウ 夕方の東の空

エ 夕方の西の空

(2) 太陽・金星・地球が図のような位置にあるとき，金星はどのような形に見えるか。右の㋐〜㋓から選び，記号で答えなさい。ただし，㋐〜㋓は，天体望遠鏡で観察した像の上下左右を入れかえて肉眼で見た向きと同じ向きとし，大きさも同じにしたものである。

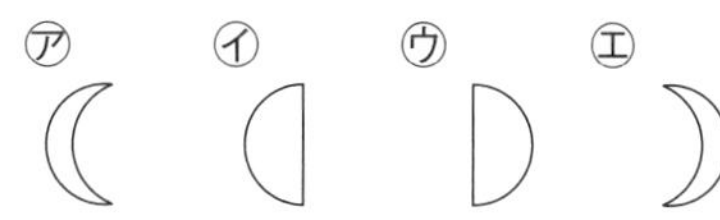

(3) 金星と水星は，真夜中に観察することができない。その理由を簡単に答えなさい。

(4) 水星は，金星と比べて地球から観察しにくい。その理由を簡単に答えなさい。

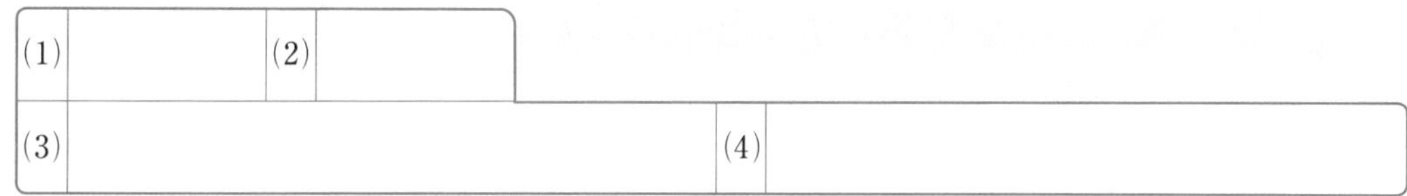

4 右の表は，太陽系の惑星の直径，質量，太陽からの距離，公転の周期などを，地球と比較したものである。これについて，次の問いに答えなさい。 6点×4(24点)

(1) 表より，木星の直径は地球の11.21倍で，質量は317.83倍である。このことから，地球と木星で，密度が大きいのはどちらか。

(2) 太陽系の惑星は地球型惑星と木星型惑星に分けられる。地球型惑星で，最も太陽からの距離が大きい惑星は何か。

(3) 表より，太陽系の惑星の公転の周期は，太陽からの距離が大きくなるほどどのようになるといえるか。

惑星の名称	直径(地球＝1)	質量(地球＝1)	太陽からの平均距離*1	公転の周期(年)
水星	0.38	0.06	0.39	0.24
金星	0.95	0.82	0.72	0.62
地球	1.00	1.00	1.00	1.00
火星	0.53	0.11	1.52	1.88
木星	11.21	317.83	5.20	11.86
土星	9.45	95.16	9.55	29.53
天王星	4.01	14.54	19.22	84.25
海王星	3.88	17.15	30.11	165.23

(*1 太陽地球間の距離＝1 とする。)

(4) 以前惑星とされていためい王星は，現在，何というグループに分類されているか。

(1)		(2)		(3)		(4)	

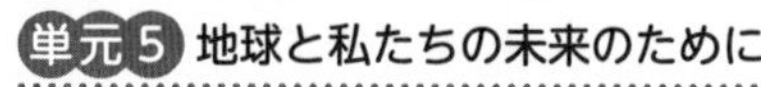

第8回 予想問題 地球と私たちの未来のために

1 右の図は，自然界の物質が生物を通して循環していることを表したものである。図の中の点線の矢印(┄┄→)は有機物の移動を，また，実線の矢印(──→)は二酸化炭素の移動の一部を表したものである。また，㋐〜㋓は，生産者・消費者・分解者のいずれかを表している。これについて，次の問いに答えなさい。 8点×7(56点)

(1) 下の①〜④の生物は，右の図のどこに位置づけられるか。㋐〜㋓からそれぞれ選びなさい。

① シマウマ

② アオカビ

③ ススキ

④ ライオン

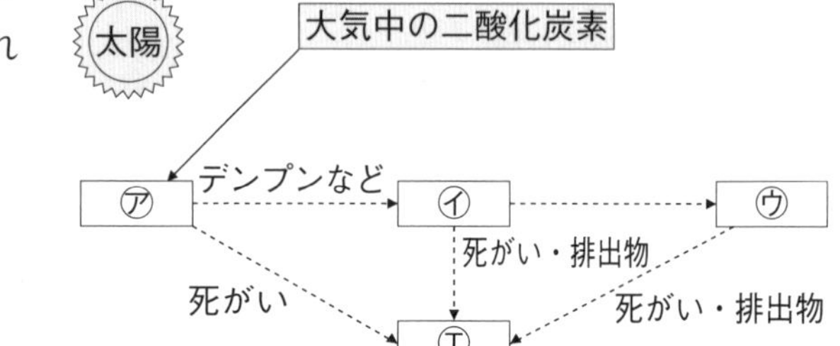

(2) 右の図では，二酸化炭素の移動を表す矢印(──→)が不足している。不足している二酸化炭素の移動を表す矢印を，図にすべてかき入れなさい。

(3) 何かの原因で，㋑の生物の数量が急激に減少したとき，㋐の生物と㋒の生物の数量は一時的にどうなるか。

(1)	①		②		③		④		(2)	図に記入	(3)	㋐		㋒	

2 エネルギーおよびエネルギーの変換について，次の問いに答えなさい。 11点×4(44点)

(1) 火力発電に使用されている石油・石炭・天然ガスなどのエネルギー資源は，大昔に生きていた生物にふくまれていた有機物が長い年月を経て変化してできたものである。このようにしてできたエネルギー資源を何というか。

(2) 白熱電球とLED電球の消費電力のちがいについて確認するために，ほぼ同じ明るさの白熱電球とLED電球を用意し，実験を行った。実験中に，それぞれの電球の表面温度がちがうことに気づき，電球を点灯してじゅうぶんに時間が経過してから，表面温度をそれぞれ測定した。右の表は，その結果を示したものである。次の文は，この結果をもとに，エネルギーの変換と消費電力についてまとめたものである。(　)にあてはまる言葉を答えなさい。

電球の種類	電力〔W〕	表面温度〔℃〕
白熱電球	60	157
LED電球	11	41

LED電球は，白熱電球に比べて，(①)エネルギーが(②)エネルギーに変換される割合が低く，(③)エネルギーに効率よく変換されているので，同じ明るさを得るときには消費電力を少なくすることができる。

(1)		(2)	①		②		③	

教科書ワーク
理科

特別ふろく

どこでもワーク

こちらにアクセスして，ご利用ください。
https://portal.bunri.jp/app.html

重要事項を
３択問題で確認！

3問目/15問中
A3.
・オホーツク海気団は，冷たく湿った気団である。
・小笠原気団とともに，初夏に日本付近にできる停滞前線の原因となる。

ふせん　次の問題

× シベリア気団
× 小笠原気団
○ オホーツク海気団

ポイント
解説つき

間違えた問題だけを何度も確認できる！

無料ダウンロード

ホームページテスト

無料でダウンロードできます。
表紙カバーに掲載のアクセスコードを入力してご利用ください。
https://www.bunri.co.jp/infosrv/top.html

問題▶

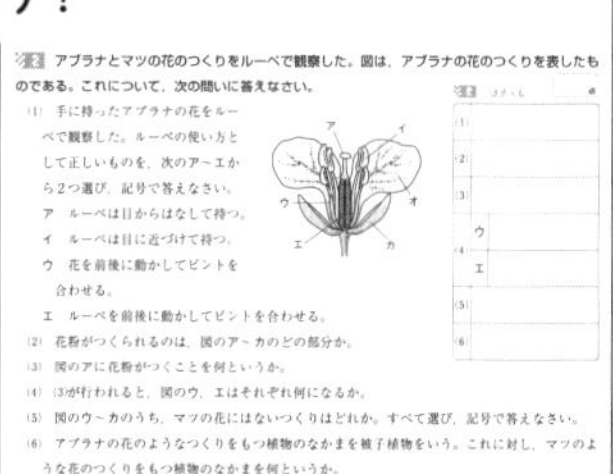

テスト対策や
復習に使おう！

▼解答

1　図の顕微鏡を使って，生物を観察した。これについて，次の問いに答えなさい。
(1)　図のa，bの部分を何というか。
(2)　次のア～エの操作を，顕微鏡の正しい使い方の手順に並べなさい。
ア　真横から見ながら，調節ねじを回し，プレパラートと対物レンズをできるだけ近づける。
イ　接眼レンズをのぞき，bを調節して視野が明るく見えるようにする。
ウ　プレパラートをステージにのせる。
エ　接眼レンズをのぞき，調節ねじを回し，プレパラートと対物レンズを遠ざけながら，ピントを合わせる。
(3)　対物レンズを低倍率のものから高倍率のものに変えた。このとき，視野の範囲と明るさはそれぞれどうなるか。簡単に書きなさい。

1		
(1)	a	レボルバー
	b	反射鏡
(2)		イ→ウ→ア→エ
(3)		範囲はせまくなり，明るさは暗くなる。

(1)aを回して，対物レンズを変える。視野が暗いときは，bの角度を変えて明るさを調節する。(2)ピントを合わせるとき，プレパラートと対物レンズを近づけないのは，対物レンズをプレパラートにぶつけないためである。

2　アブラナとマツの花のつくりをルーペで観察した。図は，アブラナの花のつくりを表したものである。これについて，次の問いに答えなさい。
(1)　手に持ったアブラナの花をルー

同じ紙面に解答があって，
採点しやすい！

注意　●サービスやアプリの利用は無料ですが，別途各通信会社からの通信料がかかります。
●アプリの利用には iPhone の方は Apple ID，Android の方は Google アカウントが必要です。対応 OS や対応機種については，各ストアでご確認ください。
●お客様のネット環境および携帯端末により，ご利用いただけない場合，当社は責任を負いかねます。ご理解，ご了承いただきますよう，お願いいたします。

中学教科書ワーク

解答と解説

東京書籍版

理科3年

この「解答と解説」は，取りはずして使えます。

単元1 化学変化とイオン

第1章 水溶液とイオン

p.2~3 ステージ1

●教科書の要点

❶ ①流れない ②流れる ③電解質 ④非電解質

❷ ①銅 ②塩素 ③水素

❸ ①原子核 ②電子 ③陽子 ④中性子 ⑤同位体 ⑥イオン ⑦電離

●教科書の図

1 ①原子核 ②陽子 ③中性子 ④電子

2 ①Na^+ ②Mg^{2+} ③Cl^- ④$NH_4{}^+$ ⑤OH^-

3 ①ナトリウムイオン ②塩化物イオン ③分子

p.4~5 ステージ2

❶ (1)いえる。 (2)イ，ウ，オ，カ (3)電解質 (4)非電解質

❷ (1)銅 (2)塩素 (3)イ

❸ (1)銅原子のもと…ア
塩素原子のもと…イ
(2)ア

❹ (1)水素 (2)塩素 (3)ア

解説

❶ (1)豆電球が点灯するほどの大きさではないが，電流計の針がふれているので，わずかに電流が流れたといえる。
(2)~(4)水にとかしたときに電流が流れる物質を電解質，水にとかしても電流が流れない物質を非電解質という。塩化水素，塩化銅，水酸化ナトリウムは電解質，砂糖，エタノールは非電解質である。また，(1)より，果汁に電圧を加えたとき，電流計の針がふれたことから，果汁には電流が流れたといえる。

❷ (1)(2)塩化銅水溶液に電圧を加えると，塩化銅が銅と塩素に電気分解され，陰極の表面には銅が付着し，陽極の表面からは塩素が発生する。
(3)塩素には漂白作用がある。

❸ (1)銅原子のもとは陰極に引かれているので＋の電気を帯びていると考えられる。塩素原子のもとは陽極に引かれているので－の電気を帯びていると考えられる。
(2)＋の電気を帯びているのは水素原子のもとで，陰極に引かれて水素原子となり，それが2個結びついて気体となって発生した。

❹ (1)(2)塩酸に電圧を加えると，塩化水素が水素と塩素に電気分解され，陰極からは水素が発生し，陽極からは塩素が発生する。
(3)塩素は水にとけやすいため，装置内に集まる量が少ない。

p.6~7 ステージ2

❶ (1)原子核 (2)①陽子 ②中性子 (3)電子 (4)ウ (5)同位体

❷ (1)イオン (2)陽イオン (3)陰イオン (4)Na^+ (5)Mg^{2+}
(6)名称…塩化物イオン 化学式…Cl^-

❸ (1)B
(2)①砂糖の分子
②ナトリウムイオン
③塩化物イオン
(3)①Na^+ ②Cl^- (4)電離
(5)陽イオン…H^+ 陰イオン…Cl^-
(6)陽イオン…Na^+ 陰イオン…OH^-
(7)電解質の水溶液

❹ (1)陽イオン…Cu^{2+} 陰イオン…Cl^-

(2)ⓤ

解説

❶ (1)〜(3)原子は，＋の電気をもつ原子核(ⓐ)と，そのまわりに存在している－の電気をもつ電子(ⓔ)からできている。また，原子核は，＋の電気をもつ陽子(ⓘ)と電気をもたない中性子(ⓤ)からできている。

(4)ふつう，原子の中にある陽子の数と電子の数は等しい。また，陽子1個がもつ＋の電気の量と電子1個がもつ－の電気の量が等しいので，原子は全体として電気を帯びていない状態にある。

❷ (1)原子が電気を帯びるようになったものをイオンといい，陽イオンと陰イオンがある。

(2)(3)電子は－の電気をもっているので電子を失うと＋の電気を帯びた陽イオンとなり，電子を受けとると－の電気を帯びた陰イオンとなる。

(4)〜(6)イオンは，元素記号の右上に＋や－をつけた化学式で表される。

電子を1個失うと＋の電気を帯びた陽イオン，電子を2個失うと2＋の電気を帯びた陽イオンとなる。また，電子を1個受けとると－の電気を帯びた陰イオン，電子を2個受けとると2－の電気を帯びた陰イオンとなる。

❸ (1)塩化ナトリウムは電解質であるが，砂糖は非電解質である。

(2)〜(4)塩化ナトリウムが水にとけると，ナトリウムイオンと塩化物イオンにばらばらに分かれる。このように物質が水にとけて，陽イオンと陰イオンにばらばらに分かれることを電離という。

塩化ナトリウムの電離を，イオンを表す化学式を使って表すと次のようになる。

$NaCl \longrightarrow Na^{+} + Cl^{-}$

(5)塩化水素が水にとけると，水素イオンと塩化物イオンに電離する。これをイオンを表す化学式を使って表すと次のようになる。

$HCl \longrightarrow H^{+} + Cl^{-}$

(6)水酸化ナトリウムが水にとけると，ナトリウムイオンと水酸化物イオンに電離する。これをイオンを表す化学式を使って表すと次のようになる。

$NaOH \longrightarrow Na^{+} + OH^{-}$

(7)電解質の水溶液の中にはイオンが存在するので電流が流れる。

❹ (1)塩化銅が水にとけると，銅イオンと塩化物イオンに電離する。これをイオンを表す化学式を使って表すと次のようになる。

$CuCl_2 \longrightarrow Cu^{2+} + 2Cl^{-}$

電解質が水にとけると電流が流れるのは，水溶液中にあるイオンが存在するからである。電解質は水にとけないと電流は流れない。

(2)＋の電気の総量と－の電気の総量が等しくなっていなければならない。ⓐ，ⓘ，ⓔは＋の電気の総量が－の電気の総量より多い。

p.8〜9 ステージ3

❶ (1)電極を水道水で洗い，その後に精製水で洗う。

(2)$NaCl \longrightarrow Na^{+} + Cl^{-}$　(3)ア，エ

(4)非電解質

❷ (1)ⓐ原子核　ⓘ電子　(2)ウ

(3)① $Mg \longrightarrow Mg^{2+} + 2e^{-}$

② $Cl + e^{-} \longrightarrow Cl^{-}$

❸ (1)赤インクの色が消える。

(2)金属光沢が見られる。

(3)$CuCl_2 \longrightarrow Cu^{2+} + 2Cl^{-}$

(4)$CuCl_2 \longrightarrow Cu + Cl_2$

❹ (1)①水素　②塩素　③とける

(2)$HCl \longrightarrow H^{+} + Cl^{-}$

(3)$2HCl \longrightarrow H_2 + Cl_2$

解説

❶ (1)前に調べた水溶液の影響が出ないようにするために，電極を洗う。

(2)塩化ナトリウムは，水にとけると，ナトリウムイオンと塩化物イオンに電離する。

(3)(4)砂糖やエタノールのように，水にとかしても電離せず，その水溶液に電流が流れない物質を非電解質という。非電解質は，水にとかしてもイオンが存在しないため，電流が流れない。塩化水素，塩化銅，塩化ナトリウムのように，水にとかしたしたとき，電離して，その水溶液に電流が流れる物質を電解質という。

❷ (2)陽子の数と電子の数が等しく，陽子1個の＋の電気の量と，電子1個の－の電気の量が等しいので，原子は全体として電気を帯びていない。

(3)マグネシウム原子は電子を2個失って2＋の電気を帯びた陽イオンになる。また，塩素原子は電子を1個受けとって－の電気を帯びた陰イオンに

なる。

❸ (1)電解質の水溶液に電流が流れると，－の電気を帯びた陰イオンは陽極へ引かれ，＋の電気を帯びた陽イオンは陰極へ引かれる。塩化銅水溶液に電流を流すと，陽極からは塩素が発生する。塩素には漂白作用がある。

(2)陰極には銅が付着する。

(3)(4) **注意** 電解質の電離を表す式と電気分解を表す化学反応式のちがいを理解しよう。

❹ (1)塩酸に電流を流すと，塩素と水素が発生する。塩化物イオンは陰イオンなので陽極に引かれ，水素イオンは陽イオンなので陰極に引かれる。

第2章　酸，アルカリとイオン

p.10～11　ステージ1

●教科書の要点

❶ ①黄　②水素　③電解質　④青　⑤赤

❷ ①水素イオン　②水酸化物イオン　③pH　④酸　⑤アルカリ

❸ ①水　②中和　③塩　④塩化ナトリウム　⑤硝酸カリウム

●教科書の図

1 ①黄　②水素イオン　③青　④水酸化物イオン

2 ①ナトリウムイオン　②水酸化物イオン　③塩化物イオン　④水素イオン　⑤水　⑥塩化ナトリウム　⑦酸　⑧酸　⑨中　⑩アルカリ

p.12～13　ステージ2

❶ (1)イ，ウ，カ

(2)ア，エ，オ

(3)①酸性　②水素

(4)×

❷ (1)陰極側　(2)陽イオン

(3)名称…水素イオン　化学式…H^+

(4)酸　(5)陽極側　(6)陰イオン

(7)名称…水酸化物イオン　化学式…OH^-

(8)アルカリ

❸ (1)7　(2)酸性　(3)強くなる。

解説

❶ うすい塩酸，うすい硫酸，酢酸(食酢)は酸性，アンモニア水，うすい水酸化ナトリウム水溶液，石灰水(水酸化カルシウム水溶液)はアルカリ性の水溶液である。

(1)フェノールフタレイン溶液を加えると赤色に変化するのはアルカリ性の水溶液である。

(2)緑色のBTB溶液を加えたときに黄色になるのは酸性の水溶液，青色になるのはアルカリ性の水溶液である。

(3)酸性の水溶液にマグネシウムリボンを入れると，水素が発生する。

(4)酸性の水溶液とアルカリ性の水溶液は電解質の水溶液なので，全て電流が流れる。中性の水溶液には，電流が流れるものと流れないものがある。

❷ ⑴～⑷酸性の性質を示すのは水素イオン(H^+)という陽イオンなので，電圧を加えると水素イオンが陰極に引かれて移動するため，黄色に変色したところが陰極側へ移動する。このように，水溶液にしたとき，電離して水素イオンを生じる化合物を，酸という。

⑸～⑻アルカリ性の性質を示すのは水酸化物イオン(OH^-)という陰イオンなので，電圧を加えると水酸化物イオンが陽極に引かれて移動するため，青色に変色したところが陽極側へ移動する。このように，水溶液にしたとき，電離して水酸化物イオンを生じる化合物を，アルカリという。

❸ pHが７の水溶液は中性，pHが７より小さいものは酸性で，数値が小さいほど酸性が強くなる。また，pHが７より大きいものはアルカリ性で，数値が大きいほどアルカリ性が強くなる。

p.14～15 ステージ2

❶ ⑴酸性　⑵アルカリ性　⑶中性
⑷塩化ナトリウム

❷ ⑴黄色　⑵中性　⑶水素　⑷A，B

❸ ⑴B…水酸化物イオン　D…水素イオン
E…水(分子)
⑵中和
⑶NaCl
⑷塩

❹ ⑴名称…硫酸バリウム　化学式…$BaSO_4$
⑵イ　⑶上昇する。

解説

❶ ⑴～⑶BTB溶液は，酸性で黄色，中性で緑色，アルカリ性で青色を示す。

⑷塩酸に水酸化ナトリウム水溶液を加えていくと中性の水溶液になるので，その水溶液から水を蒸発させると，塩化ナトリウムの結晶が残る。

❷ ⑴試験管Aには塩酸だけが5 cm^3入っているので，酸性を示す。

⑵試験管Cの水溶液は，BTB溶液を加えたとき緑色になったことから，中性を示す。

⑶酸性の水溶液にマグネシウムリボンを入れると，水素が発生する。

⑷試験管Cが中性になっているので，B～Eで塩酸が残っているのはBである。

❸ ⑴Aはナトリウムイオン(Na^+)，Bは水酸化物イオン(OH^-)，Cは塩化物イオン(Cl^-)，Dは水素イオン(H^+)，Eは水分子(H_2O)である。水酸化ナトリウム，塩化水素(塩酸)は次のように電離している。

水酸化ナトリウム

$NaOH \longrightarrow Na^+ + OH^-$

塩化水素(塩酸)

$HCl \longrightarrow H^+ + Cl^-$

⑵ **注意** 混ぜ合わせた水溶液が中性になることが中和ではないので，注意しよう。

水素イオンと水酸化物イオンが結びついて水をつくり，たがいの性質を打ち消し合う反応を中和という。中和を式で表すと次のようになる。

$H^+ + OH^- \longrightarrow H_2O$

⑶⑷塩酸と水酸化ナトリウム水溶液の中和では，塩として塩化ナトリウムができる。この塩化ナトリウムは，水酸化ナトリウム水溶液のナトリウムイオン(Na^+)と塩酸の塩化物イオン(Cl^-)が結びついてできたものである。この化学変化を化学反応式で表すと次のようになる。

$HCl + NaOH \longrightarrow NaCl + H_2O$

❹ ⑴⑵うすい硫酸にうすい水酸化バリウム水溶液を加えると，水にとけない硫酸バリウムという物質ができる。この化学変化を化学反応式で表すと，次のようになる。

$H_2SO_4 + Ba(OH)_2 \longrightarrow BaSO_4 + 2H_2O$

⑶硫酸バリウムは，硫酸の硫酸イオン(SO_4^{2-})という陰イオンと，水酸化バリウム水溶液のバリウムイオン(Ba^{2+})という陽イオンが結びついてできた塩である。中和は発熱反応なので，中和によって硫酸バリウムができるとき，水溶液の温度は上昇する。

p.16～17 ステージ3

❶ ⑴OH^-
⑵液体の中にイオンが存在しなかったから。
⑶①F　②D　③A

❷ ⑴電流が流れやすいようにするため。
⑵①水素(陽)　②陰

❸ ⑴中和　⑵$H^+ + OH^- \longrightarrow H_2O$
⑶ア　⑷青色　⑸発生しない。

❹ ⑴NaCl　⑵塩

解説

1 (1)フェノールフタレイン溶液を赤色にするのはアルカリ性の水溶液である。アルカリ性の性質を示すのは水酸化物イオン(OH^-)である。

(2)液体の中にイオンが存在しなければ電流は流れない。

(3)実験1より，AとBはアルカリ性の水溶液であることがわかる。実験2より，Dは酸性の水溶液であることがわかる。実験3より，B，D，Eは気体がとけている水溶液か何もとけていない蒸留水であることがわかる。実験4より，E，Fは非電解質の水溶液か，何もとけていない蒸留水であることがわかる。これらのことより，Aはアルカリ性で，固体がとけている水溶液なのでうすい水酸化ナトリウム水溶液である。Bはアルカリ性で，気体がとけている水溶液なのでアンモニア水である。Cは中性で，電解質の水溶液なので塩化ナトリウム水溶液である。Dは酸性で，気体がとけている水溶液なのでうすい塩酸である。Eは中性で，固体がとけていない液体なので蒸留水である。Fは中性で，非電解質の固体がとけている水溶液なので砂糖水である。また，実験からわかることをまとめると，次の表のようになる。(①～③は次のことを表している。)

①は実験1，2からわかること…水溶液が酸性か中性かアルカリ性か

②は実験3からわかること…気体か固体のどちらがとけているか，または蒸留水か

③は実験4からわかること…電解質か非電解質か

	A	B	C	D	E	F
①	アルカリ性	アルカリ性	中性	酸性	中性	中性
②	固体	蒸留水か気体	固体	蒸留水か気体	蒸留水か気体	固体
③	電解質	電解質	電解質	電解質	非電解質	非電解質

2 (1)水道水には塩素など電解質の物質が少量とけているため，電圧を加えると電流が流れる。

(2)酸性を示すのは水素イオン(H^+)という陽イオンなので，電圧を加えると陰極に移動するため，陰極側に赤色が広がる。

3 (1)(2)酸の性質を示す水素イオン(H^+)と，アルカリの性質を示す水酸化物イオン(OH^-)が結びついて水をつくり，たがいの性質を打ち消し合う反応を中和といい，イオンを表す化学式を使って表すと次のようになる。

$H^+ + OH^- \longrightarrow H_2O$

(3)中和では熱が発生する。

(4)中性になったところで水素イオンはなくなっている。したがって，それ以上水酸化ナトリウム水溶液を加えても，水酸化物イオンは反応せずに残るので，液はアルカリ性となる。

(5)マグネシウムリボンはアルカリ性の水溶液とは反応しないので，水酸化ナトリウム水溶液を加え続けても気体は発生しない。

4 (1)ナトリウム原子1個と塩素原子1個が結びついてできた物質なので，塩化ナトリウムである。塩酸と水酸化ナトリウム水溶液の反応をイオンのモデルで表すと次のようになる。

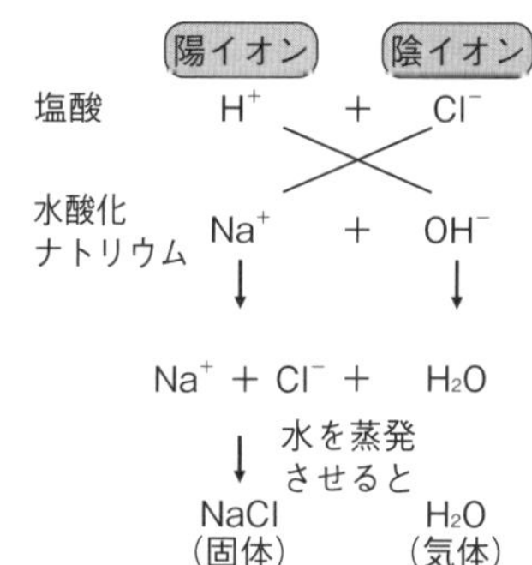

(2)塩には，塩化ナトリウムのほかに硫酸バリウム，硝酸カリウムなどがあり，硫酸バリウムのように水にとけない塩もある。

注意 塩とは，塩化ナトリウムのことだけをいうのではないので注意しよう。

第3章　化学変化と電池

p.18〜19　ステージ1

●**教科書の要点**

❶ ①電解質　②電池　③2　④水素イオン　⑤1　⑥−　⑦亜鉛イオン　⑧銅イオン　⑨銅

❷ ①一次　②二次　③充電　④燃料　⑤水

●**教科書の図**

1 ①電流　②電子　③−　④+　⑤亜鉛イオン　⑥とける　⑦受けとる　⑧水素イオン

2 ①電子　②電流　③−　④+　⑤亜鉛イオン　⑥とける　⑦銅イオン　⑧受けとる

3 ①二酸化マンガン　②亜鉛　③水素　④燃料

p.20〜21　ステージ2

❶ (1)+極　(2)電池　(3)エ

❷ (1)ウ　(2)化学エネルギー

❸ (1)マグネシウム片…ウ　亜鉛片…ウ
(2)亜鉛片…エ　銅片…エ
(3)マグネシウム片…イ　銅片…エ
(4)マグネシウム→亜鉛→銅

❹ (1)B　(2)A　(3)銅板　(4)ウ　(5)ア
(6)水素

解説

❶ (1)(2)亜鉛が亜鉛イオンとなってとけ出すときに，電極に残された電子は，導線やモーターを通って銅板へ移動する。銅板の表面では，うすい塩酸中の水素イオンが銅板の表面で電子を1個受けとって水素原子になる。水素原子は2個結びついて水素分子となって，気体として発生する。
(3)水溶液は，電解質の水溶液でなければならない。砂糖は非電解質で，食塩(塩化ナトリウム)は電解質である。また，金属は異なる種類の金属の組み合わせでなければならない。

❷ (1)アルミニウムがイオンとなって食塩水の中にとけ出していくので，アルミニウムはくはぼろぼろになっていく。
(2)アルミニウムに化学変化が起こっているので，アルミニウムがもっている化学エネルギーを電気エネルギーに変換していると考えられる。

❸ 金属は種類によって，陽イオンへのなりやすさが異なる。イオンになりやすい金属の単体を，イオンになりにくい金属の陽イオンが存在する水溶液に入れると，水溶液に入れた金属の単体が，イオンになりにくい金属の陽イオンに電子をあたえ，水溶液中にとけ出す。このとき，水溶液中で，電子を受けとった陽イオンが金属の単体となる。

❹ (1)(4)亜鉛が亜鉛イオンとなってとけ出すときに残された電子が導線を通って銅板へ移動するので，電子の移動する向きはBの向きである。
(2) **注意** 電流の向きは電子の移動する向きと逆であることに注意しよう。
(3)電流は+極から−極へ向かって流れるので，銅板が+極，亜鉛板が−極となっている。
(5)(6)亜鉛板から銅板へ電子が移動してくるため，塩酸の中の水素イオンが銅板の表面で電子を受けとって水素原子となる。水素原子は2個結びついて水素分子となって，気体として発生する。

p.22〜23　ステージ2

❶ (1)①ア　②エ
(2)水道水には，電解質がふくまれているから。
(3)亜鉛板…$Zn \longrightarrow Zn^{2+} + 2e^-$
銅板…$2H^+ + 2e^- \longrightarrow H_2$

❷ (1)ぼろぼろになっていた。　(2)鳴らない。
(3)化学エネルギー

❸ (1)ア　(2)$Zn \longrightarrow Zn^{2+} + 2e^-$
(3)$Cu^{2+} + 2e^- \longrightarrow Cu$
(4)銅板　(5)(少しずつ)うすくなっていく。

❹ (1)①充電　②二次電池(蓄電池)
(2)燃料電池
(3)$2H_2 + O_2 \longrightarrow 2H_2O$

解説

❶ (1)表より，電解質の水溶液(うすい塩酸，食塩水)に2種類の金属(銅板と亜鉛板)を入れたとき，モーターが回った。
(3)亜鉛板の表面では，亜鉛原子が電子を2個失って亜鉛イオンとなり，水溶液中にとけ出していく。銅板の表面では，水溶液中の水素イオンが電子を1個受けとって水素原子となり，水素が発生する。

❷ (1)−極では，アルミニウムイオンがレモン汁の中へとけ出す。
(2)同じ種類の金属板の間には電圧が生じないため，電流が流れない。

(3)化学変化を利用して，化学エネルギーを電気エネルギーに変換している。

❸ (1)(4)亜鉛板を硫酸亜鉛水溶液に，銅板を硫酸銅水溶液に入れ，それぞれの水溶液をセロハン膜などで区切った図のような電池をダニエル電池という。異なる種類の金属を使った電池では，イオンになりにくい方の金属が＋極になる。

(2)(3)ダニエル電池では，亜鉛が亜鉛イオンになって硫酸亜鉛水溶液にとけ出す。このとき，亜鉛が失った電子は導線を通って銅板へ移動する。銅板の表面では，硫酸銅水溶液中の銅イオンが電子を受けとり，銅となって銅板に付着する。

❹ (1)充電により，くり返し使うことができる電池を二次電池または蓄電池という。二次電池には鉛蓄電池，リチウムイオン電池，ニッケル水素電池などがある。これに対して，マンガン乾電池など，使うと電圧が低下し，もとにもどらない電池を一次電池という。

(2)(3)燃料電池は，水素と酸素が結びついて水になるときに発生する電気エネルギーを直接とり出す装置である。

p.24〜25 ステージ3

❶ (1)装置A　(2)ウ　(3)電池

❷ (1)◎$^{2+}$…Zn^{2+}　●$^{+}$…H^{+}　(2)㋑

(3)B

(4)モーターの回転する速さが変わる。

❸ (1)発生しない。　(2)①亜鉛　②銅

(3)必要なイオンだけを通過させて，2種類の水溶液がすぐに混ざらないようにするはたらき。

❹ (1)㋐水素　㋑酸素　(2)イ

解説

❶ (1)電解質の水溶液に2種類の異なる金属を入れたときに金属と金属の間に電圧が生じ，電圧計の針がふれる。装置Aは，電解質の水溶液であるうすい塩酸の中に2種類の異なる金属が入れてあるので亜鉛と銅との間に電圧が生じて電流をとり出すことができる。装置Bは，電解質のうすい塩酸の中に銅だけが入れてあるので，電圧が生じない。装置Cと装置Dは非電解質のエタノールを使っているので，どちらも電圧が生じない。

(2)ア…砂糖水は非電解質の水溶液なので，亜鉛板と銅板との間に電圧は生じない。

イ…同じ種類の金属(亜鉛板)を使っているので，電圧は生じない。

ウ…オレンジの汁は，電解質の水溶液である。これに2種類の異なる金属を入れているので，鉄とマグネシウムの間に電圧が生じる。

❷ (1)(2)亜鉛が亜鉛イオン(Zn^{2+})となってとけ出していくので，Aが亜鉛板である。このとき，亜鉛板に残った電子がBの銅板へ移動するので，電子の移動する向きは㋑である。銅板に移動した電子を，うすい塩酸の中の水素イオンが1個受けとって水素原子となり，水素原子が2個結びついて水素分子となり，気体となって銅板の表面から発生する。

(3)電子は－極から＋極へ向かって移動する(電流は＋極から－極へ向かって流れる)ので，Aの亜鉛板が－極，Bの銅板が＋極となっている。

(4)組み合わせる金属の種類によって生じる電圧の大きさは異なる。そのため，モーターの回る速さも変わる。

❸ (1)ダニエル電池では硫酸銅水溶液中の銅イオンが電子を受けとり，銅板上に付着する。そのため，気体は発生しない。

(3)セロハン膜は，必要なイオンだけを通過させることによって，硫酸亜鉛水溶液と硫酸銅水溶液がすぐに混ざらないようにしている。このようにすることで，長い時間安定して電圧を得ることができる。

❹ (1)水の電気分解では，陽極に酸素，陰極に水素が発生する。㋐の陰極に発生するのは水素，㋑の陽極に発生するのは酸素である。発生する水素の体積：酸素の体積＝2：1となる。

(2)図1の気体の体積を見ると，しばらく電気分解していたことがわかる。したがって，電子オルゴールに各電極をつなぐと酸素と水素が結びつくときに出るエネルギーで，電子オルゴールが鳴る。

p.26~27 《単元末総合問題

1》(1)電極を水道水で洗い，その後に精製水で洗う。

(2)非電解質　(3)Na^{+}，Cl^{-}

2》(1)エ　(2)ウ

(3)銅イオン：塩化物イオン＝1：2

3》(1)H_2O　(2)硝酸カリウム　(3)㋒

4》(1)電池　(2)エ　(3)$2H^{+}+2e^{-} \longrightarrow H_2$

(4)28個

》解説《

1》(1)電極に前の水溶液がついていると，正確な結果を得ることができない。

(2)水にとかしたときに，電流が流れる物質を電解質，水にとかしても，電流が流れない物質を非電解質という。

(3)BTB溶液は，酸性で黄色，中性で緑色，アルカリ性で青色を示す。求める水溶液は，溶質が電解質で，白色の固体がとけていて中性を示す物質なので，塩化ナトリウム水溶液であり，白色の固体は，塩化ナトリウムである。塩化ナトリウムは，水にとけるとナトリウムイオン(Na^{+})と塩化物イオン(Cl^{-})に電離する。

2》(1)陰極に付着した赤色の物質は銅である。銅は金属なので，無機物で，電気を通し，みがくと金属光沢を示す。

(2)陽極の表面からは塩素が発生する。塩素は水にとけやすく，黄緑色で刺激臭があり，漂白剤として利用されている。また，塩素は1種類の元素だけでできているので単体である。

(3)塩化銅($CuCl_2$)は，銅イオン(Cu^{2+})と塩化物イオン(Cl^{-})に電離する。化学反応式で表すと，

$CuCl_2 \longrightarrow Cu^{2+}+2Cl^{-}$

よって，銅イオン：塩化物イオン＝1：2

3》(1)中和では，水素イオンH^{+}と水酸化物イオンOH^{-}が結びつき，水(H_2O)ができる。

$H^{+}+OH^{-} \longrightarrow H_2O$

(2)うすい硝酸とうすい水酸化カリウム水溶液の反応を化学反応式で表すと次のようになり，硝酸カリウムという塩ができる。

$HNO_3+KOH \longrightarrow KNO_3+H_2O$

また，イオンを表す化学式で表すと次のようになる。

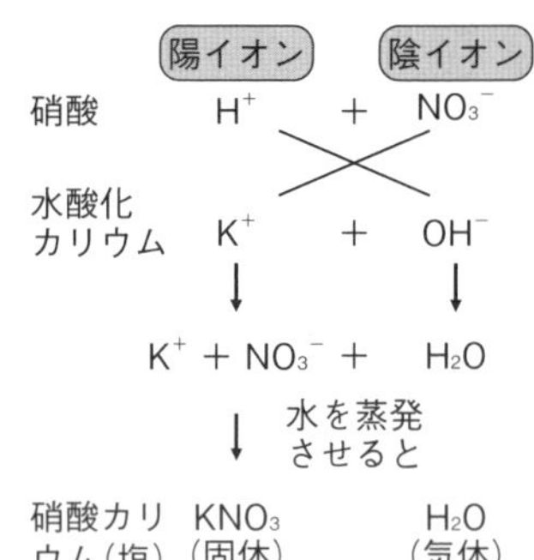

(3)水溶液の色が緑色になるのは，硝酸と水酸化カリウム水溶液が過不足なく中和して中性になったときである。ここまでは，加えた水酸化カリウム水溶液に比例して塩である硝酸カリウムの質量がふえるが，この後は，水酸化カリウム水溶液を加えても，水素イオンが残っていないため中和は起こらない。よって，塩の質量は変化しない。

4》(2)亜鉛が陽イオンとなってとけ出すときに亜鉛板に残った電子がａの向きに銅板へ移動する。電流の向きは電子の移動の向きと逆向きなので，ｂの向きに電流が流れる。

(3)塩酸の中にあった水素イオンが銅板から電子を受けとって水素原子となり，水素原子が2個結びついて水素分子となる。

(4)原子1個のもつ陽子の数と電子の数は等しい。よって，亜鉛原子1個には，30個の陽子と30個の電子がある。亜鉛原子1個は，次のように電子を2個失って亜鉛イオン1個になる。

$Zn \longrightarrow Zn^{2+}+2e^{-}$

よって，電子の数は30個から2個減り，亜鉛イオン1個には28個の電子がある。このとき，亜鉛イオンにある陽子は30個のままで変わらないため，亜鉛イオンは＋の電気を帯びた陽イオンになる。

単元2 生命の連続性

第1章　生物の成長と生殖

p.28〜29　ステージ1

●教科書の要点

1 ①細胞分裂　②染色体　③体細胞分裂

2 ①生殖　②無性生殖　③有性生殖
④生殖細胞　⑤受精　⑥受精卵　⑦胚
⑧花粉管　⑨胚　⑩発生

3 ①減数分裂　②クローン

●教科書の図

1 ①核　②細胞　③染色体　④中央
⑤両端　⑥核　⑦細胞

2 ①精子　②卵　③胚　④花粉　⑤花粉管
⑥精細胞　⑦卵細胞　⑧受精卵　⑨胚
⑩種子

p.30〜31　ステージ2

1 (1)A…㋑　B…㋐　C…㋒
(2)㋒　(3)①ふえる　②大きく

2 (1)(うすい)塩酸(3%)　(2)柄つき針
(3)酢酸オルセイン(酢酸カーミン)
(4)染色体　(5)ろ紙

3 (1)㋐核　㋑染色体
(2)①エ　②ア　③イ　④カ　⑤ウ　⑥オ

4 (1)㋐→㋒→㋑→㋓　(2)染色体　(3)形質
(4)遺伝子　(5)ウ

解説

1 ㋒のように根の先端に近い部分ではさかんに細胞分裂が行われるため，Cのように小さな細胞が多く，また染色体が見られる。また，分裂した細胞が大きくなることによって根がのびるので，根もとに近い㋐の方が㋑よりもひとつひとつの細胞が大きくなっている。

2 (1)あたためたうすい塩酸に入れると，ひとつひとつの細胞がはなれやすくなる。
(2)細胞を分離し，観察しやすいようにするため，柄つき針の腹で軽くつぶす。
(3)(4)核は，酢酸オルセインや酢酸カーミンなどの染色液によって赤く染まるため，染色することによって核の変化を観察することができる。染色体とは染色液によく染まることに由来する。

3 (1)染色体は，核の中にある。
(2)核の中で複製された染色体は，中央付近に並んだ後，さけるように分かれて細胞の両端に移動し，2個の核ができ，細胞質が2つに分かれて2個の細胞ができる。

4 (1)㋐は分裂前の細胞，㋑は染色体が2つに分かれて移動したようす，㋒は染色体が中央付近に並んだようす，㋓は新しい2つの細胞ができたようすである。
(5)細胞分裂は特定の部分で行われている。双子葉類では，茎の外側に近い維管束を結ぶ部分とその周辺部分で細胞分裂が行われて，茎が太くなる。そのほか，根や茎の先端に近い部分でも細胞分裂が行われ，根や茎が長くなる。

p.32〜33　ステージ2

1 (1)無性生殖　(2)栄養生殖

2 (1)㋐花粉管　㋑子房　㋒精細胞　㋓胚珠
㋔卵細胞
(2)受精　(3)受精卵　(4)胚　(5)種子

3 (1)砂糖　(2)(ホウセンカの)花粉　(3)ア
(4)花粉管

4 (1)受精卵　(2)胚　(3)発生

5 (1)減数分裂
(2)

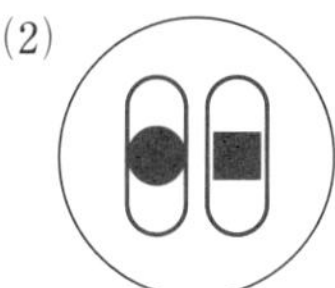

(3)イ
(4)ア

解説

1 (1)受精を行う生殖を有性生殖，受精を行わない生殖を無性生殖という。ミカヅキモのような単細胞生物は，からだが2つに分かれてふえるので，無性生殖である。
(2)オランダイチゴは茎の一部がのびて地面についたところから芽や根が出て新しい個体ができる。このような無性生殖を栄養生殖という。

2 (4)(5)受精卵は胚珠の中で細胞分裂をくり返して，胚になり，胚珠全体は種子になる。胚は，将来植物のからだになるつくりを備えている。

3 (1)寒天溶液に砂糖を入れることによって，柱頭と同じような状態になる。

(3)ホウセンカの花粉では，受粉して数分後に花粉管がのび始める。

4 (1)(2)受精卵は体細胞分裂をくり返して胚になる。動物では受精卵の体細胞分裂が始まってから，自分で食物をとることのできる個体となる前までを胚という。

(3)受精卵が胚になり，からだのつくりが完成していく過程を発生という。

5 (1)(3)減数分裂は生殖細胞をつくるための特別な細胞分裂で，できた生殖細胞の中の染色体の数は，減数分裂前の半分となる。

(2)有性生殖では，受精によって，両方の親から半分ずつの染色体を受けつぐ。

(4)無性生殖では，子は親の染色体をそのまま受けつぐので，親の遺伝子と同じ遺伝子を受けつぐ。したがって，子の形質は親の形質と同じになる。

p.34～35 ステージ3

1 (1)D　(2)ウ，エ　(3)染色体

(4)㋒→㋐→㋕→㋑→㋔→㋓　(5)8本

2 (1)受精　(2)1個　(3)受精卵　(4)胚

(5)発生　(6)㋐→㋓→㋒→㋔→㋑→㋕

3 (1)イ→ア→エ→ウ

(2)受粉

(3)花粉管

(4)㋒卵細胞　個体のもと…胚

(5)種子

(6)有性生殖

4 (1)減数分裂

(2)半分になる($\frac{1}{2}$になる)。

(3)A…㋐　B…㋒

(4)遺伝子

(5)両方の親から受けついだ，染色体にふくまれる遺伝子。

解説

1 (1)細胞分裂は，根の先端に近い部分で行われている。

(5)精細胞や卵細胞などの生殖細胞の染色体の数は，からだをつくる細胞の染色体の数の半分である。

2 (6)㋐は受精卵のようす，㋑はからだの形ができてきたようす，㋒は㋓がさらに分裂して細胞の数が4個になったようす，㋓は細胞分裂が始まったようす，㋔は細胞の数がさらにふえたようす，㋕はおたまじゃくしになったようすである。

3 (1)～(3)アは花粉管がのびるようす，イは花粉が柱頭につく(受粉)ようす，ウは精細胞の核が卵細胞の核と合体する(受精)ようす，エは花粉管の中を精細胞が移動するようすである。

(4)(5)受精卵は体細胞分裂をくり返して胚になり，胚珠全体は種子になる。

4 有性生殖では，受精によって両方の親から半分ずつ染色体を受けつぐので，親と子の形質や同じ親からうまれた子どうしの形質が異なっていることがある。

(1)(2)生殖細胞がつくられるときは減数分裂をするため，染色体の数は親の染色体の数の半分になる。

(3)減数分裂によって半分になった染色体は，受精によって，分裂前の染色体の数と同じになるため，親の染色体の数と同じになる。

(5)有性生殖では，子は両方の親から遺伝子を半分ずつ受けつぐので，子の形質は，両方の親の遺伝子によって決まる。

第2章　遺伝の規則性と遺伝子

p.36〜37　ステージ1

●教科書の要点

❶ ①遺伝　②純系
③対立形質　④メンデル
⑤分離の法則　⑥顕性
⑦潜性　⑧Aa
⑨3　⑩3：1　⑪DNA

❷ ①医療　②遺伝子組換え　③品種改良

●教科書の図

1 ①分離　②受精
③Aa　④丸形
⑤減数分裂　⑥aa
⑦丸形　⑧しわ形

2 ①丸形　②丸形
③しわ形　④3　⑤1

p.38〜39　ステージ2

❶ (1)対立形質　(2)メンデル

❷ (1)

親の遺伝子の組み合わせ　AA
生殖細胞の遺伝子　A　A
生殖細胞の遺伝子　a　a
親の遺伝子の組み合わせ　aa

	A	A
a	Aa	Aa
a	Aa	Aa

子の遺伝子の組み合わせ

(2)分離の法則
(3)ア

❸ (1)

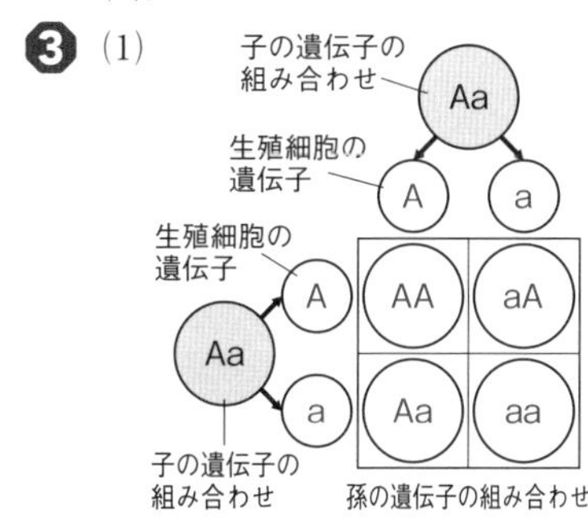

(2)3通り　(3)ウ

❹ (1)ある。　(2)DNA
(3)デオキシリボ核酸　(4)イ

解　説

❶ (1)エンドウのさやの色(緑色と黄色)，エンドウの茎の長さ(長いと短い)も対立形質である。

❷ 親，子，孫と自家受粉をくり返しても，できた子の形質が全て親と同じとき，それらを純系という。
(1)丸形の純系の生殖細胞の遺伝子は全てA，しわ形の純系の生殖細胞の遺伝子は全てaになり，交配してできる子の遺伝子の組み合わせは全てAaになる。
生殖細胞をつくるとき，対になっている染色体はそれぞれ別の生殖細胞に入る。これを分離の法則という。これにより，生殖細胞の遺伝子は，受精をすると再び対になるが，このとき，新しい遺伝子の対をもつ子ができる。また，この対をなしている染色体を相同染色体という。
(3)丸形が顕性形質なので，Aaは丸形である。
注意 顕性形質は優性形質，潜性形質は劣性形質とよぶこともあるが，優性形質の方が劣性形質よりも優れている，ということではない。

❸ (2)(1)で完成させた図では，AA，Aa，aaの3通りが現れている。
(3)AA：Aa：aa＝1：2：1となっている。AAとAaは丸形の種子，aaはしわ形の種子となるので，孫の代の形質には，丸形の種子としわ形の種子がおよそ(1＋2)：1＝3：1の割合で現れる。

❹ (1)ふつう，親から子へ遺伝子が受けつがれるとき遺伝子は変化しないが，染色体が複製される際に，遺伝子に変化が起きて形質が変化することがある。
(2)(3)デオキシリボ核酸の英語名は，deoxyribonucleic acidといい，DNAはその略称である。
(4)ジャガイモをたねいもからふやすことは，植物がからだの一部から新しい個体をつくる無性生殖によるもので，遺伝子の研究成果の活用例ではない。

p.40〜41　ステージ3

❶ (1)丸形　(2)全て丸形になる。
(3)ウ

❷ (1)ウ
(2)①減数　②分離の法則

❸ (1)aa　(2)エ
(3)丸形：しわ形＝3：1

(4)丸形：しわ形＝1：0

(5)丸形：しわ形＝1：1

4 (1)デオキシリボ核酸

(2)DNA

(3)できる。

解 説

1 (1)対立形質の純系どうしを交配したとき，子に現れる形質が顕性形質，子に現れない形質が潜性形質である。

(2)生殖細胞と形質の組み合わせを逆にしても，純系どうしを交配していることにはかわりはないので，子には顕性形質の丸形のみが現れる。

(3)丸形の種子としわ形の種子が，およそ3：1の割合で現れる。

2 (1)761÷239＝3.1…

したがって，761：239は，およそ3：1である。

(2)卵細胞や精細胞などの生殖細胞ができるとき，減数分裂によって，対になっている遺伝子が分かれてそれぞれ別の生殖細胞に入る。そのため，受精によって新しい遺伝子の対ができるので親の形質とは異なる形質が子に現れることがある。このように，対になっている遺伝子が，減数分裂のときに分かれてそれぞれ別の生殖細胞に入ることを分離の法則という。

3 (1)(2)遺伝子の組み合わせがAaのエンドウの生殖細胞は，下の図のようにAまたはaとなり，孫の遺伝子の組み合わせは下の図のようになる。

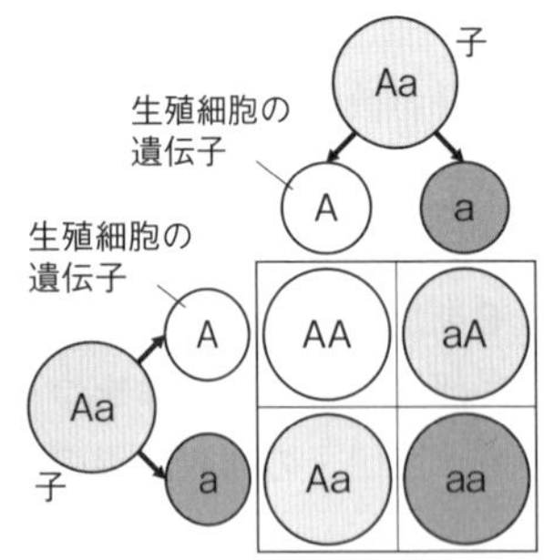

注意 有性生殖では，子に現れない形質が孫に現れることがある。

(3)AAとAaは丸形，aaはしわ形なので，

丸形：しわ形＝(AAとAa)：aa＝(1＋2)：1＝3：1となる。

(4)丸形の純系(AA)の生殖細胞はA，子(Aa)の生殖細胞はAまたはaとなり，遺伝子の組み合わせは次の図のようになる。

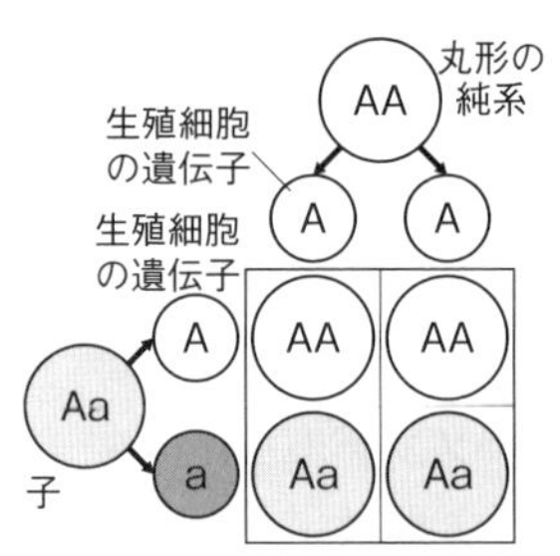

(5)しわ形(aa)の純系の生殖細胞はa，子(Aa)の生殖細胞はAまたはaとなり，遺伝子の組み合わせは下の図のようになる。

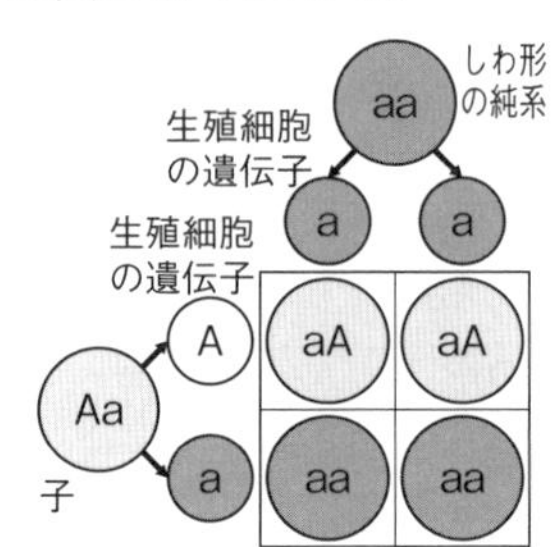

4 (1)(2)遺伝子の本体はDNA(デオキシリボ核酸)という物質で，全ての生物が細胞の中にもっている。

(3)遺伝子を操作することによって，有用な品種をつくり出す研究が進められている。糖尿病患者の治療薬としてのインスリンも遺伝子組換え技術によって生産されている。

第3章　生物の多様性と進化

p.42〜43　ステージ1

●教科書の要点

❶ ①魚類　②進化

❷ ①肺　②イクチオステガ　③始祖鳥

❸ ①異なる　②相同器官　③陸上　④進化

●教科書の図

1 ①乾燥　②陸上

2 ①始祖鳥　②つばさ　③つめ　④歯

3 ①異なる　②共通　③相同器官

p.44〜45　ステージ2

❶ (1)㋐　(2)㋒，㋓，㋔　(3)㋒，㋓

(4)①㋐　②㋑　③㋒，㋓，㋔

(5)進化　(6)イ

(7)①ア　②ウ　③イ

❷ (1)①B　②B　③C　④E

(2)始祖鳥

(3)C…ハチュウ類　D…鳥類

(4)①つめ　②歯　③つばさ

④羽毛

❸ (1)ホニュウ類

(2)空を飛ぶ。

(3)水中を泳ぐ。

(4)相同器官

解説

❶ (1)魚類は一生水中で生活し，ひれで移動する。それに対して，陸上で生活するセキツイ動物は，陸上での移動に適した強いあしをもっている。

(2)〜(4)セキツイ動物は，水中で生活する魚類から両生類，ハチュウ類へと陸上生活に適したからだの特徴をもつグループへと進化した。

(5)生物のからだの特徴が長い間に代を重ねて変化することを進化という。

(6)クジラは陸上で生活していたホニュウ類から進化してきたために，痕跡的にあしの骨が残っている。また，同じ鳥類でも，水中でも活動することができるペンギン，陸上で生活し，飛ぶことができないダチョウのように，それぞれの生物が生息する環境に適した機能や形をもつ。おたまじゃくしが成体(カエル)になるのは，進化ではなく変態という。

(7)魚類からハイギョやユーステノプテロンは肺をもつ魚類，カモノハシは母乳で子を育てるが卵をうむホニュウ類である。これらの生物の存在は，進化が起こってきた痕跡だと考えられている。

❷ (1)Aは魚類，Bは両生類，Cはハチュウ類，Dは鳥類，Eはホニュウ類である。

(2)(3)始祖鳥の化石は，ドイツで約1億5000万年前の地層から発見された。鳥類とハチュウ類の両方の特徴をもつことから，ハチュウ類から鳥類が進化したということを示す例とされている。

❸ (1)〜(3)コウモリのつばさ，クジラのひれ，ヒトのうでは，飛ぶ，泳ぐ，物をつかむことができるなど，それぞれの生活する環境に適した特徴をもっている。

(4)ヒトのうでは3つの骨で構成されていて，コウモリのつばさとクジラのひれも基本的なつくりは同じである。この3つの例のように，現在の形やはたらきが異なっていても，もとは同じ器官であったと考えられるものを相同器官という。

p.46〜47　ステージ3

❶ (1)①魚類　②両生類　③ハチュウ類

(2)イ，ウ，オ，キ　(3)ア　(4)ウ

❷ (1)始祖鳥

(2)つばさの中ほどに3本のつめがある。
口に歯がある。などから1つ

(3)前あしがつばさのような形状である。
からだが羽毛でおおわれている。
などから1つ

❸ (1)相同器官

(2)共通の祖先から進化してきたこと。

(3)イ→ウ→ア→エ

(4)クジラが陸上で生活していたホニュウ類から進化したこと。

(5)エ→ア→ウ→イ

解説

❶ (1)陸上で生活するセキツイ動物は，水中で生活するセキツイ動物に比べて，乾燥に強く，陸上を移動するための強いあしをもつ。

(3)ホニュウ類と鳥類はどちらも，肺で呼吸するなど陸上での生活に適したからだの特徴をもつ。

(4)アは生物の変態，イは遺伝子組換えである。

❸ (1)(2)相同器官をもつことは，これらの生物のも

とをたどると，同じ生物から進化してきた証拠だと考えられている。

(3)進化は遺伝と大きく関係している。親のもつ遺伝子が変化して子どもに伝わることがあり，それによって，親とは異なる形質が子に見られることがある。その子が次の子をうみ，新しい形質が受けつがれていく。これを何世代もくり返して，代を重ねる間に，形質の変化が大きくなり進化が起こると考えられている。

(4)クジラは陸上で生活するホニュウ類から進化したと考えられており，水中での生活で使われなくなり，後ろあしはなくなったが，痕跡的に後ろあしの骨が残っている。

p.48～49 単元末総合問題

1 (1)ひとつひとつの細胞をはなれやすくするため。
(2)㋒　(3)染色体

2 (1)花粉管　(2)精細胞　(3)ウ

3 (1)㋐→㋔→㋒→㋑→㋓　(2)発生
(3)①ふえる。(多くなる。)
②小さくなる。

4 (1)顕性形質(優性形質)　(2)分離の法則
(3)丸形：しわ形＝3：1　(4)AA，Aa
(5)DNA(デオキシリボ核酸)

解説

1 (1)うすい塩酸に入れると，細胞がやわらかくなり，ひとつひとつの細胞がはなれやすくなる。

(2)㋒の部分には小さい細胞が多く見られるように，根の先端に近い部分では細胞分裂が行われている。㋐，㋑のように根もとに近いところでは，細胞分裂によってできた小さい細胞が大きくなっている。㋓は細胞の分裂がさかんに行われている部分を保護している。

注意 植物の根の細胞分裂は根の先端ではなく，先端に近いところでさかんに行われる。

(3)染色体は，ふつうは核の中に入っていて見られないが，細胞分裂のときだけ現れる。

2 砂糖水を加えた寒天溶液はめしべの柱頭と同じような状態になっている。

(1)(2)受粉すると，花粉から花粉管がのび，花粉管が胚珠に達すると，花粉管の中を運ばれた精細胞と，胚珠の中の卵細胞が受精する。

(3)受精によって子をつくる生殖を有性生殖といい，種子は，受精後に胚珠が発達したものである。ア，イ，エは受精によるものではないので，無性生殖である。イのように，植物のからだの一部から新しい個体ができる無性生殖を栄養生殖という。

3 (1)(3)受精卵は，連続して細胞分裂を行い，細胞の数がふえていくが，おたまじゃくしの形ができ始めるまでの間の細胞の大きさは，分裂のたびに小さくなる。この受精卵が細胞分裂を始めてから自分で食物をとれる個体になる前までのことを胚という。

4 (1)対立形質をもつ純系の親どうしを交配させたとき，子には一方だけの形質が現れる。このとき，子に現れる形質を顕性形質，子に現れない形質を潜性形質という。

(3)下の図のように，AA：Aa：aa=1：2：1の割合で現れる。AAとAaは丸形の種子で，aaはしわ形の種子なので，丸形の種子の数：しわ形の種子の数＝(1＋2)：1＝3：1となる。

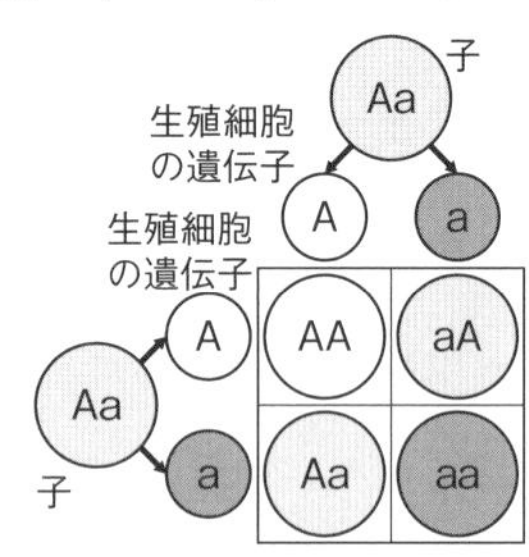

単元3 運動とエネルギー

第1章 物体の運動(1)

p.50〜51 ステージ1

●教科書の要点

1 ①記録タイマー ②60 ③長く ④距離 ⑤メートル毎秒 ⑥センチメートル毎秒

2 ①平均の速さ ②瞬間の速さ ③一定 ④等速直線運動 ⑤原点 ⑥比例

●教科書の図

1 ①速い ②短い

2 ①等速直線運動 ②同じ ③一定 ④比例 ⑤平均 ⑥瞬間

p.52〜53 ステージ2

1 (1)どの打点もほぼ同じ間隔になっている。
(2)10cm

2 (1)0.1秒 (2)60打点
(3)①1 ②10 ③3 ④30 ⑤5 ⑥50 ⑦5 ⑧50 ⑨3 ⑩30 ⑪1 ⑫10
(4)ウ

3 (1)物体A (2)瞬間の速さ
(3)物体A…4m/s 物体B…4m/s

4 (1)㋐24 ㋑24 ㋒24 ㋓24 ㋔120 ㋕120 ㋖120 ㋗120
(2)下の図 (3)等速直線運動

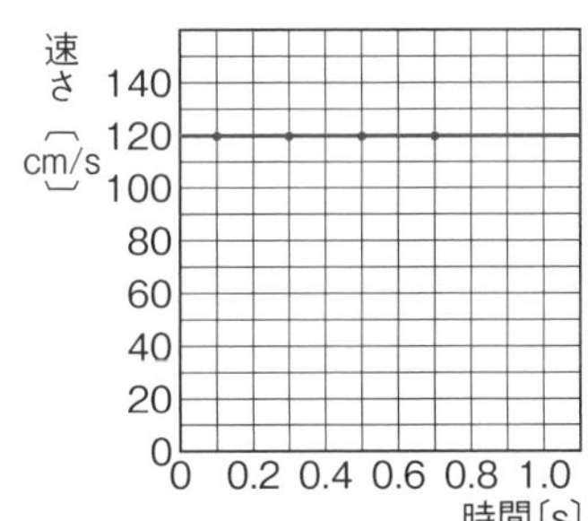

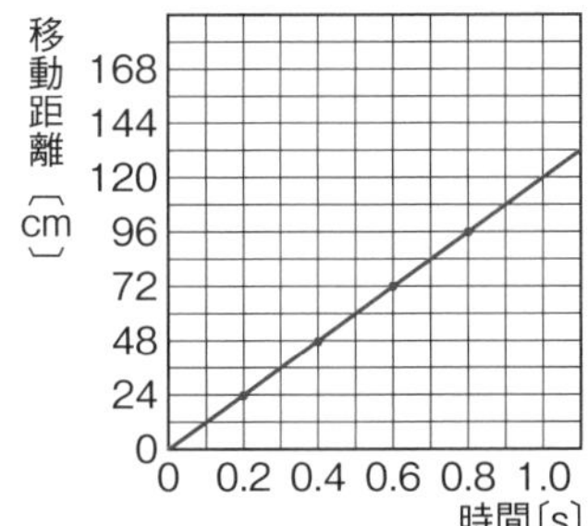

解説

1 (1)図2より，打点の間隔はどれも同じになっている。このとき，台車は一定の速さで運動している。
(2)実験で使った記録タイマーは1秒間に50打点するので，5打点ごとに切ってはった記録テープの長さは0.1秒間に進んだ距離を表している。テープの長さはそれぞれ10cmになっている。

2 (1) $\frac{1}{60}$〔秒〕×6＝$\frac{1}{10}$〔秒〕＝0.1〔秒〕
(2)1〔秒〕÷$\frac{1}{60}$〔秒〕＝60
(3) **注意** ㋐〜㋕の移動距離はグラフの縦軸の数値，かかった時間はそれぞれ0.1秒であることから計算しよう。

㋐ $\frac{1\text{〔cm〕}}{0.1\text{〔s〕}}=10$〔cm/s〕

㋑ $\frac{3\text{〔cm〕}}{0.1\text{〔s〕}}=30$〔cm/s〕

㋒ $\frac{5\text{〔cm〕}}{0.1\text{〔s〕}}=50$〔cm/s〕

㋓ $\frac{5\text{〔cm〕}}{0.1\text{〔s〕}}=50$〔cm/s〕

㋔ $\frac{3\text{〔cm〕}}{0.1\text{〔s〕}}=30$〔cm/s〕

㋕ $\frac{1\text{〔cm〕}}{0.1\text{〔s〕}}=10$〔cm/s〕

(4)速さは一定時間に移動した距離で表されるので，記録テープが長い部分の運動は速い。グラフを見ると，記録テープの長さがだんだん長くなって，その後だんだん短くなっている。

3 (1)物体Aのグラフは，スタート地点からの位置が時間に比例していることから，一定の速さで移動していることがわかる。
(2)物体Bは，スタートしてから1秒後までに1m移動しているが，1秒後から2秒後までには3m移動している。これは，物体Bの運動の速さが刻々と変わっていることを表している。このような速さを瞬間の速さという。
(3)物体A，物体Bのどちらもスタートしてから4秒後には，スタート地点から16mの位置にあるので，

$\frac{16\text{〔m〕}}{0.4\text{〔s〕}}=4$〔m/s〕

❹ (1)㋐AB間の距離なので，24cm
㋑BC間の距離なので，48－24＝24〔cm〕
㋒CD間の距離なので，72－48＝24〔cm〕
㋓DE間の距離なので，96－72＝24〔cm〕
㋔～㋗24cmを0.2秒で移動しているので，

$\frac{24〔cm〕}{0.2〔s〕}$＝120〔cm/s〕

(2)(3)速さが120cm/sで一定であることから，等速直線運動をしていることがわかる。このとき，移動距離は時間に比例する。

p.54～55 ステージ3

❶ (1)①オ　②瞬間の速さ　(2)ウ

❷ ①ようす…イ　理由…c
②ようす…ア　理由…a
③ようす…カ　理由…b
④ようす…オ　理由…f

❸ (1)ウ　(2)80cm/s
(3)イ

❹ (1)

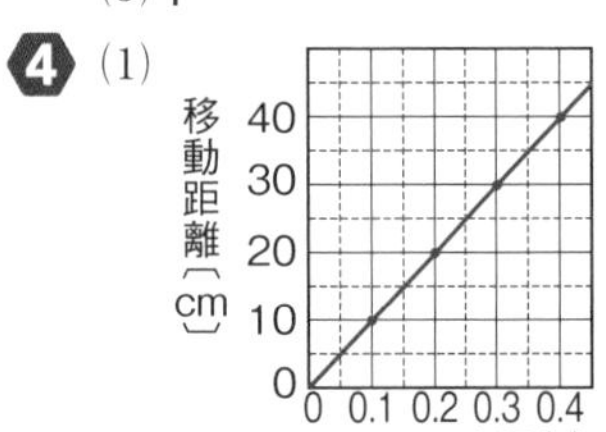

(2)比例(の関係)

(3)

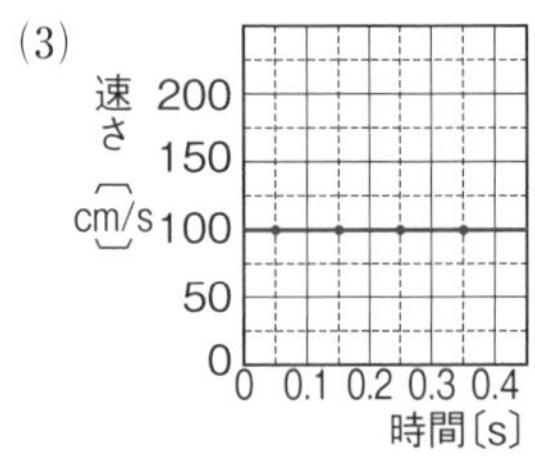

(4)100cm/s
(5)大きくなる。
(6)等速直線運動

解説

❶ (1)①2時間30分は，2.5時間だから，

$\frac{220〔km〕}{2.5〔h〕}$＝88〔km/h〕

(2)300〔km〕÷80〔km/h〕＝3.75〔h〕
3.75時間＝3時間45分

❷ 注意 だんだんおそくなるか，だんだん速くなるかは，テープの引かれる向きに注意して，考えよう。

①は，打点の間隔がだんだん長くなっているので，だんだん速くなっている。②，③は，速さが一定の運動を表しているが，③の打点の間隔は②の打点の間隔の2倍である。④は，打点の間隔が短くなった後，長くなっているので，だんだんおそくなった後，だんだん速くなっている。

❸ (1)打点の間隔がだんだん長くなっているので，だんだん速くなったことがわかる。
(2)3打点するのにかかる時間は，

$\frac{1}{60}$〔s〕×3＝$\frac{3}{60}$〔s〕＝0.05〔s〕

よって，㋓の区間の速さは，

$\frac{4.0〔cm〕}{0.05〔s〕}$＝80〔cm/s〕

❹ (1)(2)原点を通る直線のグラフになるため，比例の関係を表している。
(3)時間と移動距離が比例することから，一定の速さで移動していることがわかる。このドライアイスの速さは，

$\frac{10〔cm〕}{0.1〔s〕}$＝100〔cm/s〕

(4)ドライアイスの速さは時間に関係なく一定であるから，0.35秒後の速さも100cm/sである。
(5)ドライアイスのおし方を強くすると，ドライアイスの運動は速くなるので，0.1秒ごとの移動距離は大きくなる。したがって，グラフの傾きは大きくなる。
(6)このドライアイスは，一定の速さで一直線上を進んでいるので，等速直線運動をしている。

第1章　物体の運動(2)

p.56～57　ステージ1

●教科書の要点

❶ ①速　②一定　③同じ　④大きい　⑤一定　⑥大きい　⑦自由落下　⑧重力　⑨速さ

❷ ①減少　②下　③減少　④摩擦

●教科書の図

1 ①小さい　②大きい　③小さい　④大きい　⑤小さい　⑥大きい

2 ①逆　②減少

p.58～59　ステージ2

❶ (1)イ　(2)0.1秒
(3)結果①…(斜面の傾きが)小さいとき
結果②…(斜面の傾きが)大きいとき
(4)ウ　(5)エ　(6)ウ

❷ (1)自由落下　(2)重力　(3)①㋕　②㋐
(4)325cm/s

❸ (1)下向き　(2)逆向き　(3)イ　(4)㋒

解説

❶ (1)図2の記録テープを見ると，打点の間隔は，時間の経過とともに長くなっていることがわかる。
(2)記録テープは6打点ごとに切りとっている。1秒間に60打点するので，6打点では0.1秒かかる。
(3)斜面の傾きが大きいほど，台車にはたらく斜面方向の力が大きくなるので，台車の速さが増加する割合が大きくなる。
(4)記録テープがだんだん長くなっているということは，台車が斜面を下る距離がだんだん長くなっているということである。
(5)記録テープがだんだん長くなっているということは，台車がだんだん速くなりながら斜面を下っているということである。
(6)斜面を下る台車には，斜面方向の力がはたらき続けている。

❷ (1)(2)静止している物体から手をはなすと，物体は垂直に落下する。この運動を自由落下といい，自由落下している物体には重力がはたらいている。
(3)各区間の時間は0.04秒で一定なので，落下距離の大きいものほど，平均の速さが速い。
(4)$\frac{13〔\mathrm{cm}〕}{0.04〔\mathrm{s}〕}=325〔\mathrm{cm/s}〕$

❸ (1)斜面上の台車には斜面下向きに一定の力がはたらき続けている。
(2)台車は斜面を上っているので，台車にはたらく斜面方向の力は運動の向きと逆向きである。
(3)(4)運動の向きと逆向きに力がはたらき続けているので，台車の速さは一定の割合で減少し，やがて最高点に達して止まる。その後斜面下向きの力によって，速さが一定の割合で増加しながら斜面を下っていく。

p.60～61　ステージ2

❶ (1)時間　(2)ア　(3)㋓　(4)①イ　②イ

❷ (1)42cm/s　(2)イ
(3)①オ　②ア　③ウ
(4)台車の運動の向きと逆向きに力がはたらくから。
(5)①自由落下　②ア　③重力

解説

❶ (1)図2，3ともに，記録テープを6打点ごとに切ったものをはっているので，横軸は6打点ごとの時間を表している。
(2)㋐～㋓では，記録テープが0.1秒ごとに同じだけ長くなっているので，速さが一定の割合で増加していることがわかる。
(3)おもりが床についた後，台車は等速直線運動をする。㋔，㋕は等速直線運動を表しているので，その前の㋓に，床についたと同時に打たれた打点がある。
(4)台車を引く力が大きいほど台車の速さが増加する割合は大きくなる。

❷ (1)1秒間に60打点するので，6打点では0.1秒かかる。よって，
$\frac{4.2〔\mathrm{cm}〕}{0.1〔\mathrm{s}〕}=42〔\mathrm{cm/s}〕$
(2)同じ長さを進んでいるので，かかった時間の短い方が平均の速さが速い。打点1～7の6打点は0.1秒で4.2cm進んでいる。打点11～13の2打点は$\frac{1}{30}$秒で4.2cm進んでいる。よって，打点11～13の平均の速さの方が速い。
(3)斜面の傾きを大きくすると，台車にはたらく重力の大きさは変わらないが，台車にはたらく斜面下向きの力の大きさは大きくなる。

(4)運動の向きと逆向きの力がはたらくと，台車の速さは減少する。

p.62～63 ステージ3

1 (1)0.1秒　(2)2.5cm　(3)25cm/s
(4)ア　(5)ウ　(6)ア　(7)ア

2 (1)21cm/s　(2)①時間　②大きく
(3)台車には斜面下向きに，一定の力がはたらき続けているから。

3 (1)0.6m/s　(2)ウ　(3)摩擦力

解説

1 (1)記録タイマーが6打点するのにかかる時間は0.1秒である。

(2)(3)平均の速さは，ある時間を一定の速さで移動したと考えたときの速さである。図2より，㋑の記録テープの長さは2.5cmだから，㋑の平均の速さは，

$$\frac{2.5〔\mathrm{cm}〕}{0.1〔\mathrm{s}〕}=25〔\mathrm{cm/s}〕$$

(4)記録テープがだんだん長くなっていることから，台車はだんだん速くなりながら斜面を下ったことがわかる。

(5)台車に斜面方向の力がはたらくのは，台車が斜面上にある間である。したがって，斜面を下る台車の運動はだんだん速くなる。アのように台車が動きだすときにだけ力がはたらいているとすると，水平面上で台車をおしたときのように，台車は等速直線運動をする。そのため，記録テープの長さはどれもほとんど同じなる。

(6)斜面の傾きが一定であれば，斜面上のどの位置にあっても台車にはたらく斜面方向の力の大きさは一定である。

(7)台車の運動の向きに一定の力がはたらき続けるので，台車の速さは増加する。

2 (1)記録タイマーが6打点するのにかかる時間は0.1秒だから，P点からQ点までは0.3秒かかる。また，P点からQ点までのテープの長さは，

$1.2+2.1+3.0=6.3〔\mathrm{cm}〕$

よって，P点からQ点までの平均の速さは，

$$\frac{6.3〔\mathrm{cm}〕}{0.3〔\mathrm{s}〕}=21〔\mathrm{cm/s}〕$$

(2)斜面の角度が大きいほど，斜面下向きにはたらく力の大きさが大きくなり，速さの増加の割合が大きくなる。

(3)斜面上の台車には，斜面下向きに一定の力がはたらき続けるため，速さは一定の割合で増加する。

3 (1)1秒ごとに撮影しているため，AB間の時間は2秒である。よって，

$$\frac{1.2〔\mathrm{m}〕}{2〔\mathrm{s}〕}=0.6〔\mathrm{m/s}〕$$

(2)1秒間に進む距離がだんだん短くなっていくことから，だんだんおそくなっていくことがわかる。

(3)物体の接触面で，運動をさまたげる向きにはたらく力を摩擦力という。物体には摩擦力がはたらくので，運動の方向に力を加えなければ物体の速さは減少しやがて止まる。しかし，摩擦力と同じ大きさの力を，摩擦力とは逆向きに加え続けると，物体は等速直線運動を続ける。

第2章　力のはたらき方

p.64〜65　ステージ1

●教科書の要点

❶ ①合力　②和　③差　④対角線　⑤分力

❷ ①等速直線　②慣性
③作用・反作用の法則

❸ ①水圧　②大きく　③浮力　④体積

●教科書の図

1 ①a＋b　②a－b　③対角線

2 ①垂直　②分力

3 ①1.5　②小さく　③差　④0.5

p.66〜67　ステージ2

❶ ①

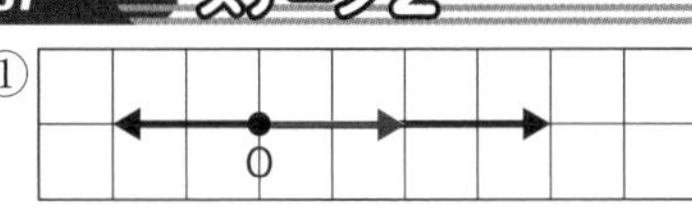

②

③

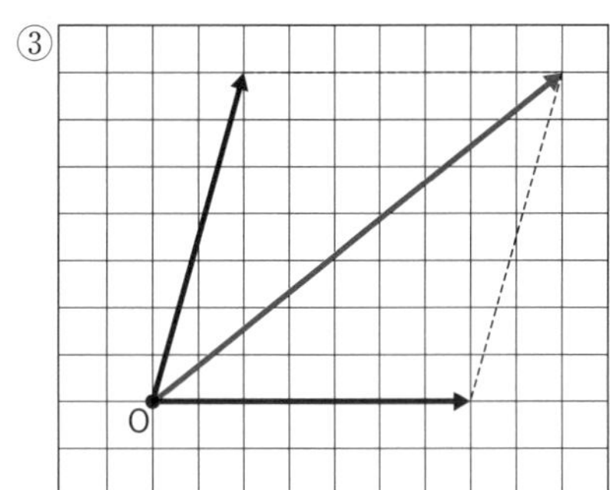

④

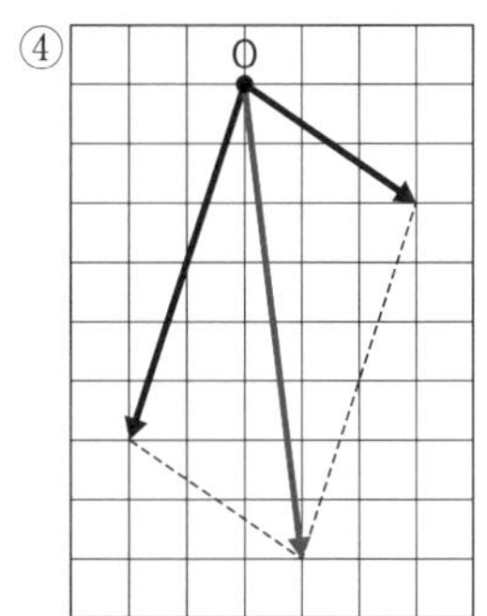

❷ ①

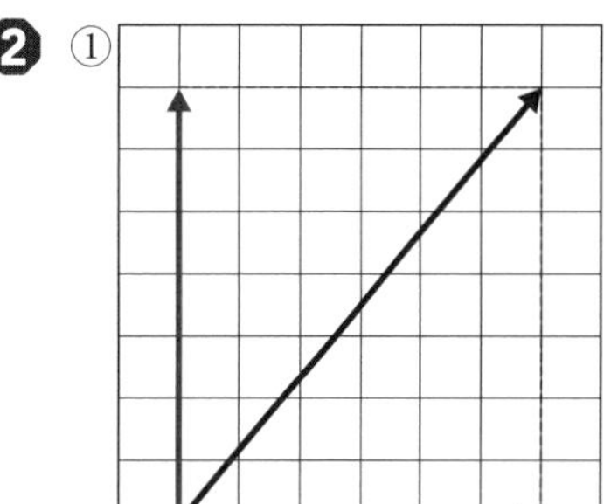

②

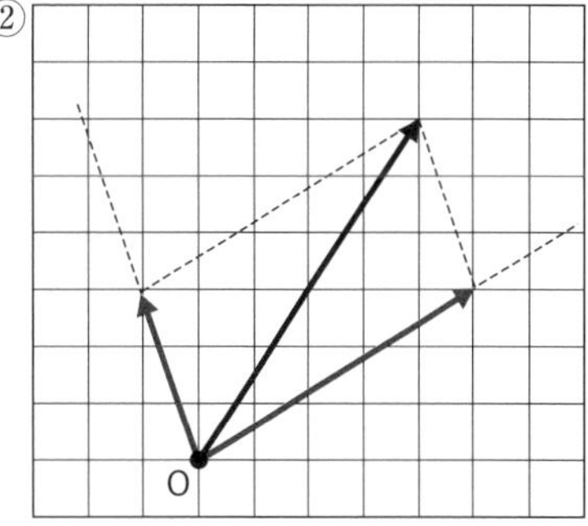

③

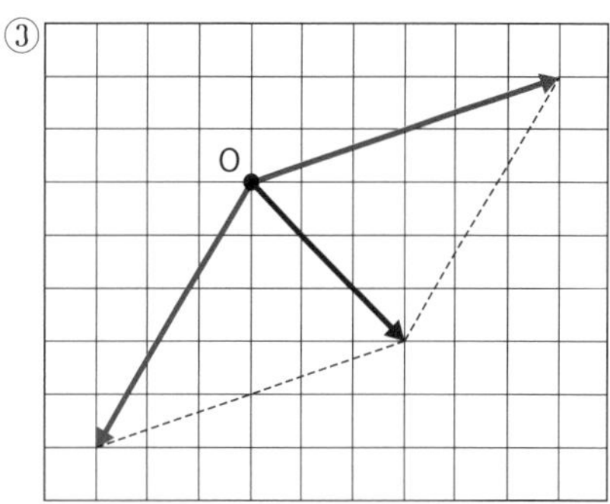

❸ (1)

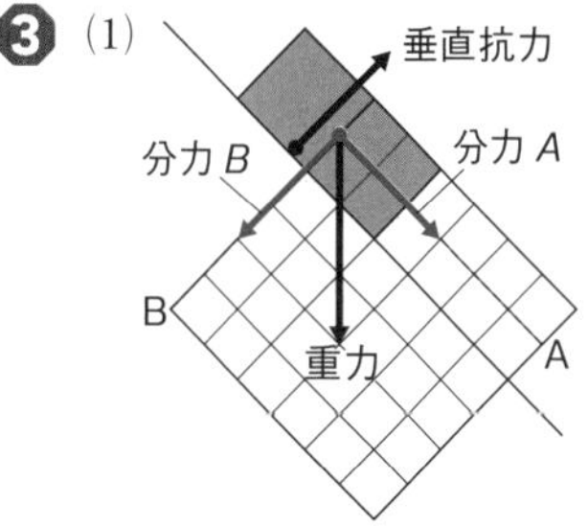

(2)分力 A…大きくなる。
分力 B…小さくなる。

❹ (1)オ　(2)作用・反作用の法則

❺ (1)重力　(2)大きくなるため。
(3)あらゆる方向　(4)㋒
(5)ウ　(6)大きくする。

解説

❶ 注意 方眼のます目を使って，矢印の長さや向きをきちんとかきこもう。

①２力の向きが逆なので，合力の大きさは２力の大きさの差となる。

②２力の向きが同じなので，合力の大きさは２力大きさの和となる。

③④２つの矢印を２辺とする平行四辺形の対角線を矢印としたものが，合力の大きさと向きを示す。

❷ 矢印の力が対角線となるような平行四辺形をかいたとき，点線の向きの２辺が分力となる。

❸ ⑴重力の矢印が対角線となるような平行四辺形をかいたとき，方向Aと方向Bの２辺が分力になる。

⑵斜面の傾きを大きくしても重力の大きさは変わらないため，斜面下向きの方向Aの分力は大きくなり，方向Bの分力は小さくなる。

❹ ⑴Bのボートのオールで A のボートに力(作用)を加えると，A のボートから，一直線上にあり，大きさが同じで逆向きの力(反作用)を受ける。

⑵力のつり合いでは２力は１つの物体にはたらくが,作用･反作用では２力は２つの物体にはたらく。

❺ ⑵Aで，下面のbのゴム膜の方が大きくへこんだことから，水の深さが深いほどが水圧が大きいことがわかる。

⑶A，Bで，上下左右のゴム膜がへこんでいることから，水圧はあらゆる方向からはたらくことがわかる。

⑷水圧は，水の深さが深くなるほど大きくなるので，物体の上面よりも下面にはたらく水圧の方が大きい。また，水圧はあらゆる方向からはたらくので，物体の左右の側面にもはたらいている。

p.68～69 ステージ2

❶ ⑴図１

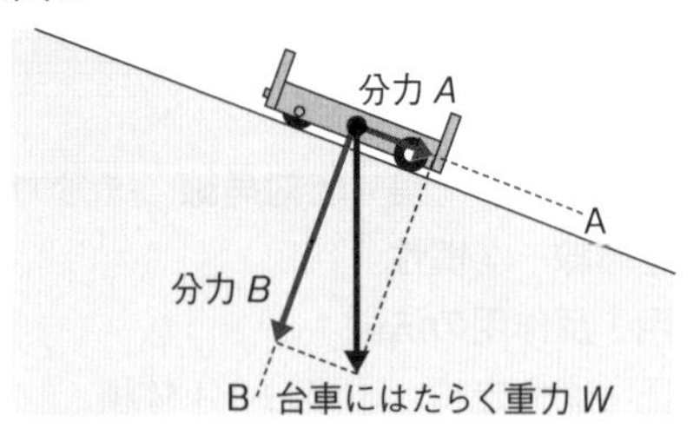

図２

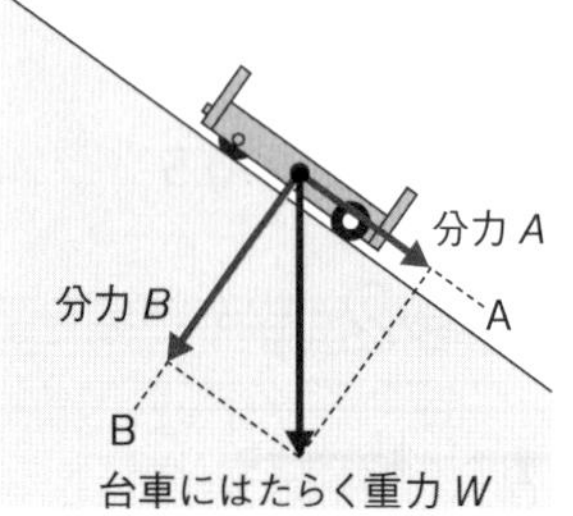

⑵分力*A*…ア　分力*B*…イ　⑶対角線

❷ ⑴ア　⑵慣性　⑶イ　⑷ウ

❸ ⑴㋒　⑵弱くなる。

⑶①×　②○　③○　④×

❹ ⑴イ　⑵ウ

⑶①大きい　②上

解説

❶ ⑴⑶重力を対角線とする平行四辺形(この場合は長方形)の方向Aと方向Bの２辺が，それぞれ分力*A*，分力*B*となる。

⑵⑴の作図からもわかるように，斜面下向きの分力*A*は大きくなり，斜面に垂直な分力*B*は小さくなる。

❷ ⑴Aさんのからだは，それまで電車の速さと同じ速さで運動していたので，その運動を続けようとして電車の進行方向に傾く。

⑵物体が，それまでの運動の状態を続けようとする性質を慣性といい，物体がそのようになることを慣性の法則という。

⑶静止していたAさんは，静止し続けようとするため，電車の進行方向と逆向きに傾く。

⑷電車とともにAさんも動いているので，飛ぶ前と同じ位置に着地する。

❸ ⑴水圧は，水の深さが深くなるほど大きくなる。このため，いちばん下のあなから水が最も勢いよく流れ出る。

⑵水の量が減ると，水の深さが浅くなるため，水

圧は小さくなる。このため，あなから流れ出る水の勢いが弱くなる。

4 (1)浮力は，水中にある物体にはたらく上向きの力である。この力よりも物体にはたらく重力が大きいとき，物体は水にしずむ。

(2)物体にはたらく重力と浮力の大きさが等しいとき，物体は水にうく。

(3)浮力は，水中の物体の上面にはたらく下向きの水圧よりも，底面にはたらく上向きの水圧が大きいために生じる。

p.70～71 ステージ3

1 (1)5 N　(2)5 N

2 (1)①㋔　②㋒　③㋕　(2)㋓

3 (1)①慣性　②静止

(2)エ　(3)慣性

4 (1)ア　(2)イ

(3)①同じ　②逆

(4)作用・反作用の法則

5 (1)㋐1.1N　㋑1.1N　㋒2.2N

(2)(水中にある物体の)体積が大きい方が浮力は大きくなる。

(3)ウ

解説

1 (1)2本のひもが引く力の合力は，おもりがひもを引く力とつり合っているので5 Nである。

(2)下の図のように，合力とばねばかりが引く力によってできる三角形は正三角形となるので，ばねばかりが引く力は合力と同じ5 Nである。

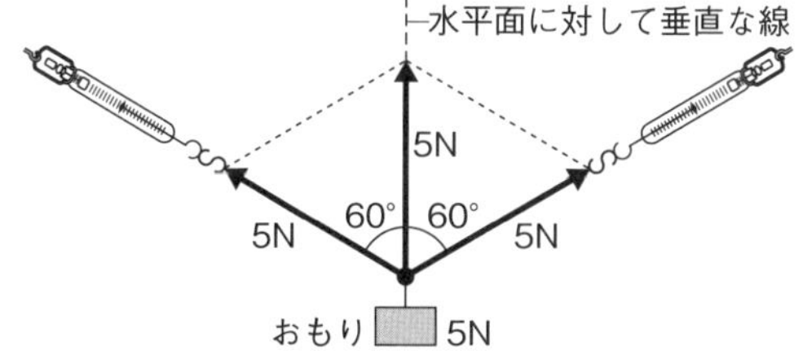

2 (1)㋑は，斜面から台車にはたらく垂直抗力，㋓は，ひもが台車を引く力である。

(2)㋒の台車にはたらく重力の斜面下向きの分力と，㋓のひもが台車を引く力は，どちらも台車にはたらく力で，一直線上で逆向きにはたらいていて，その大きさは等しい。

3 (1)乗っている人は，いつまでも静止し続けようとする(慣性)ので，電車の進行方向と反対の向きに倒れそうになる。

(2)机の上の紙の上の硬貨は，いつまでも静止し続けようとする(慣性)ので，すばやく紙を引くと，硬貨はもとに位置に残る。

4 (1)AさんはBさんにおされて左に動く。

(2)BさんはAさんをおしたときに，Aさんから逆向きの力(反作用)を受けるので，右に動く。

(3)(4)1つの物体がほかの物体に力を加えた場合，同時に，一直線上にあり，同じ大きさで逆向きの力を受ける。これを作用・反作用の法則という。

5 (1) **注意** 浮力の大きさ＝空気中でのばねばかりの値(重力)－水中でのばねばかりの値で求める。

㋐の浮力は，8.5－7.4＝1.1〔N〕

㋑の浮力は，2.9－1.8＝1.1〔N〕

㋒の浮力は，5.8－3.6＝2.2〔N〕

(2)体積が等しく，質量の異なる物体㋐，㋑にはたらく浮力は同じであることから，浮力は質量には関係しないことがわかる。また，物体㋑よりも体積が大きい物体㋒にはたらく浮力の方が大きいことから，体積が大きい方が浮力が大きいことがわかる。

(3)物体㋒を完全に水中に入れたとき，浮力よりも物体にはたらく重力の方が大きいため，物体㋒は底にしずむ。

第３章　エネルギーと仕事

p.72～73 ステージ1

●教科書の要点

❶ ①運動エネルギー　②位置エネルギー
③力学的エネルギー
④力学的エネルギーの保存

❷ ①ジュール　②積　③仕事率　④ワット
⑤仕事の原理

❸ ①放射
②エネルギーの保存

●教科書の図

1 ①最大　②運動エネルギー　③最大
④位置エネルギー　⑤0

2 ①50　②0.5　③25　④25　⑤1.0
⑥25　⑦変わらない　⑧仕事の原理

3 ①電気エネルギー　②力学的エネルギー
③光エネルギー　④熱エネルギー
⑤化学エネルギー　⑥核エネルギー

p.74～75 ステージ2

❶ (1)多くなる。
(2)多くなる。
(3)運動エネルギー
(4)ウ
(5)位置エネルギー
(6)①高い　②大きい

❷ (1)㋐，㋔
(2)㋒
(3)位置エネルギー…減少する。(小さくなる。)
運動エネルギー…増加する。(大きくなる。)
(4)力学的エネルギー
(5)ア
(6)力学的エネルギーの保存

❸ (1)力の向きに移動させた距離　(2)㋒

❹ (1)対流　(2)伝導　(3)放射

解説

❶ (1)はじいて当てるキャップの質量が小さいときでも大きいときでも，キャップの速さが速いほど，動いたキャップの数が多くなっている。
(2)同じ1.1m/sのときで比べると，質量が小さいときに動いたキャップの数は２個，質量が大きいときに動いたキャップの数は６個である。ほかでも，速さが近いものを比べると，質量が大きいときの方が動いたキャップは多くなっている。
(4)動いたキャップの数が多いほど，はじいて当てたキャップがもつ運動エネルギーが大きい。
(5)(6)高い位置にある物体がもつ位置エネルギーは，物体の位置が高いほど，物体の質量が大きいほど大きくなる。

❷ (1)高さが高いほど，位置エネルギーは大きい。
(2)(3)高さが低くなるにつれて，位置エネルギーが運動エネルギーに移り変わるので，ふりこの運動では，おもりが低い位置にあるときほど運動エネルギーは大きい。
(4)～(6)位置エネルギーと運動エネルギーを合わせた総量を力学的エネルギーといい，ふりこの運動のように力学的エネルギーの総量が一定に保たれることを力学的エネルギーの保存という。

❸ (1)仕事の大きさは，物体に加えた力〔N〕と力の向きに移動させた距離〔m〕との積で求める。
(2)物体に加えた力が大きく，力の向きに移動させた距離が大きいのは㋒である。

❹ (1)あたためられた水が移動して，全体に熱が伝わるので，対流である。
(2)固体の鉄板の中を高温の部分から低温の部分へと熱が伝わるので，伝導である。
(3)空間をへだててはなれた地面まで太陽の熱が伝わるので，放射である。

p.76～77 ステージ2

❶ (1)ウ　(2)ウ　(3)仕事

❷ (1)８Ｊ　(2)40cm　(3)２W

❸ (1)①４N　②２N　(2)①８Ｊ　②８Ｊ
(3)仕事の原理

❹ (1)①㋑　②㋐　③㋖　④㋘　⑤㋕

❺ (1)5.0Ｊ
(2)1.56Ｊ
(3)31%
(4)熱エネルギー，音エネルギー

解説

❶ (1)グラフ１を見ると，同じ小球において，高さが高いほど木片の動いた距離が大きくなっていることがわかる。
(2)グラフ２を見ると，高さが同じとき，小球の質量が大きくなるほど木片の動いた距離が大きく

なっていることがわかる。

(3)ほかの物体を動かす能力とは，「ほかの物体に対して仕事をする能力」といいかえることもできる。

2 (1) 注意 仕事の大きさを求めるときは，単位をNとmにそろえてから計算しよう。

40〔N〕×0.2〔m〕＝8〔J〕

(2) 注意 問われている単位はcmなので，答えるときの単位に注意しよう。

Aさんは20Nの力を加えて8Jの仕事をしたのだから，てこの端を下げた長さは，

8〔J〕÷20〔N〕＝0.4〔m〕

(3) $\frac{8〔J〕}{4〔s〕}$ ＝2〔W〕

3 (1)動滑車を使った場合，力の大きさは半分になる。

(2)① 4〔N〕×2〔m〕＝8〔J〕

②ひもを引く力は2N，ひもを引く長さは4m

したがって，

2〔N〕×4〔m〕＝8〔J〕

(3)同じ状態になるまでの仕事の大きさは，どんな方法を使っても同じであるということを，「仕事の原理」という。

4 エネルギーの移り変わりは次のようになる。

①電気エネルギー→熱エネルギー

②光エネルギー→電気エネルギー

③電気エネルギー→運動エネルギー

④運動エネルギー→熱エネルギー

⑤運動エネルギー→電気エネルギー

5 (1)5.0〔N〕×1.0〔m〕＝5.0〔J〕

(2)電力は1秒間に使われるエネルギーの大きさを表しているので，

2.0〔V〕×0.15〔A〕＝0.3〔W〕

0.3〔W〕×5.2〔s〕＝1.56〔J〕

(3)発電した電気エネルギーは(2)より1.56J，重力がした仕事は(1)より5Jなので，発電の効率は，

$\frac{1.56〔J〕}{5〔J〕}$ ×100＝31.2

(4)位置エネルギーが電気エネルギーに移り変わる過程で，熱エネルギーや音エネルギーなどに変換されるため，重力がした仕事よりも，発電した電気エネルギーは小さくなる。

p.78〜79 ステージ3

1 (1)

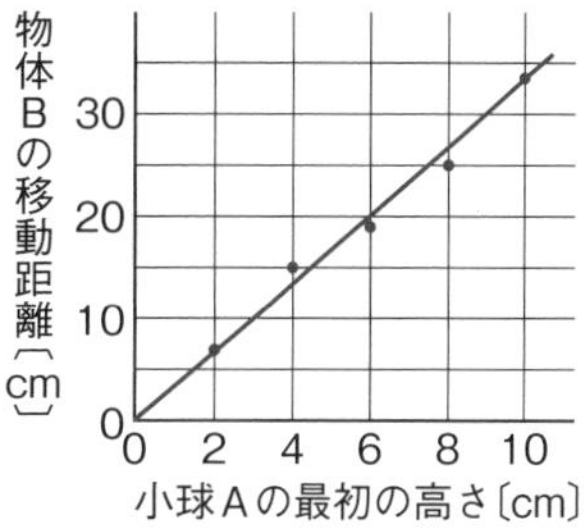

(2)9cm

(3)位置エネルギー

(4)運動エネルギー

2 (1)A　(2)B，C，E，F　(3)ア，エ

(4)ウ

3 (1)5J　(2)2m　(3)2.5N　(4)1W

4 (1)㋐電気　㋑位置

(2)㋐熱　㋑電気

㋒光　㋓熱(㋒と㋓は順不同)

解説

1 (1) 注意 全ての測定値のなるべく近くを通り，測定点が線の上下に平均して散らばるように直線を引こう。

(2)(1)のグラフから，物体Bの移動距離が30cmのときの小球Aの高さはおよそ9cmであることが読みとれる。

(3)(4)小球Aがもっている位置エネルギーは，物体Bに衝突するときに全て運動エネルギーに移り変わっている。

2 (1)最も高い位置にあるときに，位置エネルギーは最大になる。A〜Fで，Aが最も高い。

(2)最も低い位置にあるときに，位置エネルギーは0であり，運動エネルギーは最大になり，速さも最大になる。A〜Fで，B，C，E，Fは最も低い。

(3)しだいに速さが速くなり，運動エネルギーが大きくなる区間というのは，しだいに位置が低くなり，位置エネルギーが小さくなる区間だから，AB間とDE間である。

3 (1)5〔N〕×1〔m〕＝5〔J〕

(2)仕事の原理より，荷物にした仕事は図1のときと同じ5Jである。手がひもを引いた長さをxmとすると，

2.5〔N〕×x〔m〕＝5〔J〕

x＝2〔m〕

(3)荷物に対してした仕事は，仕事の原理より，5 Jである。手がひもを引いた力をy Nとすると，荷物が動いた距離は2 mなので，

y〔N〕×2〔m〕=5〔J〕

y=2.5〔N〕

(4)$\frac{5〔J〕}{5〔s〕}$=1〔W〕

4 (1)光電池では光エネルギーを電気エネルギーに変換し，モーターでは電気エネルギーを運動エネルギーに変換している。おもりが持ち上げられたことから，モーターの運動エネルギーはおもりの位置エネルギーに変換されている。

(2)手回し発電機では，運動エネルギーが電気エネルギーに変換される過程で，摩擦などによって，熱エネルギーや音エネルギーにも変換される。また，電気エネルギーを光エネルギーに変換する際には，熱エネルギーが発生する。

p.80~81 単元末総合問題

1》 (1)6打点
(2)72cm/s
(3)おもりの質量を大きくする。
(4)等速直線運動

2》 (1)

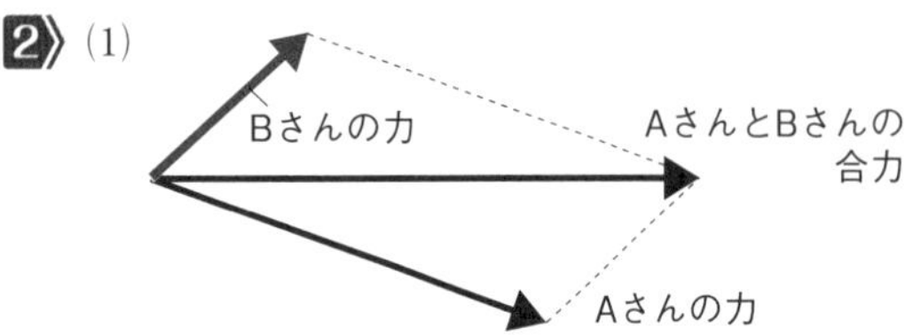

(2)800 J
(3)40W

3》 (1)ウ

(2)

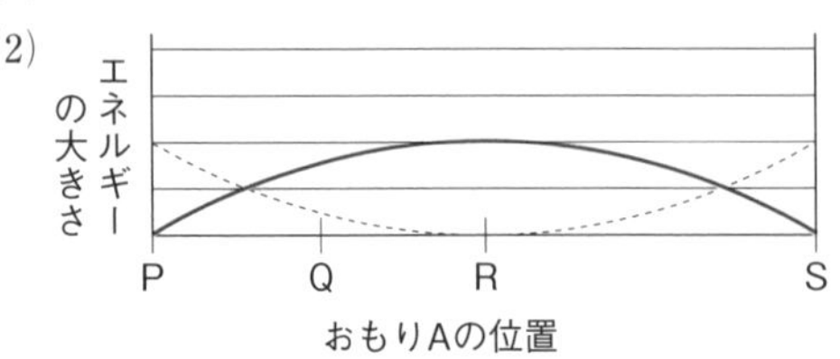

(3)速さ…同じ。
運動エネルギー…大きくなる。

4》 (1)ケ　(2)キ　(3)ア　(4)コ　(5)ク

解説

1》 (1)0.1〔s〕÷$\frac{1}{60}$〔s〕=6〔打点〕

(2)0.4秒後から0.5秒後までの移動距離は7.2cmなので，このときの平均の速さは，

$\frac{7.2〔cm〕}{0.1〔s〕}$=72〔cm/s〕

(3)おもりの質量を大きくすると，台車にはたらき続ける力が大きくなるので，台車の速さの変化が大きくなる。

(4)台車に力がはたらかなくなるので，等速直線運動を続ける。

2》 (1)AさんとBさんの合力を示す矢印が対角線となり，Aさんの力を示す矢印が1辺となる平行四辺形をかいたとき，Aさんの力の矢印と作用点が同じで，平行四辺形のもう1つの辺となる矢印がBさんの力を示す矢印となる。

(2)400〔N〕×2〔m〕=800〔J〕

(3)$\frac{800〔J〕}{20〔s〕}$=40〔W〕

3》 (1)PQ間とQR間の距離は同じであるが，おもりがPQ間を移動する平均の速さよりQR間を移動する平均の速さの方が速いので，おもりがPQ間を移動する時間(t_1)より，おもりがQR間を移動する時間(t_2)の方が短い。

(2)減少した位置エネルギーの分だけ運動エネルギーが増加する。

(3)おもりの重さはふりこの運動に関係しないので，点Rを通過するときの速さは変わらないが，質量が大きいので，おもりがもつ運動エネルギーは大きくなる。

4》 (1)弓がもつ弾性を利用して，矢を飛ばす。
(2)化学反応により噴射が起こり，ロケットが飛ぶ。
(3)電球に電流を流し，発光させる。
(4)自転車をこぐと発電機が作動し，ライトがつく。
(5)灯油の燃焼により，熱が出る。

単元4 地球と宇宙

プロローグ　星空をながめよう
第1章　地球の運動と天体の動き(1)

p.82～83 ステージ1

●教科書の要点

❶ ①恒星　②黒点　③自転
❷ ①天球　②地軸　③南中　④日周運動
❸ ①北極点　②反時計
❹ ①北極星　②右

●教科書の図

1 ①黒点　②低　③コロナ
2 ①天頂　②子午線　③角度　④方位　⑤角度
3 ①東　②南　③西　④北　⑤北極星

p.84～85 ステージ2

❶ (1)太陽を直接見ること。
(2)黒点　(3)低い。　(4)東から西
(5)自転

❷ (1)北…㋒　西…㋓
(2)㋔　(3)天球上を一定の速さで動く。
(4)日周運動

❸ (1)X
(2)右図
(3)a
(4)①㋓　②㋐
③㋑　④㋒
(5)地軸

❹ (1)A…エ　B…ウ　C…ア　(2)前
(3)午後2時(14時)

解説

❶ (1)太陽の光はとても強いので肉眼や望遠鏡で太陽を直接見てはいけない。また，ファインダーにはふたをしておき，のぞかないようにする。
(2)(3)太陽の表面は約6000℃だが，黒点は，約4000℃であり，周囲より温度が低い。
(4)図2を見ると，黒点は東から西へ移動していることがわかる。
(5)天体が，自分自身で回転することを自転という。

❷ (1)①太陽が傾いている㋐が南なので，㋑は東，㋒は北，㋓は西である。
(2)透明半球では，円の中心に観測者がいるとみなして太陽の位置を記録するため，サインペンの先のかげが円の中心にくるようにして記録する。
(3)地球が一定の速さで自転しているため，太陽の動く速さも一定である。
(4)地球の自転による天体の見かけの動きを日周運動という。

❸ (1)地球は，北極側から見て反時計回りに自転している。
(2)太陽の光が当たっている右半分が昼の部分である。
(3)地球は西から東へ自転しているので，東はa，西はcである。したがって，dは南，bは北となる。
注意 北半球にある日本では，常に北極点の方向が北になり，その反対方向が南である。
(4)(3)の方位を回転させれば，㋑，㋒，㋓での方位がわかる。東の空に太陽が見えるのは㋓，南の空に太陽が見えるのは㋐，西の空に太陽が見えるのは㋑，太陽が見えないのは㋒である。

❹ (1)地球は1日(24時間)で1回転するので，Aは午後0時から6時間後の午後6時である。したがって，BはA(午後6時)の6時間後の午後12時(午前0時)，CはB(午後12時(午前0時))の6時間後の午前6時である。
(2)地球は西から東へ向かって自転している。そのため，明石市より東にある東京の子午線を太陽が通る時刻は，明石市の子午線を太陽が通る時刻より前である。
(3)太陽が子午線を通る時刻は，東京の方がイギリスよりも9時間早い。午前10時に東京を飛び立った飛行機は日本時間の23時にイギリスに到着する。9時間の時差があるので，イギリスでは23時の9時間前になる。したがって，イギリスの現地時間では，
23－9＝14〔時〕

p.86~87 ステージ2

❶ (1)①オ　②イ　③ウ　④ア
(2)②　(3)④

❷ (1)A…㋔　B…㋒　C…㋐　D…㋓　(2)㋐
(3)日周運動
(4)地球が地軸を中心として，西から東へ自転しているため。

❸ (1)①北　②東　③西　④南
(2)北極星　(3)反時計回り　(4)いえる。
(5)東から西　(6)右ななめ上
(7)右ななめ下　(8)自転　(9)恒星
(10)光が1年で進む距離

解説

❶ (1)光が当たっている方向に太陽があるので，①～④の図では，全て太陽が地球の下側にある。①は，太陽と反対側に日本があるので太陽を見ることはできない。②は下側が西，③は下側が南，④は下側が東となっている。
(2)午後6時は，夕方であり，太陽は西にしずむことから，太陽の方向(図の下側)が西になっているものを選べばよい。
(3)午前6時は，朝であり，太陽は東の空からのぼることから，太陽の方向が東になっているものを選べばよい。

❷ (1)東の空の星は右ななめ上の方向へ，南の空の星は東から西へ，西の空の星は右ななめ下の方向へ移動して見える。また，北の空の星は北極星を中心に反時計回りに回転して見える。
(2)aの位置は，北の空である。
(3)(4)地球の自転によって，天体は1日1回地球のまわりを回るように見える。このような動きを日周運動という。

❸ (1)～(7)①は，星の回転の中心が見られるので，北の空の星である。北極星を中心にして，反時計回りに回転する。②は，右上がりに移動していく東の空の星である。③は，右下がりに移動していく西の空の星である。④ほ，ほぼ水平に動いているので，南の空の星である。南の空の星は，左から右へ(東から西へ)移動していく。
(8)星や太陽などの天体の日周運動は，地球の自転による見かけの動きである。
(9)太陽や星座を形づくる星は自ら光や熱を出してかがやいている。このような天体を恒星という。夜に観察できる星は地球からきわめて遠くにあるので，地球からは距離のちがいを感じることはできない。
(10)光が1年間に進む距離を1光年という。1光年は約9兆4600億kmである。地球から星までの距離はふつう光年を使って表す。例えば，地球から北極星までの距離は430光年である。

p.88~89 ステージ3

❶ (1)A…南　B…東　(2)O
(3)水平な場所　(4)一定(等しい。)
(5)E　(6)㋑　(7)午前6時30分
(8)南中　(9)南中高度

❷ (1)天球
(2)A…南　B…東　C…北　D…西
(3)北極星　(4)B　(5)㋐　(6)自転
(7)24時間　(8)15°

❸ (1)図1…北　図2…南　図3…東　図4…西
(2)北極星　(3)反時計回り　(4)㋑
(5)㋐　(6)東から西

❹ (1)地軸　(2)北極星　(3)ア　(4)イ
(5)自転　(6)d

解説

❶ (1)太陽が傾いている方位のAが南なので，Bは東，Cは北，Dは西である。
(4)太陽は，一定の速さで動いているように見える。
(5)(6)太陽は，東から西へ動いていく。
(7)GはFの太陽の位置を記録してから2時間後の太陽の位置なので，FG間は2時間の太陽の動きを表している。太陽は一定の速さで動くから，FGの長さが4cmであれば，この透明半球では1cmが30分の太陽の動きを表している。
EF間は3cmなので，30分×3で90分，EはFの太陽の位置を記録する90分前の太陽の位置である。よって，日の出の時刻は，
午前8時－90分＝午前6時30分

❷ (2)(3)Pは星の日周運動の中心にあってほとんど動かない星なので北極星である。よって，Cが北ということがわかる。したがって，Aは南，Bは東，Dは西である。
(4)(5)星は，東から西へ動いていくように見える。
(6)星や太陽などの天体の日周運動は，地球の自転による見かけの動きである。

(7)地球は約24時間で1回自転するので，星も約24時間で1回転する。

(8)360〔°〕÷24〔h〕=15〔°〕

3 (1)〜(5)図1は，星の回転の中心が見られるので，北の空の星である。北極星を中心にして，反時計回りに動く。図2は，ほぼ水平に動いているので，南の空の星である。南の空の星は，左から右へ(東から西へ)動いていく。図3は，右ななめ上にのぼっていく東の空の星である。図4は，右ななめ下にしずんでいく西の空の星である。

4 (1)(2)北極星は地軸の延長線上にある。

(3)〜(6)地球が西から東へ自転しているため，星は東から西へ動いているように見える。

第1章　地球の運動と天体の動き(2)

p.90〜91　ステージ1

●**教科書の要点**

1 ①公転　②西　③30　④1　⑤年周運動　⑥黄道　⑦南

2 ①23.4　②高　③南　④真西　⑤長　⑥同じ　⑦上が

●**教科書の図**

1 ①黄道　②さそり　③太陽　④しし　⑤オリオン

2 ①春分・秋分　②冬至　③夏至

3 ①23.4　②夏至　③地軸　④冬至

p.92〜93　ステージ2

1 (1)㋐太陽　㋑地球　(2)公転　(3)年周運動　(4)黄道　(5)イ　(6)ア，エ，ク　(7)イ　(8)D　(9)ア

2 (1)㋐(太陽の)南中高度　㋑月平均気温　(2)夏至…ウ　冬至…ア　(3)イ　(4)㋑　(5)夏至…15時間　秋分…12時間　冬至…10時間　(6)①地軸　②昼　③高

解説

1 春(Aの位置)では，太陽はCの方向にある。そのため，太陽はうお座の近くにあるように見える。同じように夏(B)の位置では，太陽はDの方向にあるので，太陽はふたご座の近くにあるように見える。このように，太陽は，星座の間を動いていくように見える。

(1)㋐のスナップボタンは太陽，㋑は地球を表している。

(2)(3)地球は太陽のまわりを1年で1回転している。このように，天体がほかの天体のまわりを回転することを公転という。地球の公転による天体の見かけの動きを年周運動という。

(4)太陽は1年間にわたって見てみると，星座の間を西から東へ動いて見える。この太陽の通り道を黄道という。また黄道付近に見える12の星座をまとめて黄道12星座という。オリオン座は冬の代表的な星座であるが，黄道12星座にはふくまれない。太陽が黄道を1周することも地球の公転によって生じる見かけの運動なので年周運動であ

る。

(5)地球が公転するので，太陽が黄道上を西から東へ移動するように見える。

(6)Bの位置に地球があるとき，真夜中に見ることができる星座は，てんびん座，さそり座，いて座，やぎ座，みずがめ座である。

(7)Bから㋐のスナップボタン(太陽)を見て，その延長線上にある星座はふたご座である。

(8)㋐のスナップボタン(太陽)とふたご座の間であるDの位置に地球があれば，地球から見たスナップボタン(太陽)の向きとふたご座の向きが反対になるので，真夜中にふたご座が南中する。

(9)地球が西から東へ公転しているため，同時刻にある星座の位置は毎日東から西へ移動する。

❷ (1)太陽の南中高度は，夏至のときに最も高くなるので，㋐が太陽の南中高度である。気温は，夏至の後も地面があたためられ続けることで７月～８月にかけてさらに上昇していく。

(2)㋐のグラフの夏至のときの太陽の南中高度は80°より少しだけ小さい。また，冬至のときの太陽の南中高度は30°より少しだけ大きい。

(4)時刻を見ると，㋑が日の出を示す曲線であることがわかる。

(5)日の入りを表す時刻から日の出を表す時刻を引くと，昼の時間の長さを求めることができる。

(6)もし地軸が公転面に対して垂直を保ったまま公転していたら，同じ地点の太陽の動きは１年中変化しない。

p.94～95 ステージ2

❶ (1)㋐
(2)A…冬　B…春　C…夏　D…秋
(3)A…イ　B…ウ　C…ア　D…ウ
(4)A…ウ　B…ウ　C…ウ　D…ウ
(5)①地軸　②公転

❷ (1)天頂　(2)春分・秋分　(3)A　(4)C

❸ (1)B　(2)㋑，㋕　(3)㋒，㋖　(4)㋓，㋗
(5)春分・秋分…ウ　夏至…イ　冬至…ア

解説

❶ (1)北極点から見て地球は反時計回りに公転している。

(2)(3)日本は北半球にある。北半球が太陽と反対側に傾いているAは昼の長さが短く，太陽の南中高度が低いため，冬である。反対に，北半球が太陽に向かって傾いているCは昼の長さが長く，太陽の南中高度が高いため，夏である。

(4)(5)地軸が公転面に対して垂直を保ったまま公転すると，季節の変化がなくなり，昼夜の長さはほぼ同じになる。

❷ (2)Aは夏至，Bは春分・秋分，Cは冬至の日の太陽の動きを表している。

(3)(4)Aの夏至では，太陽の南中高度が最も高く，昼が最も長い。Cの冬至では，太陽の南中高度が最も低く，昼が最も短い。

❸ (1)(2)Aの南中高度㋑の方が，Bの南中高度㋕より高いので，Aが夏至，Bが冬至である。

(3)35°は緯度である。Aでは㋒，Bでは㋖が緯度を表している。

(4)地軸は，公転面に対して垂直な方向から23.4°傾いている。よって，Aでは㋓が，Bでは㋗が23.4°である。

(5)夏至(A)の南中高度㋑は，
90°－(㋒－㋓)＝90°－(緯度－23.4°)＝
90°－(35°－23.4°)
冬至(B)の南中高度㋕は，
90°－(㋖＋㋗)＝90°－(緯度＋23.4°)＝
90°－(35°＋23.4°)
春分・秋分は昼夜の長さが同じになるので，地軸が傾いていないと考えて，その南中高度は，
90°－緯度＝90°－35°

p.96〜97 ステージ3

1 (1)自転…㋐　公転…㋓　(2)いて座
(3)ふたご座　(4)いて座
(5)いて座が太陽と同じ方向にあるため。
(6)黄道

2 (1)A　(2)55°　(3)8月
(4)31°　(5)1月　(6)47°

3 (1)(昼と夜の長さは,)ほぼ同じ。
(2)ア
(3)㋑

4 (1)A　(2)B　(3)㋑
(4)記号…㋐
理由…同じ面積当たりに受ける太陽の光の量が多くなるから。
(5)a…78.4°　b…31.6°

解説

1 (2)一晩じゅう見ることができる星座は，真夜中に南中する。
(3) 注意 星座は，きわめて遠くにあることを考えに入れて，星座の見える方位を考えよう。
地球がBの位置にあるとき，日の出前に南の空に見えるのは，ふたご座である。

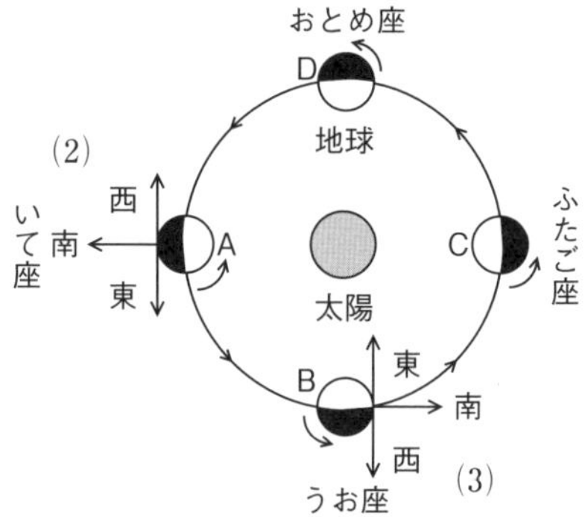

(4)(5)地球がCの位置にあるとき，太陽と同じ方向にあるのは，いて座である。

2 (1)Aが春分，Bが夏至，Cが秋分，Dが冬至である。
(2)グラフより，Aの南中高度を読みとる。
(4)Dの南中高度を読みとる。
(5)夏至の南中高度はBを読みとればよく，78°である。冬至の南中高度は，31°なので，夏至と冬至の南中高度の差は
78°−31°＝47°である。

3 (2)太陽が真東から出て真西にしずむのは春分と秋分であるが，3月なので春分である。
(3)春分の3か月後は夏至である。

4 (1)(2)日本は北半球にある。よって，北半球が太陽に向かって傾いているAのときは昼の長さが長く，太陽の南中高度が高い。反対に，北半球が太陽と反対側に傾いているBのときは昼の長さが短く，太陽の南中高度が低い。
(3)図1のBは，冬至のころである。そのため，南中高度が低く，受光面に対して太陽の光の角度が小さい㋑を選べばよい。太陽の高度が高いほど，地面に対する太陽の光の角度が90°に近くなる。
(4)受光面に対する太陽の光の角度が90°に近くなるほど，同じ面積に受ける太陽の光の量が多くなり，温度上昇が大きくなる。
(5)a…90°−(35°−23.4°)＝78.4°
b…90°−(35°＋23.4°)＝31.6°

第2章　月と金星の見え方

p.98～99 ステージ1

●教科書の要点

❶ ①形　②太陽　③衛星　④日食　⑤月食

❷ ①惑星　②大き　③小さ　④太陽　⑤内惑星　⑥外惑星

●教科書の図

1 ①上弦の月　②満月　③下弦の月　④新月

2 ①夕方　②西　③明け方　④東　⑤自転　⑥日の入り　⑦日の出

p.100～101 ステージ2

❶ (1)衛星
(2)太陽に光を反射しているから。
(3)㋐h　㋑a　㋒b　㋓c　㋔d　㋕e　㋖f
(4)西から東

❷ (1)b
(2)日食
(3)月食
(4)①皆既食　②部分食
(5)日食…新月　月食…満月
(6)太陽と地球と月が一直線に並んだとき。

❸ (1)a
(2)c…夕方　d…明け方
(3)①明けの明星…明け方，東の空
よいの明星…夕方，西の空
②明けの明星…㋔
よいの明星…㋐，㋑，㋒，㋓
(4)㋓
(5)㋐A　㋑E　㋒D　㋓B　㋔C　(6)イ

解説

❶ (1)～(3)月は表面の半分を太陽に照らされている。しかし，月は地球のまわりを公転しているので，月，地球，太陽の位置関係が変化し，月が満ち欠けして見える。月のように，地球などの惑星のまわりを公転している天体を衛星という。
(4)地球の自転の向き(西から東へ)と同じ向きに月が地球のまわりを公転しているため，同じ時刻の月の位置は毎日少しずつ(約12°)，西から東へ移動している。

❷ (5)日食は，太陽－月－地球の順に並んだときに起こるので，月は新月である。月食は，太陽－地球－月の順に並んだときなので，月は満月である。
(6)月の公転面は地球の公転面に対して少し傾いているため，満月や新月のときでも，太陽，地球，月が一直線に並ぶことは少ない。

❸ (1)金星は，太陽のまわりを反時計回りに公転している。
(2)地球は北極側から見て反時計回りに自転しているので，cは夕方，dは明け方である。
(3)明けの明星は明け方の東の空に見える。また，よいの明星は夕方の西の空に見えるので，日の入りの位置から見える。
(4)地球に近い金星ほど大きく見える。
(5)金星は太陽のある方向がかがやき，地球に近づくほど，大きさも欠け方も大きくなる。

p.102～103 ステージ3

❶ (1)球体
(2)太陽の光を反射して光っている。
(3)新月
(4)㋐E　㋑C　㋒B
(5)G
(6)満ちていく。

❷ (1)日食…新月　月食…満月
(2)イ
(3)㋒

❸ (1)金星
(2)星(金星)が地球に近づいてきていること。
(3)右下側
(4)エ

❹ (1)内惑星
(2)約28°以内
(3)ウ
(4)明け方，東の空

解説

❶ (1)(2)太陽の光の当たる面の見え方によって，満ち欠けが起こっている。
(3)月が太陽と同じ方向にあるときは(Aの位置)，地球から太陽の光が当たっている月面を見ることができない。このときの月を新月という。
(4)㋐は夕方東の空に見える満月なのでEである。㋑は夕方南の空に見える半月(上弦の月)なのでC

である。㋒は夕方西の空に見える月なのでBである。

⑸明け方，南の空に見えるのは，半月(下弦の月)なのでGである。

⑹月がB→C→D→Eと位置を変えるにつれて，地球から見る月は，太陽の光が当たっている部分が大きくなっていく。つまり，だんだん満ちていき，満月(E)になる。

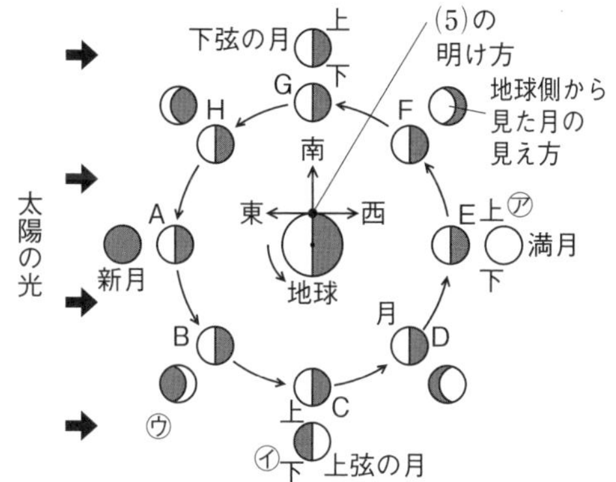

❷ ⑴日食は新月のとき，月食は満月のときに起こる。

⑵P点のように，月のかげの中から太陽を見ると，太陽が月に完全にかくされる皆既日食が観察される。月が完全に太陽をかくしきれない場合，ふちが残り，金環食が観察されることもある。

⑶㋒のように，月が地球のかげに全て入ると皆既月食(月全体が赤暗く光って見える月食)が観察され，㋑のように，月が地球のかげに一部だけ入ると部分月食(月の一部が欠ける月食)が観察される。

❸ ⑴夕方の西の空にかがやく金星のことを「よいの明星」，明け方の東の空にかがやく金星のことを「明けの明星」という。

⑵金星は，地球との距離が大きく変化し，地球に近づくと大きく見える。

⑶天体望遠鏡では，上下左右が逆に見えるので，実際には右下側が明るく光っている。太陽が，右下の西にしずんだばかりであることからも，金星の右下側が明るく光っていることがわかる。

⑷金星が地球の前を通り過ぎ，地球から見た向きが太陽からはなれていき，次の図の⑷のような位置になると，太陽より先に東から金星がのぼってくるので，明け方の東の空に金星が見えるようになる。

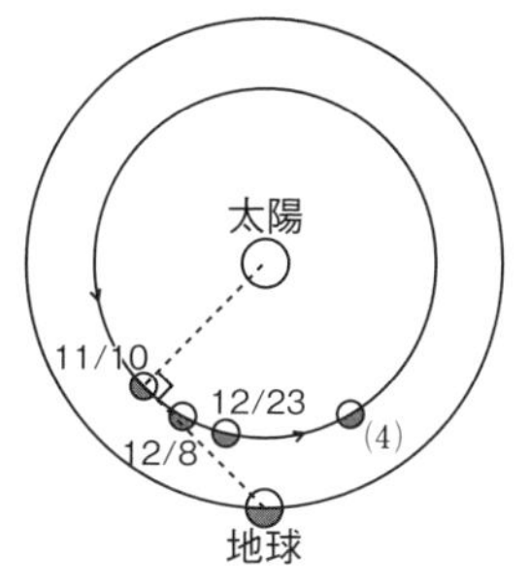

❹ ⑴水星や金星のように，地球よりも内側を公転する惑星を内惑星といい，地球より外側を公転する惑星を外惑星という。

⑵図より，太陽と水星の間の角度は最大で約28°，太陽と金星の間の角度は約47°であることがわかる。また，このとき，地球から水星や金星に引いた線は，水星や金星の公転軌道に対する接線となるため，水星や金星はちょうど半分が光って見える。

⑶水星や金星のような内惑星は，地球から見て太陽と反対側の位置にくることはないので，地球から真夜中に観察することはできない。

⑷地球の北極側から見た図なので，地球の自転の向きは反時計回りである，よって，図の位置の金星は明けの明星である。

第3章　宇宙の広がり

p.104~105 ステージ1

●教科書の要点

1 ①公転　②太陽系　③地球型惑星
④木星型惑星　⑤小惑星
⑥太陽系外縁天体　⑦すい星

2 ①銀河　②銀河系　③天文単位

●教科書の図

1 ①水星　②金星　③火星　④木星　⑤土星
⑥天王星　⑦海王星　⑧めい王星

2 ①銀河系　②2000　③銀河

p.106~107 ステージ2

1 (1)ア　(2)イ

2 (1)①イ　②エ　③ウ　④カ　⑤ア　⑥キ
⑦オ
(2)木星型惑星　(3)地球型惑星
(4)①ア，エ，カ　②イ，ウ，オ，キ

3 (1)木星　(2)衛星　(3)イ
(4)①火星　②木星(①，②は順不同)
(5)めい王星　(6)すい星

4 (1)銀河系　(2)㋑　(3)銀河
(4)ウ　(5)地球と太陽の距離

解説

1 (1)ア…太陽からの距離が長いほど，太陽のまわりを公転する距離も長くなり，公転の周期も長くなる。
イ…表のように，太陽系の惑星で最も密度が小さいのは土星で，水よりも小さい。一方，最も密度が大きいのは地球である。
(2)表より，太陽から海王星までの距離は太陽から地球までの距離の30.11倍であるので，太陽から海王星までの距離を50cmとすると，太陽から地球までの距離は，

$50〔\mathrm{cm}〕\times\frac{1.00}{30.11}=1.6605\cdots$ となり，最も近い値は1.7cmである。

2 (2)~(4)主に岩石でできていて，小型で密度が大きい惑星を地球型惑星(水星，金星，地球，火星)といい，主に気体や大量の氷でできていて，大型で密度が小さい惑星を木星型惑星(木星，土星，天王星，海王星)という。

3 (1)(2)惑星のまわりを公転する天体を衛星という。月は地球の唯一の衛星である。
(3)月がかがやいて見えるのは，太陽の光を反射しているからである。もし，月が自ら光を出してかがやいていれば，満ち欠けしない。
(5)めい王星は，以前は惑星に分類されていたが，大きさが小さいこと(めい王星より大きい衛星が見つかっている)や，公転面がほかの惑星と大きくずれていることなど，さまざまな理由から，惑星のなかまではなく，太陽系外縁天体という新しいグループに分類されている。太陽系外縁天体の中でも大きな天体は，めい王星型天体とよばれる。

4 (1)太陽系をふくむ恒星の大集団を銀河系という。銀河系には，約2000億個の恒星が集まっており，渦を巻いた円盤状の形をしている。
(2)銀河系の中心付近が最も多くの恒星が集まっていて厚くなっている。夏の夜空では，太陽系から銀河系の中心付近を向いた方向にある恒星が見えるので，夏の天の川は冬の天の川(㋓の方向)より幅が広くて明るく見える。
(3)銀河系のように，恒星が数億～数千億個集まってできた集団を銀河といい，銀河系の外にはアンドロメダ銀河など，銀河が1000億個以上存在している。
(4)太陽系の位置から銀河系の位置までは約3万光年，銀河系の中心から銀河系の端までは約10万光年，銀河系を真横から見たときの幅は約1.5万光年である。(下図)

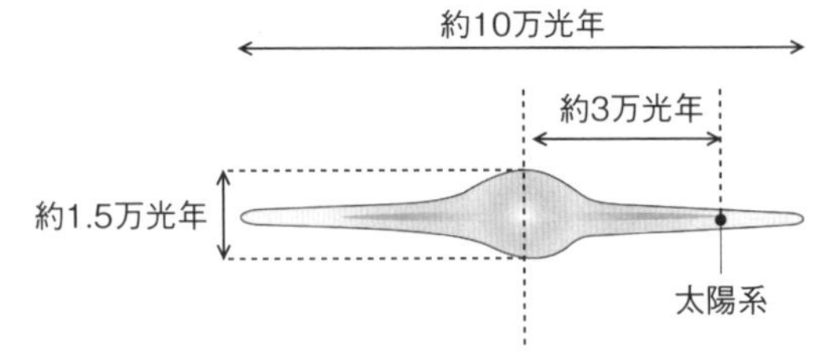

p.108〜109 ステージ3

1 (1)長くなる。
(2)火星と木星
(3)土星，天王星，海王星
(4)大きい。
(5)小さい。 (6)土星
(7)太陽系外縁天体

2 (1)金星 (2)土星
(3)海王星 (4)メタン
(5)月 (6)小惑星

3 (1)C (2)すい星
(3)地球型惑星
(4)ア (5)H

4 (1)ウ (2)銀河系
(3)イ (4)銀河

解説

1 (1)表より，太陽からの平均距離が大きくなるにつれて，公転の周期が長くなっている。
(4)(5)木星型惑星は，地球型惑星より大きくて，密度が小さい。
(6)土星の密度は水の密度(約1 g/cm^3)より小さい。

2 (1)地球の内側を公転するのは水星と金星で，これらを内惑星という。
(2)太陽系の惑星で，最も大きいのは木星，2番目に大きいのは土星である。木星には，大赤斑とよばれる渦が，土星には環があることも覚えておこう。
(3)(4)海王星は太陽から最も遠くにある惑星であり，大気中に多くふくまれているメタンが地球から青く見える要因だと考えられている。
(5)月のように，惑星のまわりを公転する天体を衛星という。月は地球の唯一の衛星で表面にはクレーターとよばれるくぼみが見られる。

3 (1)Aは水星，Bは金星，Cは地球，Dは火星，Eは木星，Fは土星，Gは天王星，Hは海王星である。
(2)すい星は，太陽に近づくと尾をつくることがある。すい星が放出したちりが地球の大気と衝突すると，流星として観測できる。
(3)A〜Dの惑星を地球型惑星，E〜Hの惑星を木星型惑星という。地球型惑星は主に岩石でできていて密度が大きい。木星型惑星は，主に気体や氷でできていて密度が小さい。
(4)惑星の公転の周期は，太陽に近いものほど短い。金星は地球よりも内側を公転しているので，地球の公転の周期(1年)よりも短い(0.62年)。
(5)Hの方が太陽から遠いところを公転しているので，公転の周期も長い。

4 (1) **注意** 銀河系と銀河を混同しないようにしよう。
太陽系をふくむ大きな恒星の集団は銀河系であるが，これと同じような集団が宇宙にはたくさんあり，それらを銀河という。

p.110~111 《単元末総合問題

1》 (1)望遠鏡で太陽を直接見ること。
(2)コロナ
(3)プロミネンス
(4)黒点
(5)表面…イ　中心…エ　C…ア

2》 (1)㊁
(2)D
(3)満月

3》 (1)しし座　(2)東
(3)夏　(4)㊁
(5)オリオン座

4》 (1)惑星
(2)①D　②B
(3)ウ，オ

》解説《

1》 (3)Bのプロミネンスは炎ではない。
(4)(5)黒点の温度(約4000℃)は，太陽の表面温度(約6000℃)より低い。

2》 (1)右下が少しだけ光っている三日月なので，太陽がすぐ近くにあり，月は太陽の少し東側にある(太陽は月の少し西側にある)と考えられる。太陽は西の地平線にしずんだばかりなので，そこより少し東の位置は㊁である。三日月は，日の入り直後の西の低い空に見られ，2～3時間で西の地平線にしずんでいくことを覚えておいてもよい。
(2)地球から見て，左側が大きく欠けるのは，月がDの位置にあるときである。

3》 (1)地球が㋐の位置にあるときの真夜中に，南の空に見える星座は，しし座である。
(2)地球が㋐の位置にあるとき，さそり座は東の空に見える。
(3)さそり座は，夏の代表的な星座である。
(4)さそり座が一晩じゅう見えるのは，さそり座が真夜中に南中するときで，地球が㊁の位置にあるときである。

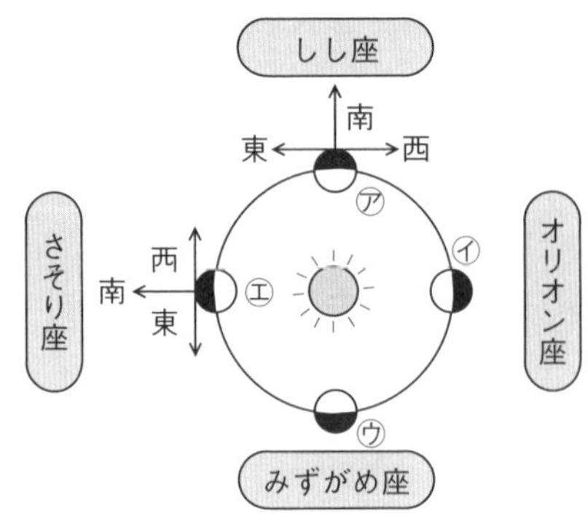

(5)㊁の位置から見て，太陽と同じ方向にあるオリオン座は，地上に出ているときは常に太陽が出ていて明るいときである。そのため，オリオン座を見ることはできない。

4》 (2)①天体望遠鏡の倍率は同じなので，大きく見えるときほど，地球に近づいている。また，金星が地球に近づくにつれて，欠け方は大きくなる。
②次の図のように，地球から見た太陽と，地球から見た金星とのつくる角度が最も大きくなるときは，地球から金星の公転軌道に接線を引いたときの接点に金星があるときなので，地球からは半月のように半分が光って見える。

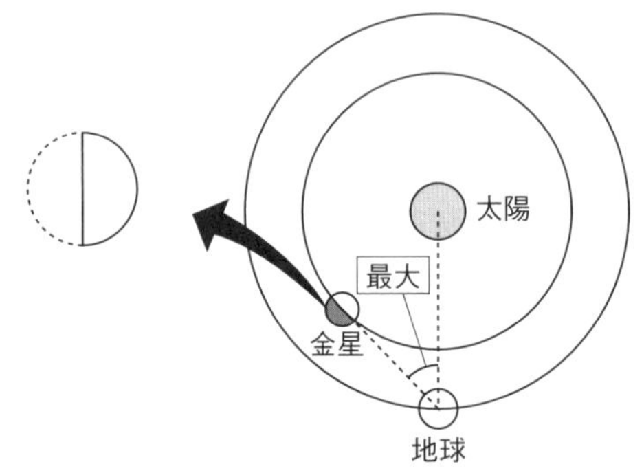

(3)金星は地球から見て太陽と反対側にくることがないので，真夜中に観察することができない。

単元5 地球と私たちの未来のために

第1章　自然のなかの生物

p.112〜113 ステージ1

●教科書の要点

1 ①生態系　②食物連鎖
③植物　④食物網
⑤植物

2 ①生産者　②消費者
③分解者　④微生物

3 ①二酸化炭素　②呼吸
③地球温暖化

●教科書の図

1 ①肉食　②草食
③消費　④生産
⑤多い

2 ①光合成　②呼吸
③二酸化炭素　④呼吸
⑤呼吸

p.114〜115 ステージ2

1 (1)①ネズミ　②フクロウ　③木の実
④ヘビ
(2)

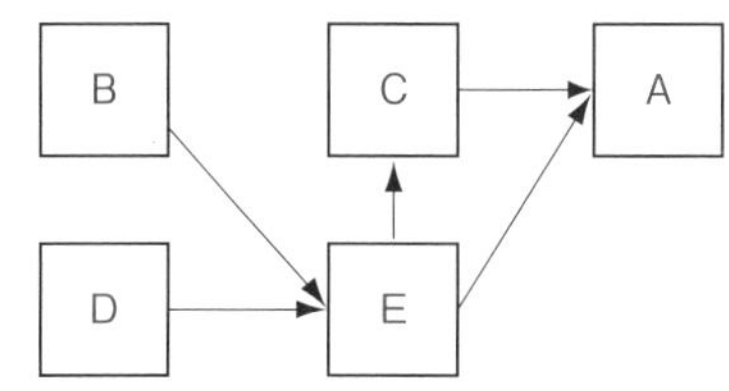

(BとDは入れかわってもよい。)

2 (1)食物連鎖　(2)ピラミッド形
(3)A
(4)A…エ　B…ウ　C…イ　D…ア
E…オ

3 (1)二酸化炭素
(2)Y…光合成　Z…呼吸
(3)A…生産者　B…消費者
C…消費者　D…分解者(消費者)
(4)菌類　(5)細菌類
(6)微生物　(7)菌糸
(8)地球温暖化

解説

1 生物どうしの食べる，食べられるという一連の関係を食物連鎖という。フクロウは，このほか，昆虫や小鳥なども食べると考えられ，ヘビも種類によってはネズミでなく，カエルや小鳥の卵などを食べる。ネズミも木の実などの植物だけでなく昆虫やミミズなどを食べることがある。このように，自然界では，複数の食物連鎖が見られ，複雑な網の目のようになっている。これを食物網という。

2 (1)〜(3)食物連鎖に注目して生物の数量的な関係を比べると，光合成を行う生産者がいちばん多く，次に草食動物，草食動物を食べる肉食動物，肉食動物を食べる肉食動物…と段階が上がるにしたがって，数量は少なくなる。そのため図のようなピラミッド形になる。
(4)食べられるものから食べるものに向かう矢印で表すと，植物プランクトン→動物プランクトン→イワシ→カツオ→サメとなる。

3 (1)Xは，全ての生物が放出していて，炭素をふくむ気体なので，二酸化炭素である。呼吸は全ての生物が行っている。
(2)Yは，植物が二酸化炭素をとり入れるはたらきなので，光合成である。光合成では，空気中からとり入れた二酸化炭素と根から吸収した水を材料に，光エネルギーを利用して，デンプンなどの有機物と酸素をつくる。Zは，全ての生物が行っている二酸化炭素を放出するはたらきなので，呼吸である。呼吸は，酸素と体内の有機物を水と二酸化炭素に分解することによって，生きるためのエネルギーを得るはたらきである。
(4)(7)カビやキノコのなかまを菌類といい，からだは菌糸でできていて胞子でふえるものが多い。
(5)乳酸菌や大腸菌を細菌類という。これらは単細胞生物で，分裂によってふえる。
(6)分解者の中でも，菌類や細菌類をふくむ小さな生物をまとめて微生物という。

p.116~117 ステージ3

1 (1)B
(2)A
(3)エ
(4)イ

2 (1)細菌類
(2)菌類
(3)菌糸
(4)分解者

3 (1)ならない。　(2)なる。
(3)①B　②デンプン
③A　④A　⑤微生物

4 (1)①イ　②ア　③イ
(2)ア，イ，ウ
(3)微生物（菌類や細菌類）
(4)ほかの生物や生物の死がいなどを食べている。
(5)地球温暖化

解説

1 (1)(2)植物をシマウマが食べ，シマウマをライオンが食べる。
(3)Bのシマウマが減ると，それを食べるライオンはえさが不足して，Aのライオンが減る。また，Bのシマウマが減ると，Cの植物はシマウマに食べられなくなるため，ふえる。
(4)(3)と同じ理由でAがさらに減ってしまい，絶滅するおそれがある。
ふつう，生物の数量は一時的な増減があっても，それを何度もくり返すことで長期的に見るとほぼ一定に保たれている。しかし，ある生物が絶滅すると，生物の数量のつり合いがくずれることがある。

2 (1)大腸菌や乳酸菌，納豆菌などのなかまを細菌類という。
(2)(3)シイタケやアオカビ，パン酵母などのなかまを菌類という。
(4)菌類，細菌類や，ミミズなどの土壌動物は，分解者としての役割をになっている。

3 (1)試験管Aに入れたデンプンは，ろ過フィルターの中にいる微生物（菌類や細菌類）のはたらきで変化してしまうので，ヨウ素液を加えても青紫色にならない。
(3)試験管Bに入れたデンプンは，そのまま残っているので，ヨウ素液を加えると青紫色になる。

4 (1)①ウサギは，消費者であり植物を食べる草食動物である。②ニンジンは，葉で光合成を行って有機物をつくる生産者である。③タカは，ほかの動物を食べる消費者である。
(2)光合成は，生産者である植物や植物プランクトンしか行わないが，呼吸は全ての生物が行う。呼吸をすることで，生物は生きていくために必要なエネルギーを得ている。
(3)分解者には，ミミズ，ダニのような土壌動物や，菌類・細菌類などの微生物などがいる。
(4)消費者は自分で有機物をつくり出すことはできないので，ほかの生物や生物の死がいなどを食べることで必要な有機物を得ている。
(5)地球の平均気温が上昇していることを地球温暖化という。地球温暖化は二酸化炭素などの温室効果ガスの濃度が大気中で上昇していることが原因の1つだと考えられている。

第2章　自然環境の調査と保全

p.118〜119　ステージ1

●教科書の要点

❶ ①保全　②水生生物
③土壌動物　④コドラート

❷ ①里山　②外来生物
③在来生物　④絶滅
⑤レッドデータブック
⑥生態系サービス

●教科書の図

1 ①アメリカザリガニ　②ヒメタニシ
③カワニナ　④ヒラタドロムシ
⑤サワガニ

2 ①ミシシッピアカミミガメ
②外来生物

p.120〜121　ステージ2

❶ (1)イ
(2)高くなる。
(3)973点

❷ (1)水のよごれの程度によって，そこに生息している水生生物がちがうため。
(2)A…ア　B…ウ　C…イ
(3)イ

❸ (1)保全
(2)外来生物
(3)全体のつり合いが変化して，もとの状態にもどらないことがある。

解説

❶ (1)図2のような装置をツルグレン装置という。土壌動物は，光や熱，乾燥をきらうため，持ち帰った土を電球で照らすと，下へ移動し水の中へ落ちてくる。
(2)開発が進んでない場所の土壌の点数が高くなるように，点数がつけられている。
(3)ハサミムシ…3点×1＝3点
ミミズ…3点×3＝9点
ダンゴムシ…1点×17＝17点
クモ…1点×4＝4点
ダニ…1点×350＝350点
トビムシ…1点×590＝590点
合計すると，3＋9＋17＋4＋350＋590＝973点

❷ (1)水質調査をするとき，水のよごれの程度を評価する手がかりになる生物を指標生物という。教科書にはその例が出ているが，よごれの程度は連続的に変化していて，境界がはっきりしているわけではないので，判断するときはできるだけ多くの資料を見て考えなければならない。たとえば，サワガニとカワニナがいっしょにすんでいる川などもあるので，そのほかの生物のようすもくわしく調べる必要がある。

❸ (1)自然環境を調査して状況をはあくし，積極的に維持することを保全という。
(2)(3)外来生物が導入されることによって，在来生物と食物をめぐる争いが発生したり，在来生物を食べて在来生物の個体数が減少したりして，生態系全体のつり合いがくずれる要因になる。沖縄(おきなわ)本島に導入されたマングースは駆除の目的であったハブではなく，在来生物のヤンバルクイナの個体数を減少させた。

p.122〜123　ステージ3

❶ (1)サワガニ
(2)カワニナ
(3)アメリカザリガニ
(4)変わる。

❷ (1)①里山　②植生
③枯死木　④防護ネット
(2)ある。

❸ (1)外来生物
(2)イ，エ，カ，キ
(3)ウ

❹ (1)①ウ　②イ　③エ
(2)生態系サービス
(3)レッドデータブック

解説

❶ きれいな水にすむ生物と，きたない水にすむ生物がいるので，生物の種類を調べることで水質を評価するができる。

❷ シカだけでなく，イノシシの農作物への被害なども近年増加している。この対策として，防護ネットで農作物や希少な生物を保護したり，捕獲数をふやしたりすることによって個体数を減らすとり組みがされている。

❸ (1)人間の活動によって導入され，定着し子孫を

残すようになった生物を外来生物という。アレチウリのように植物の外来生物の場合，一面に広がって在来生物が育たなくなることがある。

4 (1)①ある生物が地球や特定の場所からいなくなることを絶滅という。生物が絶滅すると，それまでその生物がになっていた生態系の役割を別の生物がになうようになったり，全く別の生態系のつり合いがつくられたりするようになる。
②私たちは生態系からさまざまなめぐみを受けている。このめぐみを生態系サービスという。食料や飲料，散策や観察のできる森林や緑道，雨水を森林が吸収することなども全て，生態系の中の生物によって生み出されためぐみである。
(3)生物の調査を行い，生息の状況をまとめたものはレッドデータブックが発行されて公開されている。また環境省は，絶滅のおそれのある野生生物をリスト化し，レッドリストとして公開している。

第３章　科学技術と人間
終章　持続可能な社会をつくるために

p.124〜125 ステージ1

●教科書の要点

1 ①天然　②人工的
③プラスチック

2 ①エネルギー　②省エネルギー
③火力発電　④放射線
⑤化石燃料　⑥温室効果
⑦持続可能な社会

●教科書の図

1 ①ポリエチレン
②ポリエチレンテレフタラート
③ポリ塩化ビニル

2 ①化学　②熱
③運動　④電気
⑤化石　⑥電気

p.126〜127 ステージ2

1 (1)ア，イ，ウ，オ，カ
(2)①ポリエチレンテレフタラート
②ポリ塩化ビニル
③ポリプロピレン
④ポリエチレン
(3)⑤ウ　⑥エ
⑦ア　⑧イ
(4)㊁　(5)生分解性プラスチック
(6)イ

2 (1)①水力発電　②位置エネルギー
③運動エネルギー
(2)①火力発電　②化学エネルギー
③熱エネルギー
(3)①原子力発電　②核エネルギー
③放射線
④よび方…シーベルト　記号…Sv
(4)図１…ウ　図２…ア
図３…イ

解説

1 (1)〜(3)プラスチックは合成樹脂ともよばれ，石油を精製して得たナフサを原料として人工的につくられる物質である。いっぱんに，加工や成形がしやすく，電気を通しにくい，軽くてさびない，くさりにくく，衝撃や薬品に強いなどの性質がある。また，近年では石油を原料としないプラスチックや電気を通すプラスチックなども開発されている。

(4)(6)プラスチックは有機物である。そのため加熱すると燃える。また，固有の密度をもつので，種類によって水にうくものとしずむものがある。

2 (1)水力発電は，水の位置エネルギーを水車の運動エネルギーに変換し，発電している。

(2)火力発電は，化石燃料のもつ化学エネルギーをボイラーで熱エネルギーに変換し，その熱でつくった水蒸気でタービンを回し発電している。

(3)原子力発電は，ウランのもつ核エネルギーを核分裂反応で熱エネルギーに変換し，その熱でつくった水蒸気でタービンを回し，発電している。

p.128～129 ステージ3

1 (1)①エ　②イ　③カ　④オ　⑤ウ

(2)ウ，エ，オ

(3)石油，石炭，天然ガスから２つ

(4)イ　(5)ア　(6)ウ

2 (1)ＡＩ　(2)持続可能な社会

(3)循環型社会　(4)イ，ウ

3 (1)①特定外来生物　②太陽光発電

(2)生分解性プラスチック

(3)カーボンニュートラル

解説

1 (2)ウ，エ，オは，熱源が重油・天然ガスか核燃料かマグマかのちがいだけで，その熱を利用して水を水蒸気に変え，水蒸気でタービンを回し，タービンにつながっている発電機を回して発電している。

(3)石油，石炭，天然ガスなどは，昔生きていた生物にふくまれていた有機物が地層の中で長い間に変化してできたもので，化石燃料とよばれている。

(5)地熱発電は，地下のマグマの熱でつくられた水蒸気を利用して発電する。半永久的な発電が可能である。

(6)生命体をつくっている有機物の化学エネルギーを利用する技術として，バイオマス発電が進められている。農林業で廃棄物としてあつかわれてきた作物の残りかすや家畜のふん尿，間伐材などを活用するものである。間伐材を燃料にして発電したり，稲わらなどの植物繊維や家畜のふん尿を，微生物を使って発酵させて得られるアルコールやメタンを利用して発電したりする。

2 (1)人工知能をＡＩという。ＡＩはArtificial Intelligenceという英語の略称である。

(4)資源を有効利用する技術，汚染物質や廃棄物を減らす技術の開発も進んでいる。

3 (1)生態系や人間の健康などに影響をおよぼす，または，およぼすおそれのある外来生物は特定外来生物に指定され保管，運搬などを規制している。

(2)生物が分解できるようにつくられたプラスチックを生分解性プラスチックという。

ふつう，プラスチックは安定した性質をもつため，適切に処理されずに廃棄されたプラスチックが海洋をただよい，時間をかけて細かくなる。この細かくなったプラスチックをマイクロプラスチックという。マイクロプラスチックは魚や魚を食物とする鳥類などの体内にあやまってとりこまれることがある。そしてそれらが，分解されずに体内に残ることによる健康への影響が懸念されている。そのため，生物が分解できるプラスチックの開発が進められている。

p.130~131 《単元末総合問題

1》 (1)二酸化炭素 (2)C
(3)オ (4)エ

2》 (1)化石燃料
(2)ウ

3》 (1)外来生物
(2)プラスチック
(3)持続可能な社会

4》 (1)鳴る。
(2)羽根車…イ モーター…エ
(3)水がなくなってきたから。
(4)ウ

》解 説《

1》 (1)全ての生物が気体Xを出しているので，気体Xは，呼吸によって出される二酸化炭素である。
(2)Cの生物は二酸化炭素である気体Xをとり入れている。二酸化炭素をとり入れるのは光合成のはたらきなので，Cは植物であるといえる。植物が光合成によってつくる有機物が食物連鎖のはじまりとなる。
(3)B，C，Dの生物の全てからAに向かう矢印があるので，Aが生物の死がいや動物の排出物を分解する分解者である。B→A，D→Aは動物の死がいや排出物の流れ，C→Aは植物の死がいの流れなので，これらをまとめたものが生物の死がいや動物の排出物の流れといえる。また，この問題では問われていないが，Bは草食動物，Dは肉食動物であることも理解しておこう。
(4)バッタの数量が異常に増加した原因として最も考えられるのは，バッタを捕食する小鳥の数量の減少である。ア～エで，小鳥の数量が減少する原因となるものは，エのような小鳥を捕食するワシの数量の増加である。

2》 (2)電気エネルギーは，ほかのエネルギーへ変換しやすい，はなれたところへ供給できるという利点がある。しかし，電気エネルギーを得るためには，化石燃料の燃焼，太陽光，風力などのエネルギーを変換させる必要がある。

3》 (1)ブルーギルは北アメリカ大陸が原産の外来生物で，在来生物である魚類の卵や稚魚を捕食するなどの問題があり，特定外来生物に指定されている。
(2)プラスチックは石油を精製して得られるナフサを原料としてつくられた人工の有機物で，合成樹脂ともよばれる。プラスチックは，ポリエチレンテレフタラート，ポリエチレン，ポリスチレンなどの種類があり，それぞれ異なる性質をもっているので，性質に応じて使い分けられている。

4》 (1)とり出した電気エネルギーによって電子オルゴールに電流が流れ，電子オルゴールが鳴る。

プラスワーク

p.132~133 計算力UP

1 (1)70cm/s　(2)40cm/s　(3)75cm/s

2 (1)㋐0.35　㋑0.46　㋒0.40

(2)A…0.50N　B…0.40N　C…0.88N

3 (1)①4N　②4N　③2N

(2)①0.2m　②0.2m　③0.4m

(3)①0.8J　②0.8J　③0.8J

(4)①1.6W　②1.6W　③0.8W

4 4時30分

5 (1)午後11時ごろ　(2)1か月後

(3)10か月後

解説

1 (1)PQ間の長さは7cmで，0.1秒かかっているので，

$\frac{7〔cm〕}{0.1〔s〕}=70〔cm/s〕$

(2)0.3秒後までの記録テープの長さは，

2＋4＋6＝12〔cm〕

したがって，平均の速さは，

$\frac{12〔cm〕}{0.3〔s〕}=40〔cm/s〕$

(3)0.3秒後から0.5秒後までの記録テープの長さは，

7＋8＝15〔cm〕

したがって，平均の速さは，

$\frac{15〔cm〕}{(0.5-0.3)〔s〕}=75〔cm/s〕$

2 水の中にある物体の体積の大きさから，図2で物体にはたらく浮力の大きさは，図3で物体にはたらく浮力の大きさの半分である。図3で物体にはたらく浮力の大きさは，それぞれのおもりについて，図1のばねばかりの値〔N〕から図3のばねばかりの値〔N〕を引いた値〔N〕である。

(1)(2)図3で物体Aにはたらく浮力は，

0.60－0.10＝0.50〔N〕

よって，㋐は0.60－0.25＝0.35〔N〕

物体Bについて，

図1のばねばかりの値－図2のばねばかりの値

＝0.86－0.66＝0.20〔N〕

より，図3で物体Bにはたらく浮力は0.40〔N〕

よって，㋑は，0.86－0.40＝0.46〔N〕

物体Cについて，

図1のばねばかりの値－図2のばねばかりの値

＝1.28－0.84＝0.44〔N〕

より，図3で物体Bにはたらく浮力は0.88〔N〕

よって，㋒は1.28－0.88＝0.40〔N〕

3 (1)(2)①物体にはたらく重力の大きさと同じ力で，0.2m引き上げている。質量400gの物体にはたらく重力の大きさは4Nである。

②定滑車を使うと，必要な力の大きさも，力を加えてひもを引く距離も，直接引き上げる場合と同じである。

③動滑車を1つ使うと，ひもを引く力の大きさは半分になり，ひもを引く距離は2倍になる。

(3)①4〔N〕×0.2〔m〕＝0.8〔J〕

②4〔N〕×0.2〔m〕＝0.8〔J〕

③2〔N〕×0.4〔m〕＝0.8〔J〕

(4)①②かかった時間は，

0.2〔m〕÷0.4〔m/s〕＝0.5〔s〕

よって，仕事率は，

$\frac{0.8〔J〕}{0.5〔s〕}=1.6〔W〕$

③かかった時間は，

0.4〔m〕÷0.4〔m/s〕＝1.0〔s〕

よって，仕事率は，

$\frac{0.8〔J〕}{1.0〔s〕}=0.8〔W〕$

4 9時の•印から10時の•印の間の曲線の長さが3.6cmだから，太陽は透明半球上を1時間で3.6cm移動したことがわかる。

16.2〔cm〕÷3.6〔cm〕＝4.5〔時間〕

9時－4.5時＝4.5時

よって，日の出の時刻は4時30分である。

5 (1)北の空の星は北極星を中心にして反時計回りに，1日に1回転する。

360〔°〕÷24〔時間〕＝15〔°〕

30〔°〕÷15〔°〕＝2〔時間〕

よって，星AがPの位置に見えるのは，午後9時の2時間後の午後11時である。

(2)地球は1年で360°公転するので，同じ時刻の星の位置は，1日で約1°，1か月で約30°動いて見える。

(3)星AからQの位置までの角度は300°である。

1か月で約30°動くので，

300〔°〕÷30〔°〕＝10〔か月〕

p.134~135 作図力UP

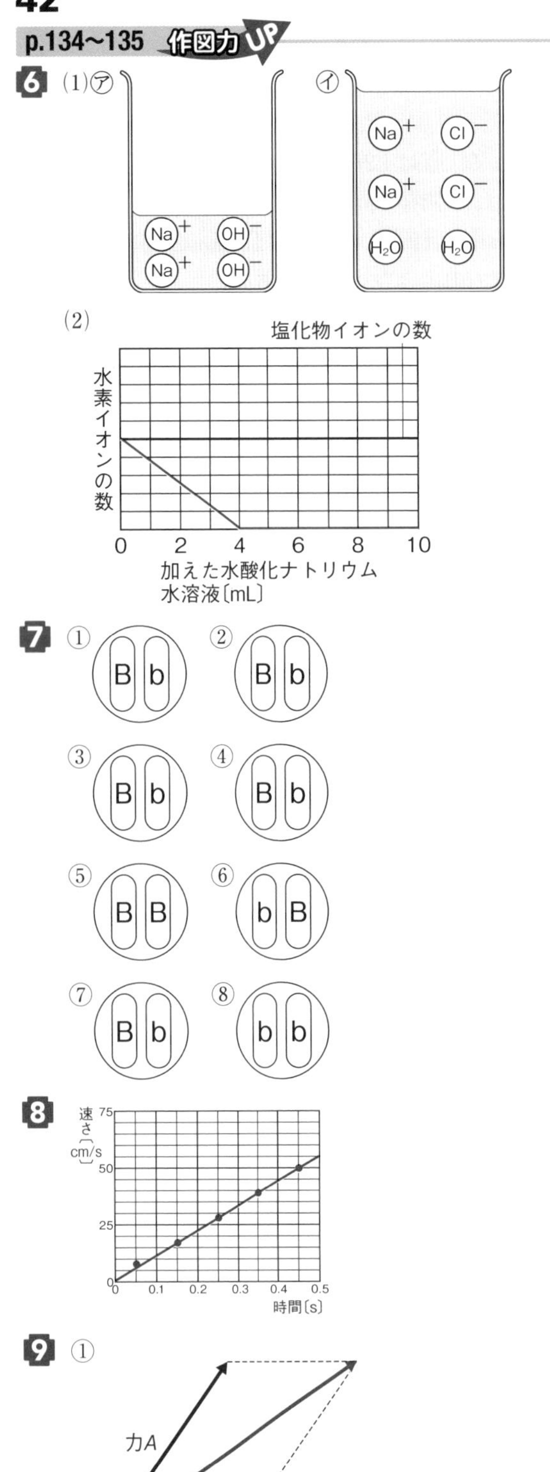

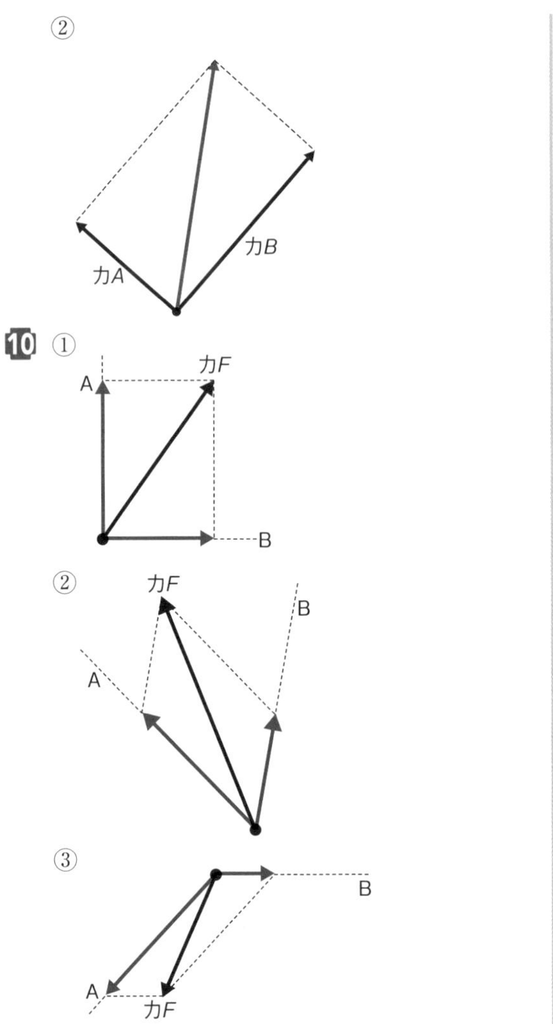

✚ 解 説 ✚

6 (1)水酸化ナトリウム水溶液 2 mL ではナトリウムイオンと水酸化物イオンが 1 個ずつに電離しているので，水酸化ナトリウム水溶液 4 mL ではその 2 倍の，ナトリウムイオンと水酸化物イオンが 2 個ずつ電離している。2 つの水溶液を混合すると，水素イオンと水酸化物イオンが結びついて水になり，塩化ナトリウム水溶液になる。塩化ナトリウムは，ナトリウムイオンと塩化物イオンに電離する。水素イオン，塩化物イオン，ナトリウムイオン，水酸化物イオンがそれぞれ 2 個ずつあったため，水分子は 2 個でき，ナトリウムイオン，塩化物イオンはそれぞれ 2 個ずつとなる。

(2)初めはうすい塩酸だけなので，塩化物イオンと同じ数だけ水素イオンがある。うすい水酸化ナトリウム水溶液を混合させると，水素イオンと水酸化物イオンから水ができるので，水素イオンの数が減少する。(1)からうすい水酸化ナトリウム水溶液を４ｍＬ混合させると水素イオンはなくなる。

7 茶の毛色の純系の遺伝子の組み合わせはBB，黒の毛色の純系の遺伝子の組み合わせはbbとなり，その生殖細胞は，それぞれＢとｂになる。図１のように交配すると，子の遺伝子の組み合わせはBbとなる。子の遺伝子の組み合わせがBbのハムスターでは，生殖細胞の遺伝子はＢまたはｂとなる。図２のように交配すると，孫の遺伝子の組み合わせは，BB，Bb，bbの３通りになる。

8 各区間の平均の速さは，

① $\frac{0.55〔\mathrm{cm}〕}{0.1〔\mathrm{s}〕}=5.5〔\mathrm{cm/s}〕$

② $\frac{1.60〔\mathrm{cm}〕}{0.1〔\mathrm{s}〕}=16.0〔\mathrm{cm/s}〕$

③ $\frac{2.70〔\mathrm{cm}〕}{0.1〔\mathrm{s}〕}=27.0〔\mathrm{cm/s}〕$

④ $\frac{3.80〔\mathrm{cm}〕}{0.1〔\mathrm{s}〕}=38.0〔\mathrm{cm/s}〕$

⑤ $\frac{4.90〔\mathrm{cm}〕}{0.1〔\mathrm{s}〕}=49.0〔\mathrm{cm/s}〕$

9 力Aと力Bを２辺とする平行四辺形の対角線が，力Aと力Bの合力になる。

10 力Fは，力Aと力Bを合成した合力であるので，力Fが対角線となるような平行四辺形をつくったときの２辺が分力になる。

p.136 記述力UP

11 対になっている遺伝子が，減数分裂のときにそれぞれ別々の生殖細胞に分かれて入ること。

12 よい点…物体に加わる重力よりも小さい力で持ち上げることができる。
よくない点…力を加える距離が長くなる。

13 発電機Ａでつくった電気エネルギーが，摩擦などによって，熱エネルギーや音エネルギーなどに変換されるから。

14 金星は地球より内側を公転するため，地球から見ると，いつも太陽に近い方向にあるから。

15 ほかのエネルギーに変換しやすく，また，はなれたところへの供給ができるため。

＋解説＋

11 分離の法則によって半分の数になった遺伝子は，受精によって受精卵の中で再びもとの数になる。

12 動滑車やてこを使うと，直接手で持ち上げるときよりも小さい力で持ち上げることができるが，力を加える距離が長くなるので，仕事の大きさは変わらない。このことを，仕事の原理という。

13 エネルギーを別のエネルギーに変換する場合，もとになるエネルギーが全て目的とするエネルギーに変換されることはなく，その一部は別のエネルギーに変換されている。手回し発電機Ａでつくられた電気エネルギーは，手回し発電機Ｂのハンドルを回す過程で，音エネルギーや熱エネルギーなどに変換されている。

14 金星の公転軌道は，地球の公転軌道より内側にあるため，地球から金星を見ると，常に太陽に近い方向に見える。そのため，金星は明け方や夕方にしか見ることができない。

15 電気エネルギーは，熱エネルギーや運動エネルギーなどさまざまなものに変換しやすいので，電気製品を使うのに都合がよい。また，発電所から家庭までの間を，送電線を通って移動させることができるので利用するのにも都合がよい。

定期テスト対策 得点アップ！予想問題

p.138〜139 第1回

1 (1)電解質 (2)Cl_2
(3)イ (4)銅
(5)$CuCl_2 \longrightarrow Cu+Cl_2$

2 (1)㋐電子 ㋑陽子
㋒中性子 ㋓原子核
(2)イオン (3)電離
(4)Na^+…ナトリウムイオン
Cl^-…塩化物イオン

3 (1)C，D，E (2)A，B
(3)水素 (4)電解質

4 (1)A…陰極側 B…陽極側
(2)H^+ (3)酸
(4)OH^- (5)アルカリ

解説

1 (2)(4)(5)塩化銅を水にとかすと塩化物イオンと銅イオンに電離する。電流を流すと，陰イオンである塩化物イオンは塩素原子となり，これが２個結びついて塩素分子となって陽極の表面から気体として発生する。陽イオンである銅イオンは，銅原子となって陰極の表面に付着する。
(3)塩素は水にとけやすく，漂白作用がある。石灰水を白くにごらせるのは二酸化炭素，腐卵臭がするのは硫化水素である。

2 (1)原子核の中に陽子と中性子があり，原子核のまわりには電子がある。
(2)原子が電子を受けとって－の電気を帯びるようになったものを陰イオン，電子を失って＋の電気を帯びるようになったものを陽イオンという。

4 (1)(2)塩化水素(塩酸)は次のように電離する。
$HCl \longrightarrow H^+ + Cl^-$
水酸化ナトリウムは，次のように電離する。
$NaOH \longrightarrow Na^+ + OH^-$
よって，陽イオンである水素イオンは陰極側へ，陰イオンである水酸化物イオンが陽極へ移動する。電離して水素イオンを生じる物質を酸，水酸化物イオンを生じる物質をアルカリという。

p.140〜141 第2回

1 (1)7 (2)赤色 (3)ウ

2 (1)D，E (2)NaCl (3)A，B
(4)B…H^+，Na^+，Cl^- C…Na^+，Cl^-
D…OH^-，Na^+，Cl^-
(5)中和 (6)$H^+ + OH^- \longrightarrow H_2O$

3 (1)電池 (2)イ (3)エ (4)ウ (5)ア

4 (1)燃料電池 (2)$2H_2+O_2 \longrightarrow 2H_2O$
(3)エ

解説

1 (1)純粋な水のpHは７で，中性を示す。pHの値が７より小さいほど酸性が強くなり，pHの値が７より大きいほどアルカリ性が強くなる。
(2)アルカリ性の水溶液にフェノールフタレイン溶液を加えると赤色になる。
(3)牛乳はpH６ぐらいの弱い酸性，レモンの汁と酢はpH２ぐらいの強い酸性，石けん水はpH10ぐらいのアルカリ性である。

2 (4)塩酸に水酸化ナトリウム水溶液を加えていくと，塩化ナトリウムができ，ナトリウムイオンNa^+と塩化物イオンCl^-に電離する。A，Bは酸性を示し，水素イオンH^+が残っている。D，Eでは水素イオンはなく，水酸化物イオンOH^-がある。

3 (2)(3)亜鉛板が亜鉛イオンとなってうすい塩酸にとけていく。このとき亜鉛板に残してきた電子が導線を通って銅板に移動するため，水溶液中の水素イオンが銅板の表面で電子を受けとって水素原子となり，水素原子が２個結びついて水素分子となって，気体として発生する。

4 (2)化学反応式は，水の電気分解とは逆になり，水素と酸素が結びついて水ができる。
(3)燃料電池は，電流を長時間とり出すことができ，有害な物質を発生しない。

p.142〜143 第3回

1 (1)A…核　B…染色体
(2)①㋐　②㋔　③㋖　④㋑　⑤㋒
⑥㋕　⑦㋓
(3)①染色体　②種類　③同じ(等しい)
④染色体　⑤形質　⑥遺伝子

2 (1)有性生殖　(2)減数分裂　(3)生殖細胞
(4)受精　(5)図2

3 (1)始祖鳥　(2)ウ，エ
(3)進化　(4)相同器官

解説

1 (2)核の中に現れた染色体が中央付近に並び，それぞれがさけて2等分され，両端へ移動し，染色体が集まって細胞質が2つに分かれ，2個の細胞になる。
(3)染色体の本数は，生物の種類によって決まっている。細胞分裂のとき，それぞれの染色体が2等分されるので，分裂後の細胞は，分裂前の細胞と同じ数の染色体をもつ。

2 (1)(4)図1は受精(㋒)によって子がつくられる有性生殖である。図2は，体細胞分裂によって子がつくられる無性生殖である。
(2)染色体の数が半分に減るので，減数分裂という。
(5)図1は，子の染色体の組み合わせが親と変わるため，子の形質と親の形質が全く同じになるわけではない。図2は，親の染色体がそのまま子に受けつがれるので，親の形質と子の形質は全く同じになる。

3 (1)〜(3)始祖鳥はハチュウ類と鳥類の両方の特徴をもつ。このことから，鳥類はハチュウ類から進化してきたと考えられている。
(4)現在のはたらきや見かけの形は異なるが，骨格などの基本的なつくりが同じ器官を相同器官という。

p.144〜145 第4回

1 (1)$\frac{1}{50}$(0.02)秒　(2)0.1($\frac{1}{10}$)秒　(3)ウ
(4)等速直線運動　(5)エ　(6)80cm/s
(7)㋒　(8)エ　(9)摩擦力　(10)慣性の法則

2 (1)右図
(2)重力W…ウ
分力P…ア
分力Q…イ

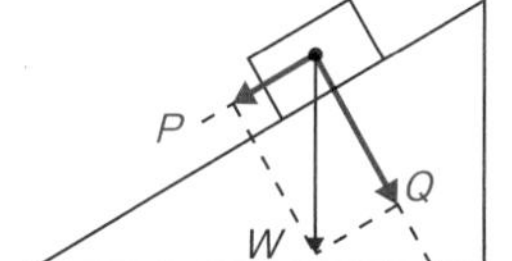

3 (1)ア　(2)慣性
(3)動き続けようとした。

4 (1)ウ
(2)力の向きは逆向きで，大きさは等しい。

解説

1 (1)1秒間に50打点打つため，1打点打つのにかかる時間は，

$1〔s〕\div 50=\frac{1}{50}〔s〕$

(2)$\frac{1}{50}〔s〕\times 5=\frac{1}{10}〔s〕$

(3)表より，5打点間隔ごとの長さの差は，
㋐と㋑の間は，$3-1=2$〔cm〕
㋑と㋒の間は，$5-3=2$〔cm〕
㋒と㋓の間は，$7-5=2$〔cm〕
㋓と㋔の間は，$8-7=1$〔cm〕
㋔と㋕の間は，$8-8=0$〔cm〕
よって，運動が変化したのは㋓と㋔の間である。
(4)㋔と㋕の間では，5打点間隔ごとの長さが変化していない。よって，一定の速さでまっすぐ進んだと考えられる。
(5)㋔は0.4秒後から0.5秒後の記録だから，等速直線運動になったのは0.4秒後である。
(6)5打点の長さが8cmだから，
8〔cm〕÷0.1〔s〕＝80〔cm/s〕
(7)斜面を下っているときの速さは増加するが，斜面を下りきって平面になると速さが一定になっている。
(8)(9)運動をさまたげる向きに摩擦力がはたらくため，速さが減少する。
(10)ほかの物体から力がはたらかない場合は，そのまま等速直線運動を続ける。これを慣性の法則という。

2 (1)重力Wが対角線となる平行四辺形(この場合は長方形)の2辺が分力Pと分力Qになる。
(2)斜面の傾きが変わっても，物体にはたらく重力の大きさは変わらない。そのため，斜面下向きの分力は大きくなり，斜面に垂直な分力は小さくなる。

p.146〜147 第5回

1 (1)A (2)D
(3)㋐20 ㋑20

2 (1)15 J (2)15 J (3)12 N

3 (1)㋐動滑車 ㋑定滑車 (2)1.2 J
(3)① 1.5W ② 0.48W ③ 32%

4 (1)①イ ②ウ ③イ ④ア (2)ア

解説

1 (1)位置エネルギーは，物体の位置が高いほど大きいため，小球が最も大きな位置エネルギーをもつのは最も高いAの位置にあるときである。
(2)運動エネルギーは，運動の速さが速いほど大きいため，小球の速さが最も速いDの位置にあるときの運動エネルギーが最も大きい。
(3)位置エネルギーと運動エネルギーを合わせた総量は常に一定に保たれる。これを力学的エネルギーの保存という。したがって，表は次のようになる。

	A	B	C	D	E
位置エネルギー	30	㋐20	10	0	10
運動エネルギー	0	10	㋑20	30	20

2 (1)台車と荷物にはたらく重力の大きさは，
6＋14＝20〔N〕
よって，手が台車にした仕事の大きさは，
20〔N〕×0.75〔m〕＝15〔J〕
(2)仕事の原理より，斜面を使って荷物を引き上げたときも，手で引き上げたときと仕事は同じ15Jである。
(3)斜面にそって台車と荷物を125cm引き上げているので，そのときの力は，
15〔J〕÷1.25〔m〕=12〔N〕

3 (1)動滑車を1つ使うと，力の大きさは半分になるが，ひもを引く距離は2倍になる。また，定滑車では，力の大きさもひもを引く距離も，直接引き上げた場合と同じになる。
(2)物体にはたらく重力の大きさは3Nだから，
3〔N〕×0.4〔m〕＝1.2〔J〕
(3)①電圧が5Vで，0.3Aの電流が流れているため，
5〔V〕×0.3〔A〕＝1.5〔W〕
②図2より，物体を0.4m引き上げるのに2.5秒かかっている。(2)より，モーターがした仕事の大きさは1.2Jなので，仕事率は，
1.2〔J〕÷2.5〔s〕＝0.48〔W〕
③ $\frac{0.48〔W〕}{1.5〔W〕}\times 100=32$ よって，32〔%〕

4 (1)①冷やされた空気が移動して，部屋全体が冷やされる。よって，対流である。
②たき火の熱が空間をへだててはなれたところまで伝わる。よって，放射である。
③あたためられた湯が移動して全体があたためられる。よって，対流である。
④物体の中を熱が移動して，鉄棒が冷やされた。よって，伝導である。
(2)中心を加熱しているので，熱が中心からじょじょに周囲に伝わった。このような，物体の中を熱が伝わる伝わり方は伝導である。

p.148～149 第6回

1 (1)低い。
(2)ふたをするか，とり外しておく。
(3)肉眼や(天体)望遠鏡で太陽を直接見ない。
(4)太陽が自転していること。
(5)太陽が球体であること。

2 (1)㋓　(2)㋐b　㋑a　㋒a　㋓a
(3)北極星　(4)日周運動

3 (1)自転　(2)D　(3)O
(4)∠POA(∠AOP)
(5)45°　(6)12時10分

4 (1)黄道　(2)イ　(3)おひつじ座

解説

1 (2)(3)ファインダーにはレンズがついていて，非常に強い太陽の光を集めているため，直接のぞいてはいけない。また，肉眼や望遠鏡で太陽を直接見てはいけない。

2 (4)星の１日の動きを日周運動といい，地球が地軸を中心にして西から東へ自転しているために起こっている。

3 (1)地球が西から東へ自転しているため，太陽は東から西へ動いて見える。
(2)太陽が傾いているAが南であることから，Bが東，Dが西であることがわかる。
(4)南中高度は，天体が子午線を通過するときの，地平線から天体までの角度で表す。
(5)円周が60cmなので，天頂からAまでの長さは，15cmである。よって，

$$90〔°〕\times\frac{7.5〔cm〕}{15〔cm〕}=45〔°〕$$

(6)太陽が南中したのはP点である。MN間の時間は，３時間＝180分
MP間の時間をx分とすると，
$180:x=7.2:7.6$　$x=190$〔分〕
190分＝３時間10分
よって，９時から３時間10分後の12時10分に太陽は南中した。

4 (2)星の位置は，図の縮尺ではなく，ずっと遠くにあるので，地球の位置を太陽と同じ位置にあるとして，各方位に見える星座を考える。Bの位置のまま「いて座」としないように注意する。
(3)地球は１か月で約30°公転する。４か月では，
$30〔°〕\times4=120〔°〕$
いて座から120°反時計回りに回転すると，おひつじ座が見えることになる。

p.150～151 第7回

1 (1)イ　(2)78°
(3)

(4)

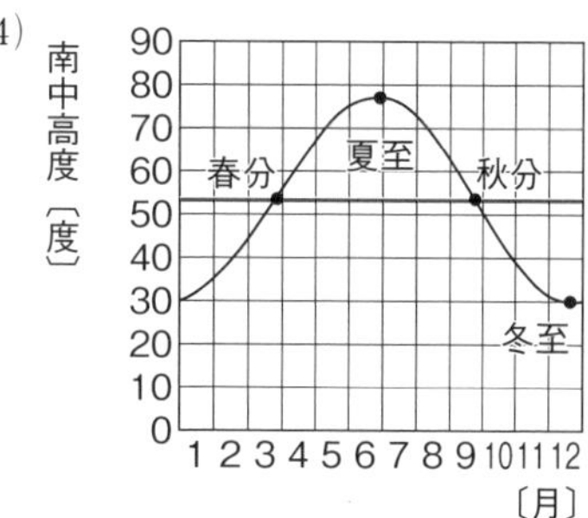

2 (1)㋔　(2)東　(3)0時(24時)
(4)イ

3 (1)ア　(2)㋑
(3)地球より内側を公転しているから。
(4)金星より太陽の近くを公転しているから。

4 (1)地球　(2)火星　(3)長くなる。
(4)太陽系外縁天体

解説

1 (2)夏至の日の太陽の南中高度は∠XOAである。∠XOAをx°とすると，
$180〔°〕:x〔°〕=90〔cm〕:39〔cm〕$
$x=78〔°〕$
(3)春分や秋分のときの太陽は，真東から出て真西にしずむ。
(4)地軸が傾いていないと，太陽は，春分や秋分のときと同じように動く。

2 (1)月の１日の動きは，東から出て，南の空を通り，西にしずむ。
(2)右上がりに上がっていることから，東の空であることがわかる。
(3)月食が起こるときの月は満月である。満月は夕方東からのぼり，真夜中に南中する。
(4)月食は，月が地球のかげに入ることによって起こる。したがって，地球が月と太陽の間に入って，一直線に並ぶ。

3 (1)地球から見て，金星が太陽の右側にあるときは，明け方の東の空に見える。

(3)金星と水星は地球より内側を公転しているため，真夜中には太陽と同じ方向になり，地球からは見ることができない。

(4)金星と比べて，水星はあまり太陽からはなれない。太陽から最も離れて見えるときの角度は，金星は約47°，水星は約28°である。

p.152 第8回

1 (1)①㋑　②㋓　③㋐　④㋒

(2)

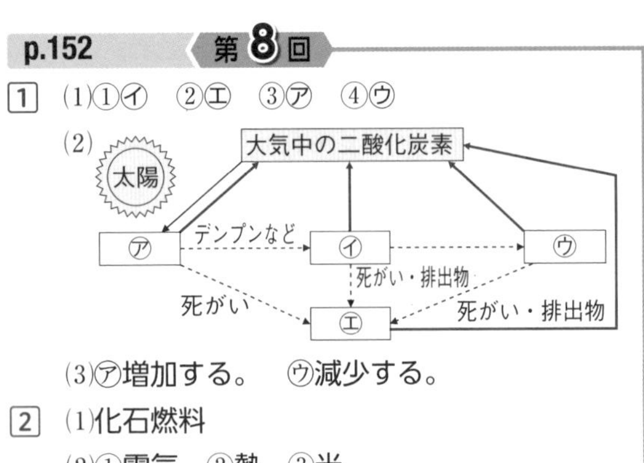

(3)㋐増加する。　㋒減少する。

2 (1)化石燃料

(2)①電気　②熱　③光

解説

1 (1)①シマウマは草食動物，アオカビは菌類，ススキは植物，ライオンは肉食動物である。

(2)全ての生物が，呼吸によって二酸化炭素を出す。㋐の生産者は光合成によって，二酸化炭素をとり入れる。

(3)㋑の生物が減少すると，一時的にそれを食べる㋒の生物も減少し，㋑の生物に食べられている㋐の生物は増加する。

2 (2)白熱電球の方が表面温度が高いことから，電気エネルギーが熱エネルギーに変換される割合がLED電球より高いことがわかる。

6 5 4
D C B A